"双高建设"新型一体化教材

金属塑性加工生产技术

（第 2 版）

Metal Plastic Processing Production Technology

（2nd Edition）

主　编　刘　捷　赵加平
副主编　胡　新　宋先达　李悦熙薇

北　京

冶 金 工 业 出 版 社

2024

内 容 提 要

本书着重介绍了有色金属的挤压、拉拔和轧制的基本原理和方法及其生产过程中的主要设备和工具。全书共分6个项目，主要内容包括：有色金属材料、挤压、拉拔、轧制、锻造、冲压。

本书可作为职业院校材料类相关专业的基础课教材，也可供金属材料加工企业技术人员和在职培训人员参考学习。

图书在版编目(CIP)数据

金属塑性加工生产技术/刘捷，赵加平主编. —2 版. —北京：冶金工业出版社，2024.8. —("双高建设"新型一体化教材). —ISBN 978-7-5024-9912-9

Ⅰ. TG301

中国国家版本馆 CIP 数据核字第2024PH6804 号

金属塑性加工生产技术 （第 2 版）

出版发行	冶金工业出版社	**电 话**	(010)64027926
地 址	北京市东城区嵩祝院北巷 39 号	**邮 编**	100009
网 址	www. mip1953. com	**电子信箱**	service@ mip1953. com

责任编辑 杨盈园 刘林烨 美术编辑 彭子赫 版式设计 郑小利
责任校对 王永欣 责任印制 窦 唯
三河市双峰印刷装订有限公司印刷
2011 年 2 月第 1 版，2024 年 8 月第 2 版，2024 年 8 月第 1 次印刷
787mm×1092mm 1/16；15 印张；358 千字；226 页
定价 46.00 元

投稿电话 (010)64027932 投稿信箱 tougao@cnmip. com. cn
营销中心电话 (010)64044283
冶金工业出版社天猫旗舰店 yjgycbs. tmall. com
(本书如有印装质量问题，本社营销中心负责退换)

第 2 版前言

本书是为了适应高等职业教育的需要，按照教育部高职高专人才培养目标和规划应具有的知识结构、能力结构和素质要求，编者根据高职高专院校智能加工技术、材料成型及控制技术专业的教学要求，总结近年来的教学经验，在征求相关企业工程技术人员意见的基础上编写而成的。在编写过程中，本书吸收了国内外有关先进的技术成果和生产经验，充实了必要的基础知识和基本操作技能；叙述上由浅入深，理论联系实践，内容充实，标准规范，实用性强。

书中着重介绍了有色金属的挤压、拉拔、轧制、锻造、冲压的基本概念、原理和方法，以及其生产过程中的主要设备和工具，其中大部分知识也适用于钢铁材料的生产。书中内容回避了高深复杂的塑性加工原理，力求简明扼要、通俗易懂，符合高职高专人才培养的需要。本书可作为职业院校材料类相关专业教学用书，也可供金属材料加工企业技术人员参考学习及工人在职培训使用。

读者通过对本书的学习，可以了解金属产品塑性加工的基本方法和基本原理，掌握各类金属型材的生产工艺、生产设备及工具，熟悉挤压、拉拔、轧制、锻造、冲压等工序的一些新工艺、新技术和新设备，了解控制和提高产品质量的措施，具备初步分析、解决生产技术问题，以及操作主要生产设备的能力。

本书由刘捷、赵加平担任主编，胡新、宋先达、李悦熙薇担任副主编。具体分工如下：项目 1 由刘捷编写，项目 2 由刘捷、赵加平编写，项目 3 由胡新编写，项目 4 由李悦熙薇、宋先达编写，项目 5 由刘捷、王晓东编写，项目 6 由宋先达、李悦熙薇编写。昆明冶金研究院有限公司周林结合企业生产实际对全书的编写提出了大量宝贵的意见和建议，在此表示感谢。全书由王晓东、刘捷整理定稿。在编写过程中参考了有关文献，谨向文献作者致以诚挚的谢意！

由于编者水平所限，书中不妥之处，诚请读者批评指正。

编 者
2023 年 11 月

第1版前言

本书是为了适应高等职业教育的需要，按照教育部高职高专人才培养目标和规划应具有的知识结构、能力结构和素质要求，根据高职高专院校金属材料类专业的教学要求，在总结近年来的教学经验，并征求相关企业工程技术人员意见的基础上编写而成的。在编写过程中，吸收了国内外有关先进的技术成果和生产经验，充实了必要的基础知识和基本操作技能；叙述上由浅入深，理论联系实践，内容充实，标准规范，实用性强。

书中着重介绍了有色金属的挤压、拉拔和轧制的基本概念、基本原理、基本方法及其生产过程中的主要设备和工具，其中大部分知识也适用于钢铁材料的生产。书中内容回避了高深复杂的塑性加工原理，力求简明扼要，通俗易懂，符合高职高专人才培养的需要。本书可作为材料类相关专业教学用书，也适用于相关金属材料加工企业技术人员参考学习及工人在职培训。通过对本书的学习，可使学生初步了解金属产品塑性加工的基本方法和基本原理，掌握各类金属型材的生产工艺、生产设备及工具，熟悉挤压、拉拔、轧制等工序的一些新工艺、新技术和新设备，了解控制和提高产品质量的措施，培养学生具有初步分析、解决生产技术问题，以及操作主要生产设备的能力。

本书由昆明冶金高等专科学校胡新、宋群玲担任主编，昆明冶金高等专科学校张文莉、吴承玲担任副主编。第1、6章由宋群玲、龙晓波编写，第2~5章由胡新、吴承玲、包宇旭编写，第7、8章由张文莉、宋群玲编写，第9~11章由胡新、宋群玲编写，第12、13章由胡新、吴承玲编写，第14~16章由宋群玲、包宇旭、张文莉编写，第17章由宋群玲、杨朝聪编写。云南锡业股份有限公司的包宇旭同志还结合企业生产实际对全书的编写提出了大量宝贵的意见和建议。

全书由胡新、宋群玲整理定稿。在编写过程中参考了有关文献，谨向文献作者致以诚挚的谢意！由于编者水平所限，书中不妥之处诚请读者批评指正。

编　者
2010 年 8 月

目 录

项目 1　有色金属材料

课件

钢铁以外的金属材料称为有色金属材料或非铁金属材料。当前，全世界的钢铁材料总产量约 8 亿吨，有色金属材料约占 5%。有色金属如按金属性能分，可分为五类：第一类为有色轻金属，即密度不大于 4.5 g/cm³ 的有色金属，如铝、镁、钛、钙、锶等；第二类为有色重金属，即密度大于 4.5 g/cm³ 的有色金属，如铜、铅、锌、镍、钴、锡等；第三类为贵金属，如金、银和铂族元素；第四类为稀有金属，包含稀有轻金属（如锂、铍、铷、铯）、稀有高熔点金属（如钨、铝、铌、锆等）、稀土金属、分散金属（如镓、铟、锗、铊等）和稀有放射性金属（如镭、锕、钍、铀等）；第五类为半金属，如硅、硼、硒、碲、砷。

任务 1.1　铝　合　金

铝自 1825 年由丹麦科学工作者厄尔斯泰德（H. C. Oersted）发现以来，至今已近 200 年的历史。如果从 1886 年工业化提炼铝的熔盐电解法（Hall-Heroult 法）问世算起，也已经 100 余年。多年来，铝及其合金得到极为广泛的应用，工农业各部门，航空、航天、国防工业，乃至人们的日常生活，无不广泛地应用铝。1956 年，我国第一个铝加工厂（现称东北轻合金责任有限公司）在哈尔滨建成投产，从此中国有了自己的铝加工工业。60 多年来，我国铝加工行业快速发展，目前拥有世界上最先进的热连轧、冷连轧、气垫式热处理炉、控件机、矫直机、精整设备、大型挤压机。2021 年，中国铝加工材综合产量为 4470 万吨，是全球最大的铝材生产和消费国，产量和消费量已 17 年居全球首位，同时也是全球最大的铝材、铝制品的出口大国，已成为全球铝工业的重要参与者和强大的发展引擎。

1.1.1　纯铝的一般特性

铝的产量在有色金属中占首位，仅次于钢铁产量。铝之所以应用广泛，除有着丰富的蕴藏量（约占地壳质量 8.2%，为地壳中分布最广的金属元素）、冶炼较简便以外，更重要的是铝有着以下的优良特性。

（1）密度小。纯铝的密度接近 2.7 g/cm³，约为铁的密度的 35%。

（2）可强化。纯铝的强度虽不高，但通过冷加工可使其提高一倍以上；而且可通过添加镁、锌、铜、锰、硅、锂、钪等元素合金化，再经过热处理进一步强化，其比强度可与优质的合金钢媲美。

（3）易加工。铝可用任何一种铸造方法铸造；铝的塑性好，可轧成薄板和箔；拉成管材和细丝；挤压成各种民用的型材；可以大多数机床所能达到的最大速度进行车、铣、镗、刨等机械加工。

（4）耐腐蚀。铝及其合金的表面，易生成一层致密、牢固的 Al_2O_3 保护膜。这层保护膜只有在卤素离子或碱离子的激烈作用下才会遭到破坏。因此，铝有很好的耐大气（包括工业性大气和海洋大气）腐蚀和水腐蚀的能力。能抵抗多数酸和有机物的腐蚀，采用缓蚀剂，可耐弱碱液腐蚀；采用保护措施，可提高铝合金的抗蚀性能。

（5）无低温脆性。铝在 0 ℃以下，随着温度的降低，强度和塑性不仅不会降低，反而提高。

（6）导电、导热性好。铝的导电、导热性能仅次于银、铜和金的。室温时，电工铝的等体积电导率可达 62% IACS，若按单位质量导电能力计算，其导电能力为铜的一倍。

（7）反射性强。铝的抛光表面对白光的反射率达 80%以上，纯度越高，反射率越高；同时，铝对红外线、紫外线、电磁波、热辐射等都有良好的反射性能。

（8）无磁性、冲击不生火花。这对某些特殊用途十分可贵，比如：作仪表材料，作电气设备的屏蔽材料，易燃、易爆物生产器材等。

（9）有吸音性。对室内装饰有利，也可配制成阻尼合金。

（10）耐核辐射。铝对高能中子来说，具有与其他金属相同程度的中子吸收截面，对低能范围内的中子，其吸收截面小，仅次于铍、镁、锆等金属。铝耐核辐射的最大优点是对照射生成的感应放射能衰减很快。

（11）美观。铝及其合金由于反射能力强，表面呈银白色光泽。经机加工后就可达到很高的光洁度和光亮度。如果经阳极氧化和着色，不仅可以提高抗蚀性能，而且可以获得五颜六色、光彩夺目的制品。铝也是生产涂漆材料的极好基体。

1.1.2 铝及铝合金的分类

原铝在市场供应中统称为电解铝，是生产铝材及铝合金材的原料。铝是强度低、塑性好的金属，除应用部分纯铝外，为了提高强度或综合性能，配成合金。

铝合金中常加入的元素为 Cu、Zn、Mg、Si、Mn 及稀土元素（RE）等，这些合金元素在固态 Al 中的溶解度一般都是有限的，所以铝合金的组织中除了形成 Al 基固溶体外，还有第二相出现。以 Al 为基的二元合金大都按共晶相图结晶，如图 1-1 所示。加入的合金元素不同，在 Al 基固溶体中的极限溶解度也不同，固溶度随温度变化以及合金共晶点的位置也各不相同。根据成分和加工工艺特点，铝合金可分为变形铝合金和铸造铝合金。由图 1-1 可知，成分在 B 点以左的合金，当加热到固溶线以上时，可得到均匀的单相固溶体 α。其塑性好，适宜于压力加工，所以称为变形铝合金。常用的变形铝合金中，合金元素的总量小于 5%，但在高强度变形铝合金中，可达 8%~14%。

变形铝合金又可分为以下三类。

（1）工业纯铝。工业纯铝分为工业高纯铝［如 LG5（1A99）］和普通工业纯铝［如 L2（1060）、L3（1050A）和 L5-1（1100）等］。高纯铝的纯度高，可达 $w(Al) = 99.85\% \sim 99.99\%$，其特点是传热导电性能和塑性变形能力好，有很好的抗腐蚀性能。普通工业纯铝，根据所含元素和杂质多少，分为很多牌号，性能有差异，可根据用途选用。

（2）不能热处理强化的铝合金，即合金元素的含量小于状态图中 D 点成分的合金。这类合金具有良好的抗蚀性能，故称为防锈铝。有比较多的合金元素，热处理强化效果不大而不被利用的合金均属这一类。其特点是塑性及压力加工性能好、抗腐蚀，如防锈铝。

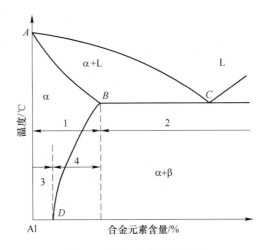

图 1-1　铝合金分类示意图

1—变形铝合金；2—铸造铝合金；3—不能热处理强化的铝合金；4—能热处理强化的铝合金

防锈铝分两类：一类是 Al-Mg 系的，如 LF2（5A02）合金 $w(Mg) = 2.5\%$，LF3（5A03）合金 $w(Mg) = 3.5\%$，LF4（5083）合金 $w(Mg) = 4.5\%$ 等；另一类是 Al-Mn 系的，如 LF21（3A21）合金 $w(Mn) = 1.0\% \sim 1.6\%$。合金中虽然有 MnAl 第二相，但是 MnAl 电极电位与纯铝的实际上相等，其抗蚀性能与纯铝差不多，塑性也好。

（3）能热处理强化的铝合金，即成分处于状态图中 B 与 D 之间的合金。通过热处理能显著提高力学性能，这类合金包括硬铝、超硬铝和锻铝。一般来说共晶成分的合金具有优良的铸造性能，但在实际使用中，还要求铸件具备足够的力学性能。因此，铸造铝合金的成分只是合金元素的含量比变形铝合金高一些，其合金元素总量（质量分数）为 $8\% \sim 25\%$。

1）硬铝属 Al-Cu-Mg 系合金。根据含铜、镁的不同又分很多种，如 LY1（2A01）合金可用于生产铆钉线材；LY2（2A02）合金属耐热硬铝，可在不高于 300 ℃ 下使用。LY11（2A11）合金为中等强度的硬铝；LY12（2A12）合金是硬铝中典型的合金，有良好的综合性能，强度高，有一定的耐热性。

2）锻铝属 Al-Mg-Si-Cu 系。如有中等强度，良好的塑性，在热态和冷态都易于成形。在人工时效状态下有轻微的晶间腐蚀倾向，但比同类的 LD5（2A50）、LD10（2A14）合金等为小，还有好的可焊性。LD2（6A02）合金广泛应用于制造中等强度大型结构件及常温下工作的锻件。LD10（2A14）是锻铝中的典型合金，其特点是强度高，有好的热塑性，锻造性能好，还有较好的耐热性和可焊性。LD30（6061）有中等强度，良好的塑性、可焊性和抗蚀性，可阳极氧化着色等，适于作建筑装饰材料。LD31（6063）有高塑性，可高速挤压成结构复杂、薄壁、中空的各种型材或锻造成结构复杂的锻件。热处理强化后有中等强度、高的冲击韧度，对缺口不敏感。

3）超硬铝属 Al-Zn-Mg-Cu 系，其特点是强度高，热处理强化效果好。LC4（7A04）是历史悠久和广泛应用的超高强度合金。LC9（7A09）是飞机制造业应用较多的超高强度合金，它还有较好的低温强度。

各合金系铝及铝合金的分类如图 1-2 所示。

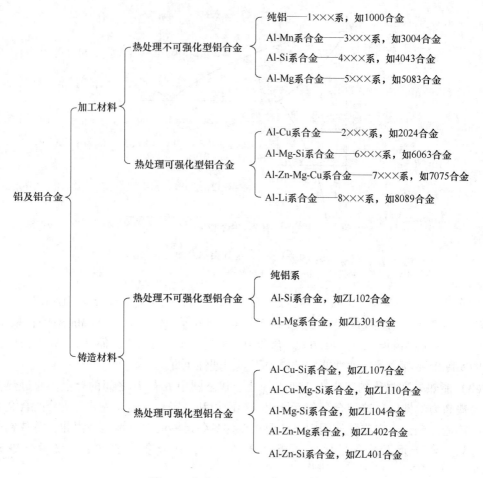

图 1-2　各合金系铝及铝合金的分类

1.1.3　变形铝合金

1.1.3.1　变形铝及铝合金牌号和表示方法

根据《变形铝及铝合金牌号表示方法》（GB/T 16474—2011），凡是化学成分与变形铝及铝合金国际牌号注册协议组织命名的合金相同的所有合金，其牌号直接采用国际 4 位数字体系牌号，未与国际 4 位数字体系牌号接轨的变形铝合金采用 4 位字符牌号命名，并按要求标注化学成分。4 位字符体系牌号的第 1、3、4 位为阿拉伯数字，第 2 位为英文大写字母（C、I、L、N、O、P、Q、Z 字母除外）。牌号的第 1 位数字表示组别：1 代表纯 Al；2 代表以 Cu 为主要合金元素的铝合金；3 代表以 Mn 为主要合金元素；4 代表以 Si 为主要合金元素；5 代表以 Mg 为主要合金元素；6 代表以 Mg 和 Si 为主要合金元素并以 Mg_2Si 相为强化相的铝合金；7 代表以 Zn 为主要合金元素；8 代表以其他元素为主要合金元素；9 代表备用合金组。除改型合金外，铝合金组别按主要合金元素来确定。主要合金元素指极限含量算术平均值为最大的合金元素。当有一个以上的合金元素极限含量算术平均值同为最大时，应按 Cu、Mn、Si、Mg、Mg_2Si、Zn 其他元素的顺序来确定合金组别。铝及铝合金的组别见表 1-1。

表 1-1 铝及铝合金的组别

组 别	牌号系列	组 别	牌号系列
纯铝（铝含量不小于 99.00%）	1×××	以镁和硅为主要合金元素并以 Mg₂Si 相为强化相的铝合金	6×××
以镉为主要合金元素的铝合金	2×××	以锌为主要合金元素的铝合金	7×××
以锰为主要合金元素的铝合金	3×××	以其他元素为主要合金元素的铝合金	8×××
以硅为主要合金元素的铝合金	4×××	备用合金组	9×××
以镁为主要合金元素的铝合金	5×××		

（1）纯铝的牌号命名法。铝含量（质量分数）不低于 99.00% 时为纯铝，其牌号用 1××× 系列表示。牌号的最后两位数字表示最低铝含量。当最低铝含量（质量分数）精确到 0.01% 时，牌号的最后两位数字就是最低铝含量中小数点后面的两位。牌号第二位的字母表示原始纯铝的改型情况。如果第二位的字母为 A，则表示为原始纯铝；如果是 B~Y 的其他字母（按国际规定用字母表的次序选用），则表示为原始纯铝的改型，与原始纯铝相比，其元素含量略有改变。

（2）变形铝合金。变形铝合金需经过不同的压力加工方式生产成形材。这些变形铝合金是机械工业和航空工业中重要的结构材料。因为质量小，比强度高，所以在航空工业中占有特殊的地位。

铝合金的牌号用 2×××~8××× 系列表示。牌号的最后两位数字没有特殊意义，仅用来区别同一组中不同的铝合金。牌号第二位的字母表示原始合金的改型情况，A 表示原始合金；B~Y 表示原始合金的改型合金。如 2A06 表示主要合金元素为 Cu 的 6 号原始铝合金。常用的变形铝合金牌号以及化学成分见表 1-2。

表 1-2 典型变形铝合金牌号及主要合金元素含量（GB/T 3190—2008）

合金名称	新牌号	旧牌号	主要合金元素/%
防锈铝合金	3A21	LF21	0.6Si，0.7Fe，0.20Cu，1.0~1.6Mn，0.05Mg，0.01Zn，0.15Ti
	5A03	LF3	0.50~0.8Si，0.50Fe，0.10Cu，0.30~0.6Mn，3.2~3.8Mg，0.20Zn，0.15Ti
	5A12	LF12	0.30Si，0.30Fe，0.05Cu，0.40~0.8Mn，8.3~9.6Mg，0.10Ni，0.20Zn，0.005Be，0.004~0.05Sb
硬铝合金	2A01	LY1	0.50Si，0.50Fe，2.2~3.0Cu，0.20Mn，0.20~0.50Mg，0.10Zn，0.15Ti
	2A10	LY10	0.25Si，0.20Fe，3.9~4.5Cu，0.30~0.50Mn，0.15~0.30Mg，0.10Zn，0.15Ti
	2A11	LY11	0.7Si，0.7Fe，3.8~4.8Cu，0.40~0.8Mn，0.40~0.8Mg，0.10Ni，0.30Zn，0.15Ti，0.7(Fe+Ni)
	2A12	LY12	0.50Si，0.50Fe，3.8~4.9Cu，0.30~0.9Mn，1.2~1.8Mg，0.10Ni，0.30Zn，0.15Ti，0.50(Fe+Ni)
超硬铝合金	7A03	LC3	0.20Si，0.20Fe，1.8~2.4Cu，0.10Mn，1.2~1.6Mg，0.05Cr，6.0~6.7Zn，0.02~0.08Ti
	7A09	LC9	0.50Si，0.50Fe，1.2~2.0Cu，0.15Mn，2.0~3.0Mg，0.16~0.30Cr，5.1~6.1Zn，0.10Ti

合金名称	新牌号	旧牌号	主要合金元素/%
超硬铝合金	7A10	LC10	0.30Si, 0.30Fe, 0.50 ~ 1.00Cu, 0.20 ~ 0.35Mn, 3.0 ~ 4.0Mg, 0.10 ~ 0.20Cr, 3.2~4.2Zn, 0.10Ti
锻铝合金	6A02	LD2	0.50 ~ 1.2Si, 0.50Fe, 0.20 ~ 0.6Cu, 0.15 ~ 0.35Cr, 0.45 ~ 0.9Mg, 0.20Zn, 0.15Ti
	2B50	LD6	0.7 ~ 1.2Si, 0.7Fe, 1.8 ~ 2.6Cu, 0.40 ~ 0.8Mn, 0.40 ~ 0.8Mg, 0.01 ~ 0.20Cr, 0.10Ni, 0.30Zn, 0.7(Fe+Ni)
	2A14	LD10	0.6 ~ 1.2Si, 0.7Fe, 3.9 ~ 4.8Cu, 0.40 ~ 1.0Mn, 0.40 ~ 0.8Mg, 0.10Ni, 0.30Zn, 0.15Ti

注：表中所列成分除标明范围外，其余均为最大值。

1.1.3.2 防锈铝合金

防锈铝合金包括 Al-Mn 和 Al-Mg 两个合金系。防锈铝代号用 "3A" 或 "5A" 加一组顺序号表示。常用的防锈铝及其合金见表 1-2。这类合金具有优良的抗腐蚀性能，并有良好的焊接性和塑性，适用于压力加工和焊接。这类合金不能进行热处理强化，一般只能用冷变形来强化。因为防锈铝的切削加工性能差，故适合于制作焊接管道、容器、铆钉、各种生活用具及其他冷变形零件。

1.1.3.3 硬铝合金

硬铝属于 Al-Cu-Mg 系合金，具有强烈的时效强化作用，经时效处理后具有很高的硬度、强度，故 Al-Cu-Mg 系合金总称为硬铝合金。这类合金具有优良的加工性能和耐热性，但塑性、韧性低，耐蚀性差，常用来制作飞机大梁、空气螺旋桨、铆钉及蒙皮等。

硬铝的代号用 "2A" 加一组顺序号表示。常用的超硬铝合金及化学成分见表 1-2。不同牌号的硬铝合金具有不同的化学成分，其性能特点也不相同。含铜、镁量低的硬铝强度较低而塑性高；含铜、镁量高的硬铝则强度高而塑性较低。在 Al-Cu-Mg 系中，有 $\theta(CuAl_2)$、$S(CuMgAl_2)$、$T(Al_6CuMg_4)$ 和 (Mg_5Al_6) 四个金属间化合物相，其中前两个是强化相。S 相有很高的稳定性和沉淀强化效果，其室温和高温强化作用均高于 θ 相。当硬铝以 S 相为主要强化相时，合金有最大的沉淀强化效应。当铜与镁的比值一定时，铜和镁总量越高，强化相数量越多，强化效果越大。

按合金元素含量及性能不同，硬铝合金可分为三种类型：第一种是低强度硬铝，如 2A01、2A10 等合金；第二种是中强度硬铝，如 2A11 等合金；第三种是高强度硬铝，如 2A12 等合金。其中，2A12 是使用最广的高强度硬铝合金。

1.1.3.4 超硬铝合金

超硬铝属于 Al-Zn-Cu-Mg 系合金。它是目前室温强度最高的一类铝合金，其强度值达 500~700 MPa，超过高强度硬铝 2A12 合金，故称超硬铝合金。这类合金除了强度高外，韧性储备也很高，又具有良好的工艺性能，是飞机工业中重要的结构材料。

超硬铝的代号用 "7A" 加一组顺序号表示。常用的超硬铝合金及化学成分见表 1-2。超硬铝是在铝锌镁合金系基础上发展起来的。锌和镁是合金的主要强化元素，在合金中形

成强化相 η($MgZn_2$) 和 T($Al_2Mg_3Zn_3$)。在高温下,这两个相在 α 固溶体中有较大的溶解度,固溶后在低温下有强烈的沉淀强化效应。锌、镁含量过高时,虽然合金强度提高,但塑性和抗应力腐蚀性能变坏。铜的加入主要是为了改善超硬铝的应力腐蚀倾向,同时铜还能形成 θ 相和 S 相起补充强化作用,提高合金的强度。铜含量(质量分数)超过 3% 时,合金的耐蚀性反而降低,故超硬铝中的铜含量(质量分数)应控制在 3% 以下。此外,铜还会降低超硬铝的焊接性,所以一般超硬铝采用铆接或黏接。

超硬铝中常加入少量的锰和铬或微量钛。锰主要起固溶强化作用,同时改善合金的抗晶间腐蚀性能。铬和钛可形成弥散分布的金属间化合物,能够提高超硬铝的再结晶温度,阻止晶粒长大。

超硬铝的主要缺点是耐蚀性差,疲劳强度低。为了提高合金的耐蚀性能,一般在板材表面包铝。此外,超硬铝的耐热强度不如硬铝,当温度升高时,超硬铝中的固溶体迅速分解,强化相聚集长大,而使强度急剧降低。超硬铝合金只能在低于 120 ℃ 的温度下使用。

1.1.3.5 锻铝合金

锻铝属于铝镁硅铜系合金。这类合金具有优良的锻造性能,主要用于制作外形复杂的锻件,故称为锻铝。它的力学性能与硬铝相近,但热塑性及耐蚀性较高,更适合锻造。其主要用于航空仪表工业中形状复杂、强度要求高的锻件。

锻铝的代号用 "6A" 或 "2A" 加一组顺序号表示。常用的合金有 6A02、2A14 等。锻铝中的主要强化相是 Mg_2Si。Mg_2Si 具有一定的自然时效强化倾向,若淬火后不立即时效处理,则会降低人工时效强化效果。

1.1.4 铸造铝合金

铸造铝合金应具有高的流动性,较小的收缩性,以及热裂、缩孔和疏松倾向小等良好的铸造性能。成分处于共晶点的合金具有最佳的铸造性能,但由于此时合金组织中会出现大量硬脆的化合物,合金的脆性急剧增加。因此,实际使用的铸造合金并非都是共晶合金,它与变形铝合金相比只是合金元素高一些。

铸造铝合金的牌号用 "铸铝" 二字的汉语拼音前缀 "ZL" 加三位数字表示。第一位数字是合金的系别:1 代表 Al-Si 系合金;2 代表 Al-Cu 系合金;3 代表 Al-Mg 系合金;4 代表 Al-Zn 系合金。第二、三位数字是合金的顺序号,如 ZL102 表示 2 号 Al-Si 系铸造合金。

1.1.4.1 Al-Si 铸造合金

Al-Si 系铸造合金用途很广,常用牌号见表 1-3。

表 1-3 典型铸造铝合金牌号及主要合金元素含量

合金系	合金牌号	代号	主要合金元素/%
Al-Si	ZAlSi12	ZL102	10.0~13.0Si
	ZAlSi9Mg	ZL104	8.0~10.5Si, 0.17~0.35Mg, 0.2~0.5Mn
	ZAlSi5Cu1Mg	ZL105	4.5~5.5Si, 1.0~1.5Cu, 0.4~0.6Mg
	ZAlSi7Cu4	ZL107	6.5~7.5Si, 3.5~4.5Cu

合金系	合金牌号	代号	主要合金元素/%
Al-Si	ZAlSi12Cu2Mg1	ZL108	11.0~13.0Si，1.0~2.0Cu，0.4~1.0Mg，0.3~0.9Mn
	ZAlSi5Cu6Mg	ZL110	4.0~6.0Si，5.0~8.0Cu，0.2~0.5Mg
Al-Cu	ZAlCu5Mn	ZL201	4.5~5.3Cu，0.6~1.0Mn，0.15~0.35Ti
	ZAlCu4	ZL203	4.0~5.0Cu
Al-Mg	ZAlMg10	ZL301	9.5~11.0Mg
	ZAlMg5Si1	ZL303	4.5~5.5Mg，0.8~1.3Si，0.1~0.4Mn
	ZAlMg8Zn1	ZL305	7.5~9.0Mg，1.0~1.5Zn，0.1~0.2Ti
Al-Zn	ZAlZn11Si7	ZL401	9.0~13.0Zn，6.0~8.0Si，0.1~0.3Mg
	ZAlZn6Mg	ZL402	5.0~6.5Zn，0.50~0.65Mg，0.15~0.25Ti

　　含 Si 的共晶合金是铸造铝合金中流动性最好的，能提高强度和耐磨性。这种合金具有密度小，小的铸造收缩率和优良的焊接性、耐蚀性及足够的力学性能。但合金的致密度较小，适合制造致密度要求不太高的、形状复杂的铸件。共晶组织中 Si 晶体呈粗针状或片状，过共晶合金中还有少量初生 Si，呈块状。这种共晶组织塑性较低，需要细化组织。

　　Al-Si 铸造合金，最基本的合金为 ZL102 二元铸造合金，$w(Si)=10\% \sim 13\%$，具有共晶组织。图 1-3 为 Al-Si 二元合金相图。铸造 Al-Si 合金一般需要采用变质处理，以改变共晶 Si 的形态。变质处理后，改变了

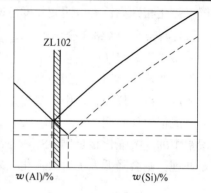

图 1-3　Al-Si 二元合金相图
——未变质处理；－－－变质处理

Al-Si 二元合金相图，共晶温度由 578 ℃降为 564 ℃，共晶成分 Si（质量分数）由 11.7% 增加到 14%（见图 1-3 中虚线），所以 ZL102 合金处于亚共晶相区，合金中的初晶 Si 消失，而粗大的针状共晶 Si 细化成细小条状或点状，并在组织中出现初晶 α 固溶体。ZL102 合金变质处理前后的组织如图 1-4 所示。

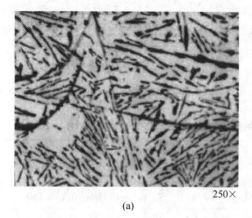
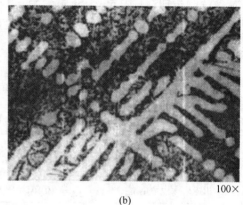

250×　　　　　　　　　100×
(a)　　　　　　　　　(b)

图 1-4　ZL102 变质处理前后的组织形貌
（a）未变质处理；（b）变质处理

1.1.4.2 Al-Si-Mg 铸造合金

Al-Si 合金经变质处理后，可以提高力学性能。但 Si 在 Al 中的固溶度变化大，且 Si 在 Al 中的扩散速度很快，极易从固溶体中析出，并聚集长大，时效处理时不能起强化作用，故 Al-Si 二元合金的强度不高。为了提高 Al-Si 合金的强度而加入 Mg，形成强化相 Mg_2Si，并采用时效处理以提高合金的强度。常用的 Al-Si-Mg 铸造合金有 ZL104、ZL101 等合金。ZL104 合金在 Al-Si 铸造合金中是强度最高的，经过金属铸造，（535±5）℃固溶 3～5 h 水冷，（175±5）℃人工时效 5～10 h，其力学性能为：抗拉强度 235 MPa，断后伸长率 2%。它可以制造工作温度低于 200 ℃的高负荷、形状复杂的工件，如发动机汽缸体、发动机机壳等。

若适当减少 Si 含量而加入 Cu 和 Mg 可进一步改善合金的耐热性，获得 Al-Si-Cu-Mg 系铸造合金，其强化相除了 Mg_2Si、$CuAl_2$ 外，还有 Al_2CuMg、$Al_xCu_4Mg_5Si_4$ 等相。常用的 Al-Si-Cu-Mg 系铸造合金有 ZL103、ZL105、ZL111 等合金。它们经过时效处理后，可做受力较大的零件，如 ZL105 可制作在 250 ℃以下工作的耐热零件，ZL111 可铸造形状复杂的内燃机汽缸等。

1.1.4.3 Al-Cu 铸造合金

Al-Cu 铸造合金的主要强化相是 $CuAl_2$。Al-Cu 铸造合金最大的特点就是耐热性高，是所有铸造铝合金中耐热最高的一类合金。其高温强度随 Cu 含量的增加而提高，而合金的收缩率和热裂倾向则减小。但 Cu 含量增加，使合金的脆性增加，此外还使合金的质量密度增大，所以导致合金耐蚀性降低，铸造性能变差。

1.1.4.4 Al-Mg 铸造合金

Al-Mg 铸造合金的优点是：密度小，强度和韧性较高，并具有优良的耐蚀性、切削性和抛光性。Al-Mg 铸造合金的结晶温度范围较宽，故流动性差，形成的疏松倾向大，其铸造性能不如 Al-Si 合金好，且熔化浇注过程易形成氧化夹渣，使铸造工艺复杂化。此外，由于合金的熔点较低，热强度较低，工作温度不超过 200 ℃。为了改善 Al-Mg 铸造合金的铸造性能，加入 $w(Si)$ = 0.8%～1.3% Al-Mg 合金。Al-Mg 铸造合金常用作制造承受冲击、振动载荷和耐海水或大气腐蚀、外形较简单的重要零件和接头等。

1.1.4.5 Al-Zn 铸造合金

在 Al-Zn 二元合金中，Zn 在 Al 中有很大的溶解度，极限溶解度为 31.6%，不形成金属间化合物，固溶的 Zn 起固溶强化作用。在 Al-Zn 合金中 $w(Zn)$ = 13%，在铸造冷却时不发生分解，可获得较大的固溶强化效果，故 Al-Zn 铸造合金具有较高的强度，是最便宜的一种铸造铝合金，其主要缺点是耐蚀性差。常用的是 ZL401 合金。由于这种合金含有较高的 Si[$w(Si)$ = 6.0%～8.0%]，又称含 Zn 特殊 Al-Si 合金。在合金中加入适量的 Mg、Mn 和 Fe，可以显著提高合金的耐热性能。其主要用于制作工作温度在 200 ℃以下，结构形状复杂的汽车及飞机零件、医疗器械和仪器零件。

复习思考题

1.1-1 试述铝合金的合金化原则；为什么以硅、铜、镁、锰、锌等元素作为主加元素，而以钛、硼、稀土等作为辅加元素?

1.1-2　硬铝合金有哪些优缺点?

1.1-3　试述铸造铝合金的类型、特点和用途。

1.1-4　不同铝合金可通过哪些途径达到强化的目的?

1.1-5　为什么大多数铝硅铸造合金都要进行变质处理,铝硅铸造合金当硅含量为多少时一般不进行变质处理,铝硅铸造合金中加入镁、铜等元素作用是什么?

1.1-6　铸造铝合金的热处理与变形铝合金的热处理相比有什么特点,为什么?

任务 1.2　铜　合　金

铜是古老的金属。铜加工材及铸造铜合金,是各国均高度重视的战略物资和发展现代工业的重要基础材料和功能材料。中华民族有 5000 年以上的文明史,铜的发现与使用技术是中国古代文明的重要组成部分。出土最早的铸造铜刀,是中国 4800 年以前生产的。龙山文化时期,已能人工冶炼红铜和铜合金,并掌握了铸造、锻造和退火工艺。世界上在 1429 年开始了手工作业式的铜板生产。1784 年,蒸汽传动轧机出现之后,铜加工的方式由作坊变成了加工厂。第二次世界大战期间,铜加工材的生产取得了长足的发展。后来,由于技术的进步,工业发达国家进行企业改造,大型加工厂的产生,生产由小批量向大批量发展,生产方式由半机械化向机械化、自动化转变。20 世纪 70 年代后,铜加工理论取得很多新成果的同时,新工艺、新方法、新技术、新产品和新的管理思想相继出现,铜的加工进入了现代生产时期。随着科学技术和工业的进步,人们对铜加工材提出了更高的要求,铜加工业则不断地提高产品物理性能、力学性能、化学性能、表面品质和加工精度;不断地出现适应各种特殊要求的高、精、尖新产品。新中国成立以来,我国铜加工行业快速发展,铜材产量不断提高。经过多年的发展,我国铜加工产业在产业规模、科技创新、绿色发展、智能制造等方面取得了显著进步,与世界先进水平保持了同步发展,2021 年,我国铜加工材综合产量为 1990 万吨,已经成为全球最大的铜材生产国和消费国。

1.2.1　纯铜的一般特性

铜是人类最早使用的金属,自然界有自然铜存在。铜及铜合金作为工程材料,由于有良好的导电性、导热性和塑性,并兼有耐蚀性和焊接性,它是化工、船舶和机械工业中的重要材料。

(1) 导电、导热性好。工业纯铜的导电性和导热性在 64 种金属中仅次于银。冷变形后,纯铜的电导率变化小,形变 80% 后电导率下降不到 3%,故可在冷加工状态用作导电材料。杂质元素都会降低其导电性和导热性,尤以磷、硅、铁、钛、铍、铝、锰、砷、锑等影响最强烈;形成非金属夹杂物的硫化物、氧化物、硅酸盐等影响小,不溶的铅、铋等金属夹杂物影响也不大。

(2) 耐腐蚀。Cu 与大气、水等接触时,反应生成难溶于水的碱性硫酸 $CuSO_4 \cdot 3Cu(OH)_2$ 和碱性碳酸铜 $CuCO_3 \cdot Cu(OH)_2$ 薄膜,又称为铜绿。这层薄膜与铜基体结合牢固,本身致密,能防止铜继续腐蚀。因此,铜在大气、纯净淡水、流速慢的海水中都具有很强的抗蚀性,在这些介质中使用时,可不加保护。

（3）电极电位高。铜的电极电位较正，在许多介质中都耐蚀，Cu 的正电位相当高，Cu^+、Cu^* 的标准电极电位分别为+0.522 V、+0.345 V。因此，Cu 在水溶液中不能置换氢，在非氧化性酸（如盐酸等）、碱液、盐溶液、某些有机酸（醋酸、柠檬酸、脂肪酸、乳酸、草酸等）和非氧化性的有机化合物中，均有强的抗腐蚀性能。

（4）无磁性。铜的另一个特性是无磁性，常用来制造不受磁场干扰的磁学仪器。

（5）极高的塑性。铜有极高的塑性，能承受很大的变形量而不发生破裂。

工业中广泛应用的铜和铜合金有工业纯铜（紫铜）、黄铜、青铜和白铜。

1.2.2 工业纯铜

1.2.2.1 工业纯铜的性能

纯铜呈玫瑰红色，表面形成氧化铜膜后呈紫色，故工业纯铜通常称为紫铜。它分为两大类：一类为含氧铜；另一类为无氧铜。另外，还有一种弥散强化铜，在纯铜中加入高熔点氧化物粒子，获得强化效果。纯铜又可分为普通纯铜（T1、T2 等）、无氧铜（TU1、TU2 等）、脱氧铜[TUP（磷脱氧铜）]、TUMn（锰脱氧铜）。纯铜的导电性很好，用于制造电线、电缆等；塑性极好，易于冷热压加工，可制成管、棒、线、条、带等铜材；无磁性，常用来制造需要防磁性干扰的磁学仪器、仪表，如罗盘、屏蔽罩、航空仪表等零件。纯铜的各类牌号及表示方法见表 1-4。

表 1-4　纯铜的牌号及表示方法

牌号名称	牌号举例	表示方法说明
普通纯铜	T1、T2	TU　P P表示脱氧剂，只有脱氧纯铜有此项
无氧纯铜	TU1、TU2	
脱氧纯铜	TUP、TUMn	TU表示无氧纯铜，普通纯铜用T表示，后面加上金属顺序号即可

1.2.2.2 杂质元素对铜塑性的影响

铋或铅与铜形成富铋或铅的低熔点共晶，其共晶温度相应为 270 ℃ 和 326 ℃，共晶中 $w(Bi)$ 为 99.8% 或 $w(Pb)$ 为 99.94%，在晶界形成液膜，造成铜的热脆。

铋和锑等元素与铜的原子尺寸差别大，含微量铋或锑的稀固溶体中即引起点阵畸变大，驱使铋和锑在铜晶界产生强烈的晶界偏聚。铋在铜晶界的富集系数 β 约 $4×10^4$。锑在铜晶界的富集系数约为 $6×10^2$。铋和锑的晶界偏聚降低铜的晶界能，使晶界原子结合弱化，产生强烈的晶界脆化倾向。

含氧铜在还原性气氛中退火，氢渗入与氧作用生成水蒸气，这会造成很高的内压力，引起微裂纹，在加工或服役中发生破裂。故对无氧铜要求 $w(O)$ 小于 0.003%。

1.2.2.3 工业纯铜的应用

工业纯铜中 $w(O)$ 小于 0.01% 的称为无氧铜，以 TU1 和 TU2 表示，用作电真空器件。TUP 为磷脱氧铜，用作焊接铜材，制作热交换器、排水管、冷凝管等。TUMn 为锰脱氧铜，用于电真空器件。T1~T4 为纯铜，含有一定氧。T1 和 T2 的氧含量较低，用于导电合金；T3 和 T4 含氧较高 [$w(O)$ 小于 0.1%]，一般用作铜材。

1.2.2.4　弥散强化铜

铜中加入高熔点金属氧化物粒子作为弥散强化相。常用的是 Al_2O_3 粒子，通用的制备方法是内氧化法，其氧化剂含有 Cu_2O、CuO 和少量 Al_2O_3 粉末，根据 Al_2O_3 粒子含量，所需氧含量选择不同低铝含量的铜合金计算配入氧化剂含量。制成的弥散强化铜中的铝均以 Al_2O_3 的形式存在。根据不同 Al_2O_3，粒子含量有多种牌号弥散强化铜。材料经过热加工致密化而成材。经过挤压成材，再经冷加工率为 74% 时，抗拉强度 σ_b 为 620 MPa、屈服强度 σ_s 为 599 MPa，伸长率 δ 为 14%。DS 铜：C15715 的退火温度为 550~680 ℃，DS 铜 C15760 的退火温度为 650~980 ℃。DS 铜具有良好的冷加工性，焊接采用锡焊和铜焊以及电阻对焊，用于集成电路引线框架、二极管和白炽灯引线、断路器、继电器闸刀等。

1.2.3　黄铜

黄铜是以锌为主要合金元素的铜基合金，因常呈黄色而得名。黄铜可分为两类：一类是只含锌的二元合金，称为普通黄铜；另一类是除含锌外，还含有诸如铅、锡、铁、锰、铝、硅、镍等元素的合金，称为特殊黄铜。黄铜色泽美观，有良好的工艺和力学性能，导电性和导热性较高，在大气、淡水和海水中耐腐蚀，易切削和抛光，焊接性能好且价格便宜。常用来制造导电、导热元件、耐蚀结构件、弹性元件、日用五金及装饰材料等。黄铜的牌号及表示方法，如图 1-5 所示。

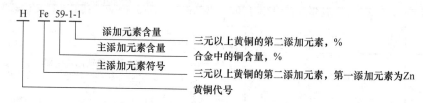

图 1-5　黄铜的牌号及表示方法

1.2.3.1　二元黄铜的组织和性能

$w(Zn)$ 小于 36% 的合金为 α 黄铜，铸态组织为单相树枝状晶，形变及再结晶退火后得到等轴 α 相晶粒，具有退火孪晶。$w(Zn)$ 为 36%~46% 的合金为（α+β）黄铜。在铸态，黄铜的强度和塑性随锌含量增加而升高，直到 $w(Zn)$ 为 30% 时，黄铜的伸长率达到最高值；而强度在 $w(Zn)$ 为 45% 时最高。再增加锌含量，则全部组织为 β′ 相，导致脆性增加，强度急剧下降。锌和合金组织对黄铜性能的影响，如图 1-6 所示。黄铜经变形和退火后，其性能与锌含量的关系与铸态相似。由于成分均匀和晶粒细化，其强度和塑性比铸态均有提高。

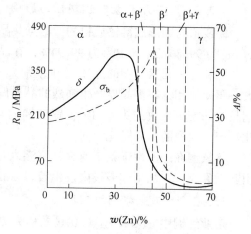

图 1-6　铸态黄铜的性能与锌含量的关系

单相的 α 黄铜具有极好的塑性，能承受冷热塑性变形，（α+β）黄铜在加热到高于 500 ℃时，低温有序的 β′相转变成无序的 β 相，β 相极软，但晶体结构为体心立方，原子扩散快，晶粒易长大。一般锻造温度略低于（α+β）/β 相线，以保留少量 α 相，阻碍 β 相晶粒长大。

黄铜有良好的铸造性能，在大气、淡水中耐蚀，在海水中耐蚀性尚可。黄铜的腐蚀表现在脱锌和应力腐蚀。脱锌是电化学腐蚀，在中性盐水溶液中锌发生选择性溶解，可加入微量砷 [$w(As)$ 为 0.02%~0.06%] 来防止。黄铜经冷变形后放置时，可发生自动破裂，又称为季裂。在张应力下（包括残留张应力），由腐蚀介质氨、二氧化硫和湿空气的联合作用，发生应力腐蚀。$w(Zn)$ 大于 25%的黄铜和 H70、H68、H62 对此更为敏感。黄铜中加入少量硅 [$w(Si)$ 为 1.0%~1.5%] 或微量砷 [$w(As)$ 为 0.02%~0.06%] 可减小其自裂倾向。表面镀锌或镉也能防止自裂。黄铜制品必须经过退火以消除应力，并在装配时避免产生附加张应力。

低锌黄铜 H96、H90、H85 有良好的导电性、导热性和耐蚀性，有适宜的强度和良好的塑性，大量用于冷凝器和散热器。

三七黄铜 H70、H68 强度较高，塑性特别好，用于深冲或深拉制造复杂形状的零件，如散热器外壳、导管、波纹管等及枪弹和炮弹壳体。

四六黄铜 H62、H59 为（α+β）黄铜，可经受高温热加工。H62 黄铜强度高，塑性较好，用于制造销钉、螺帽、导管及散热器零件等。

另外，黄铜在合金的晶粒小于 10 μm 的超细晶粒状态，在外界条件为形变温度大于 $0.5T_{熔}$（合金熔点）、应变速率为 10^{-1}~10^{-5} s^{-1} 时产生超塑性，其均匀伸长率远大于 100%，可制造复杂形状的零件。

1.2.3.2　多元黄铜

A　铝黄铜

在黄铜中加入少量铝可在合金表面形成致密并和基体结合牢固的氧化膜，提高合金对腐蚀介质特别是高速海水的耐蚀性。铝在黄铜中的固溶强化作用，进一步提高合金的强度和硬度。$w(Al)$ 为 2%、$w(Zn)$ 为 20%的铝黄铜具有最高的热塑性，故 HAl77-2 铝黄铜可制成强度高、耐蚀性好的应用广泛的管材，用于海轮和发电站的冷凝器等。HAl85-0.5 铝黄铜 $w(Al)$ 为 0.5%、$w(Zn)$ 为 15%，色泽金黄，耐蚀性极高，可做装饰材料，作为金的代用品。

B　锡黄铜

黄铜中加入锡 [$w(Sn)$ 为 1%] 能提高其在海水中的耐蚀性，抑制脱锌，并能提高强度。HSn70-1 锡黄铜又称"海军黄铜"，用于舰船。

C　铅黄铜

铅在 α 黄铜中溶解量 $w(Pb)$ 小于 0.03%。它作为金属夹杂物分布在 α 黄铜枝晶间，引起热脆。但其在（α+β）黄铜中，凝固时先形成 β 相，随后继续冷却，转变为（α+β）组织，使铅颗粒转移到黄铜晶内，铅的危害减轻。在四六黄铜中加入铅 [$w(Pb)$ 为 1%~2%]，可提高切削性。

D　镧锌铝形状记忆合金

铜锌铝合金热传导率大，电阻小，加工性特别是热加工性好，相变温度范围 -100~

100 ℃，相变滞后小，工艺简单，制造成本低，在工业上已获实际应用，制成棒状、管状和线状，制造螺旋弹簧、防火洒水器、各种安全阀、控温装置、断路器等。

此外，还有锰黄铜、镍黄铜、铁黄铜和硅黄铜，都是为了改善耐蚀性或进一步提高强度。

1.2.4 青铜

青铜是人类历史上最早应用的一种合金。青铜最早指的是铜-锡合金，因颜色呈青灰色，故称青铜。但近几十年来，在工业上应用了大量的含 Al、Si、Be、Mn、Pb、Cr、Cd 的铜基合金，这些也称青铜。为了加以区别，通常把铜-锡合金称为锡青铜（普通青铜），其他称为无锡青铜（特殊青铜）。青铜的牌号及表示方法，如图 1-7 所示。

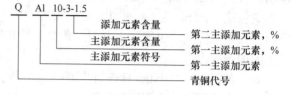

图 1-7　青铜的牌号及表示方法

1.2.4.1 锡青铜

A　普通青铜

锡青铜有较高的强度、耐蚀性和良好的铸造性能。Sn 是较稀少和昂贵的金属元素，除特殊情况外，一般少使用锡青铜。为了节约 Sn 或改善铸造性、力学性能和耐磨性，锡青铜还常常加入 P、Zn 和 Pb 等。当前国内外多用价格便宜和性能更高的特殊青铜或特殊黄铜来代用。

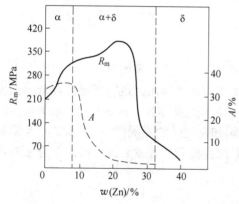

图 1-8　铸态锡青铜力学性能与 Sn 含量的关系

锡青铜有较高的强度、硬度和耐磨性。抗拉强度随 Sn 含量的增加而升高，图 1-8 所示为铸态锡青铜的力学性能与 Sn 含量之间的关系。当 $w(Sn)$ 大于 6% 后，断后伸长率即开始迅速降低；当 $w(Sn)$ 大于 20% 时，因组织中出现大量 δ 相，合金变脆，强度也随之降低。因此，工业用锡青铜的 Sn 含量（质量分数）均在 3%～14%，很少达到 20%。$w(Sn)$ 小于 7% 的合金，有高的塑性和较高的强度，适用于塑性加工；$w(Sn)$ 大于 10% 的合金，因塑性低，只适用于铸造用。

锡青铜铸造性的优点是铸件收缩率小，适宜于形状复杂、壁厚变化大的零件。这是因为 Cu-Sn 合金的结晶间隔大，液体流动性差，Sn 原子扩散慢，结晶时树枝晶发达，易形成分散型缩孔，所以收缩率小，且不易裂。锡青铜由于存在分散缩孔，致密性差，在高压下易渗漏，所以不适合制造密封性高的铸件。此外，锡青铜合金凝固时铸锭中易出现反偏析现象，严重时会在表面出现灰白色斑点的"锡汗"，它主要由 δ 相所组成。锡青铜在大气、海水、淡水和蒸汽中的耐蚀性都比黄铜高，广泛用于蒸汽锅炉、海船的铸件，但锡青铜在亚硫酸钠、氨水和酸性介质中极易被腐蚀。

B 其他合金元素在锡青铜中的作用

二元锡青铜的工艺性和力学性能需要进一步改善。一般工业用锡青铜都分别加入 P、Pb、Zn 等合金元素，得到多元锡青铜。

P 在锡青铜中的主要作用是脱氧，改善铸造性能。溶于锡青铜的少量 P 能显著提高合金的弹性极限和疲劳极限，广泛用于制造各种弹性元件。压力加工用锡青铜中 $w(P)$ 为 0.02%~0.35%，最多不得超过 0.4%。因为 $w(P)$ 大于 0.3% 的合金，在 628 ℃形成低熔点的三元共晶体（$\alpha+\delta+Cu_3P$），使合金产生热脆性。用于轴承和耐磨零件的铸造锡青铜，P 含量（质量分数）可达 1.2%，合金中含有 Cu_3P 化合物和 δ 相，它们是锡青铜轴承材料不可缺少的耐磨组织。

Pb 不溶于铜中，在锡青铜中呈孤立的夹杂物存在，改善锡青铜的切削加工性和耐磨性，但 Pb 能显著降低力学性能和热加工性能，所以压力加工用锡青铜中 $w(Pb)$ 小于 4%。为了提高耐磨性，铸造青铜中 Pb（质量分数）可达 30%。ZCuSn5Pb5Zn5 是锡青铜中广泛应用的滑动轴承材料。

Zn 的主要作用是节约部分 Sn，同时 Zn 能缩小合金的结晶温度间隔，改善流动性，减小偏析，提高铸件密度。Zn 能大量溶解于 α 固溶体，改善合金的力学性能，当 $w(Zn)$ 为 2%~4%时，有良好的力学性能和耐蚀性。QSn4-3 常用于制造弹簧、弹片等弹性元件和抗磁零件等。

1.2.4.2 铝青铜

Cu 与 Al 形成的合金称为铝青铜，是特殊青铜的一种。铝青铜与黄铜和锡青铜比具有更高的硬度、强度及耐大气、海水腐蚀性，但在过热蒸汽中不稳定。同时，铝青铜具有耐磨性好、在冲击下不产生火花的特点，所以铝青铜是特殊青铜中应用最广泛的一种，主要用于制造耐磨、耐蚀和弹性零件，如齿轮、轴套、弹簧以及船舶制造中的特殊设备等。

Al 含量对铝青铜的力学性能有较大的影响。随着 Al 含量的增加，强度和硬度明显提高，但塑性下降。当合金中 $w(Al)$ 小于 7.4%时，为单相 α 固溶体，其塑性好易于加工；当 $w(Al)$ 大于 7%~8%时，塑性强烈下降；当 $w(Al)$ 大于 10%~11%时，不仅塑性降低，而且强度也随之降低。压力加工用铝青铜 $w(Al)$ 不大于 5%~7%；$w(Al)$ 大于 7%的铝青铜适合于热加工或铸造。工业用铝青铜中常加入 Fe、Mn、Ni 等元素，以进一步改善合金的力学性能。

1.2.4.3 铍青铜

铍青铜是指加入 $w(Be)$ 为 1.5%~2.5%的铜合金，铍青铜中除主添加元素外，还加入 Ni、Ti、Mg 等合金元素。表 1-5 列举了常用铍青铜的主要特性及应用。

表 1-5　几种铍青铜的主要特性及应用

牌号	主 要 特 性	应 用 举 例
QBe2	含少量 Ni 的铍青铜是力学、物理、化学综合性能良好的一种合金。经调质后，具有高的强度、弹性、耐磨性、疲劳极限、耐热性和耐蚀性；同时还具有高的导电性、导热性和耐寒性，无磁性，撞击时无火花，易于焊接和钎焊	各种精密仪器中的弹簧和弹性元件，各种耐磨零件以及在高速、高压和高温下工作的轴承、衬套，经冲击不产生火花的工具等

续表 1-5

牌号	主要特性	应用举例
QBe1.7 QBe1.9	含少量 Ni、Ti 的铍青铜，具有和 QBe2 相近的特性。其优点是：弹性迟滞小、疲劳强度高、温度变化时弹性稳定，性能对时效温度变化的敏感性小，价格较低廉	各种重要用途弹簧、精密仪表弹性元件，敏感元件以及承受高变向载荷的弹性元件，可代替 QBe2

1.2.5　白铜

白铜是以镍为主要合金元素的铜基合金，因呈银白色，故称为白铜。铜镍二元合金称普通白铜，加锰、铝、锌、铁等元素的铜镍合金称为复杂白铜。白铜按用途可分为结构白铜和电工白铜。

铜与镍由于在电负性、尺寸因素和点阵类型上均满足无限固溶条件，因而可形成无限固溶体。其硬度、强度、电阻率随溶质浓度升高而增加，塑性、电阻温度系数随之降低。纯铜加镍能显著提高强度、耐蚀性、电阻和热阻性。这类材料具有优良的抗蚀性、中等以上的强度、弹性好、加工成型和可焊性好，易于热、冷加工，易于焊接的特点，广泛用于制造耐蚀性构件、各种弹簧与接插件等。白铜的牌号及表示方法，如图 1-9 所示。

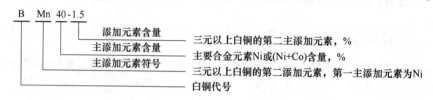

图 1-9　白铜的牌号及表示方法

1.2.5.1　结构白铜

铜镍二元铜合金为普通白铜，单相固溶体，常用的牌号有 B10、B20、B30。由于在大气、海水、过热蒸汽和高温下有优良的耐蚀性，而且冷热加工性能都很好，可制造高温高压下的冷凝器、热交换器，广泛用于船舶、电站、石油化工、医疗器械等部门。B20 也是常用的镍币材料，可制造高面额的硬币。

铁能显著细化晶粒，增加白铜的强度又不降低塑性，尤其提高在有气泡骚动的流动海水中发生冲蚀的耐蚀性。铁最高的加入量不超过 1.5%（质量分数）。在 B10 中加入 $w(\text{Fe})$ 为 0.75% 的铁，可得到与 B30 同样的耐蚀性；加入少量锰，可脱氧和脱硫，能增加合金的强度。故 B10 中加入（质量分数）1.0%～1.5% 的铁、（质量分数）0.5%～1.0% 的锰，用来制作舰船的冷凝器等。

锌能大量溶于铜镍合金，有固溶强化作用，能提高耐大气腐蚀能力。应用最广的是 $w(\text{Ni})$ 为 15%、$w(\text{Zn})$ 为 20% 的锌白铜 BZn15-20，它呈现美丽的银白色光泽，具有高强度、高弹性，用于仪器、医疗器械、艺术制品等。

铝在铜镍合金中能产生沉淀强化效应。$w(\text{Al})$ 为 3% 的 BAl13-3 铝白铜在 900 ℃ 固溶淬火，经冷轧 25% 变形后于 550 ℃ 时效，则强度达 800～900 MPa，δ 为 5%～10%。铝白铜由于有高强度、高弹性和高耐蚀性，可制作舰船冷凝器等。

1.2.5.2　电工白铜

（1）康铜。$w(\text{Ni})$ 为 40%、$w(\text{Mn})$ 为 1.5% 的锰白铜又称康铜，具有高电阻、低电阻温度系数，与铜、铁、银配成热电偶对时，能产生高的热电势，组成铜-康铜、铁-康铜和银-康铜热电偶，其热电势与温度间的线性关系良好，测温精确，工作温度范围为 $-200 \sim 600\ ^{\circ}\text{C}$。

（2）考铜。$w(\text{Ni})$ 为 43%、$w(\text{Mn})$ 为 0.5% 的锰白铜又称考铜，有高的电阻，与铜、镍铬合金、铁分别配成热电偶时，能产生高的热电势，其热电势与温度间的线性关系良好。考铜-镍铬热电偶的测温范围从 $-253\ ^{\circ}\text{C}$（液氢沸点）到室温。

（3）B0.6 白铜。$w(\text{Ni})$ 为 0.6% 的白铜 B0.6 在 100 ℃ 以下与铜线配成对，其热电势与铂铑-铂热电偶的热电势相同，可做铂铑-铂热电偶的补偿导线。

复习思考题

1.2-1　Zn 含量对黄铜性能有什么影响？

1.2-2　什么是黄铜的季裂，产生的原因是什么，通常采用什么方法消除？

1.2-3　锡青铜的铸造性能为什么比较差？

1.2-4　O、S、P、Bi 等常见杂质元素对纯铜性能产生哪些不良影响？

1.2-5　Fe 与 Mn 对白铜性能有什么影响？

任务 1.3　钛及钛合金

钛从实现工业生产至今才六七十年，由于其具有密度小、比强度高、耐腐蚀及优良的生物相容性等一系列优异的特性，发展非常快，短时间内已显示出了它强大的生命力，成了航空航天、军事、能源、舰船、化工及医疗等领域不可缺少的材料。

中国钛工业发展实现了全面跨越。2018~2022 年的 5 年间，海绵钛、钛锭、钛加工材产量均实现翻番，我国已成为名副其实的产钛用钛大国。2022 年，国内海绵钛产量 17.5 万吨、钛锭产量 14.5 万吨、钛加工材产量 15.1 万吨，均占据全球 60% 以上的份额。我国钛工业在钛资源综合利用、国防军工、航空航天、海洋工程、医疗器械以及下游高精尖应用领域继续取得技术突破，整体能力有所提升。在石油开采、新能源领域持续加大探索、研发力度，培育、开拓新的应用市场。在海绵钛冶炼、钛材加工环节不断探索节能降耗新工艺，积极响应国家"绿色低碳"发展的总目标。

1.3.1　钛的基本性质

（1）Ti 存在两种同素异构转变。α-Ti 在 882 ℃ 以下稳定，具有密排六方结构，β-Ti 在 882 ℃ 以上稳定，具有体心立方结构。

（2）比强度高。Ti 的密度小（4.54 g/cm³），比强度高且可以保持到 $550 \sim 600\ ^{\circ}\text{C}$，与高强合金钢相比，相同强度水平可降低质量 40% 以上，因此在宇航上应用潜力大。

（3）耐蚀性好。Ti 与 O、N 能形成化学稳定性极高的氧化物、氮化物保护膜。因此 Ti 在低温和高温气体中有极高的耐蚀性。此外，Ti 在海水中的耐蚀性比铝合金、不锈钢和镍基合金都好，但在还原性介质中差一些，可通过合金化改善。

（4）低温性能好。在液氮温度下仍有良好的力学性能，强度高，且塑性和韧度也好。

（5）热导率低。纯铁的导热率约为纯钛的 4.5 倍，所以易产生温度梯度及热应力，但 Ti 的线膨胀系数较低可补偿因热导率低带来的热应力问题，Ti 的弹性模量约为 Fe 的 54%。

1.3.2　钛的合金化

钛合金化的主要目的是利用合金元素对 α 或 β 相的稳定作用，来控制 α 和 β 相的组成和性能。各种合金元素的稳定作用与其电子浓度有密切关系，一般来说，电子浓度小于 4 的元素能稳定 α 相，电子浓度大于 4 的元素能稳定 β 相，电子浓度等于 4 的元素，既能稳定 α 相，也能稳定 β 相。

工业用钛合金的主要合金元素有 Al、Sn、Zr、V、Mo、Mn、Fe、Cr、Cu 和 Si 等，按其对转变温度的影响和在 α 或 β 相中的固溶度可以分为三大类：第一大类是 α 稳定元素，是指能提高 α/β 转变温度，从而将 α 相区扩展到更高的温度范围，且在 α 相中比在 β 相中有较大的溶解度的元素，如 Al、O、N、C、B 等；第二大类是中性元素，是指对 α/β 转变温度影响不大，在 α 和 β 相中均能大量溶解或完全互溶的元素，如 Sn、Zr、Hf 等；第三大类是 β 稳定元素，是能降低 α/β 转变温度，从而使 β 相区向较低温度移动，且在 β 相中比在 α 相中有较大的溶解度的元素。其中，Mo、V、Nb、Ta 等元素与 β-Ti 同晶型，能形成无限固溶体，属同晶型 β 稳定元素；Cu、Mn、Cr、Fe、Ni、Co、Si 和 H 等即使在合金中存在非常少的量，也会发生共析反应形成金属间化合物，属共析型 β 稳定元素。

1.3.3　常用钛合金

1.3.3.1　钛合金的分类

钛合金按退火组织可以分为 α、β 和 （α+β） 共三大类，牌号分别以 TA、TB 和 TC 加上顺序号数字表示。工业纯钛在冶金行业标准 （YB） 中也划归为 α 钛合金，如 TA1～TA4。国产钛合金牌号，共有 60 余种。表 1-6 列出了部分常用加工钛合金的牌号及主要合金元素。

表 1-6　部分常用加工钛合金的牌号及主要合金元素（GB/T 3620.1—2016）

合金类型	牌号	主要合金元素/%
α 型	TA5	3.3～4.7Al，0.005B
	TA7	4.0～6.0Al，2.0～3.0Sn
	TA15	5.5～7.1Al，0.5～2.0Mo，0.8～2.5V，1.5～2.5Zr
β 型	TB2	2.5～3.5Al，4.7～5.7Mo，4.7～5.7V，7.5～8.5Cr
	TB8	2.5～3.5Al，14.0～16.0Mo，2.4～3.2Nb，0.15～0.25Si
（α+β） 型	TC3	4.5～6.0Al，3.5～4.5V
	TC4	5.5～6.75Al，3.5～4.5V
	TC8	5.8～6.8Al，2.8～3.8Mo，0.20～0.35Si
	TC9	5.8～6.8Al，1.8～2.8Sn，2.8～3.8Mo，0.2～0.4Si

合金类型	牌号	主要合金元素/%
（α+β）型	TC12	4.5~6.5Al，1.5~2.5Sn，3.5~4.5Mo，3.5~4.5Cr，0.5~1.5Nb，1.5~3.0Zr
	TC24	4.0~5.0Al，1.8~2.2Mo，2.5~3.5V，1.7~2.3Fe

三大类钛合金各有其特点。α钛合金高温性能好，组织稳定，可焊性好，但常温强度低，塑性不够高。（α+β）钛合金可以热处理强化，常温强度高，中等温度的耐热性也不错，但组织不够稳定，可焊性差。β钛合金的塑性加工性好，合金浓度适当时，通过热处理可获得高的常温力学性能，是发展高强度钛合金的基础，但组织性能不够稳定，冶炼工艺复杂。当前应用最多的是（α+β）钛合金，其次是α钛合金，β钛合金应用较少。

1.3.3.2　α钛合金

α钛合金的主要合金元素是α稳定元素铝和中性元素锡，主要起固溶强化作用。据估计，每加入（质量分数）1%的合金元素，合金强度可提高35~70 MPa。合金的杂质是O和N，虽有间隙强化作用，但对塑性不利，应予限制。有的α钛合金还加入少量其他元素，故α钛合金还可以细分为全由α相组成的α钛合金、加入（质量分数）2%以下的β稳定元素的近α钛合金和时效硬化型α钛合金（如钛-铜合金）三种。

α钛合金牌号及主要化学成分见表1-6。TA4~TA6是Ti-Al系二元合金。Al在α相中固溶度很大，Ti-Al系合金的强度随Al含量的增加而升高。但w(Al)大于6%后，出现α_2相而变脆，甚至会使热加工发生困难。因此，一般工业用钛合金的Al含量（质量分数）很少超过6%。

钛合金中加入微量Ga能改善α_2的塑性。Al在500 ℃以下能显著提高合金的耐热性，故工业用钛合金大多数都加入一定的Al。但工作温度大于500 ℃后，Ti-Al合金的耐热性显著降低，故α钛合金的使用温度不能超过500 ℃。

Ti-Al合金中加入少量中性元素Sn，在不降低塑性的条件下，可进一步提高合金的高温、低温强度。TA4就是加入少量Sn的钛合金。由于Sn在α和β相中都有较高的溶解度，能进一步固溶强化α相。只有当w(Si)大于18.5%时才能出现Ti_3Sn化合物，所以添加w(Sn)为2.5%的TA7合金仍是单相α合金。α钛合金的特点是不能热处理强化，通常是在退火或热轧状态下使用。

1.3.3.3　（α+β）钛合金

A　（α+β）钛合金合金化特点

（α+β）钛合金是目前最重要的一类钛合金，一般含有（质量分数）4%~6%的β稳定元素，从而使α和β两个相都有较多数量。而且抑制β相在冷却时的转变，只在随后的时效时析出，产生强化。它可以在退火态或淬火时效态使用，可以在（α+β）相区或在β相区进行热加工，所以其组织和性能有较大的调整余地。

（α+β）钛合金既加入α稳定元素，又加入β稳定元素，使α和β相同时得到强化。为了改善合金的成型性和热处理强化的能力，必须获得足够数量的β相。因此，（α+β）合金的性能主要由β相稳定元素来决定。

（α+β）钛合金的α相稳定元素主要是Al。Al几乎是这类合金不可缺少的元素，但加入量应控制在（质量分数）6% ~ 7%以下，以免出现有序反应，生成 α_2 相，损害合金的韧性。为了进一步强化 α 相，只有补加少量的中性元素 Sn 和 Zr。β 稳定元素的选择较复杂。（$\alpha+\beta$）合金只能用稳定能力较低的 β 固溶体型元素 Mo 和 V 等作为主要 β 稳定元素，再适当配合少量非活性共析型元素 Mn 和 Cr 或微量活性共析型元素 Si。

（$\alpha+\beta$）钛合金成型性的改善和强度的提高，是靠牺牲焊接性能和抗蠕变性能来达到的。因此，这种合金的工作温度不能超过 400 ℃，某些特殊的耐热（$\alpha+\beta$）合金除外。为了尽量保持合金有较好的耐热性，绝大多数（$\alpha+\beta$）钛合金都是以 α 相稳定元素为主，保证有稳定的 α 相基体组织。加入的 β 相稳定元素不能过多，能保证形成（体积分数）8% ~ 10%的 β 相就已足够。

（$\alpha+\beta$）钛合金的力学性能变化范围较宽，可以适应各种用途，约占航空工业使用的钛合金（质量分数）70%以上。合金的品种和牌号也比较多，根据《钛及钛合金牌号和化学成分》（GB/T 3620. 1—2007），其牌号有 23 种。目前国内外应用最广泛的（$\alpha+\beta$）钛合金是 Ti-Al-V 系的 Ti-6Al-4V，即 TC4 合金。

B　Ti-Al-V 系合金（TC3、TC4、TC10）特点

TC3、TC4 和 TC10 均含（质量分数）5% ~ 6%的 Al，再加入 β 相稳定元素 V、Fe 和 Cu，主要作用是形成 β 相和提高耐热性。V 与 Ti 形成典型的 β 固溶体型合金，不仅在 β 相中能完全固溶，在 α 相中也有较大的溶解度。Ti-Al 合金中加入 V 不仅能改善合金的成型性能，提高强度，而且合金在热处理强化的同时，还能保持良好的塑性。此外，Ti-Al-V 系合金没有硬脆化合物的沉淀问题，组织在较宽的温度范围内都很稳定，所以应用最广，尤其是 TC4 合金。

TC3 和 TC4 成分相近，前者含（质量分数）4.5% ~ 6.0%的 Al，后者加入（质量分数）5.5% ~ 6.8%的 Al。TC3 合金的平均 Al 含量低些，强度较低，但塑性和成型性能较好，可以生产板材。TC4 合金塑性低些，主要生产锻件。此外，TC4 合金的冲压性能较差，热塑性良好，可用各种方法焊接，焊缝强度可达基体的 90%，耐蚀性和热稳定性也较好。可生产在 400 ℃ 长期工作的零件，如压气机盘、叶片和飞机结构件等。

TC10 是在 TC4 基础上发展起来的合金，为进一步提高其强度和耐热性，把 V 含量（质量分数）提高到 6%，同时还加入（质量分数）2%的 Sn 和少量 β 稳定元素 Fe 和 Cu，以强化基体。加入的 β 相稳定元素均在固溶度范围以内，所以合金仍保持足够的塑性和热稳定性。但因 TC10 的 β 相稳定元素含量高，所以 TC10 的冲压性能、热塑性、可焊性和接头强度与 TC4 相同，还具有很强的耐蚀性和较好的热稳定性，适于制造在 450 ℃长期工作的零件。

1.3.3.4　β 钛合金

β 钛合金是发展高强度钛合金潜力最大的合金。空冷或水冷在室温能得到全由 β 相组成的组织，通过时效处理可以大幅度提高强度。β 钛合金另一特点是在淬火状态下能够冷成型，然后进行时效处理。由于 β 相的浓度高，M_s 点低于室温，淬透性高，大型工件也能完全淬透。缺点是 β 相稳定元素浓度高，密度提高，易于偏析，性能波动大。另外，β 相稳定元素多是稀有金属，价格昂贵，组织性能也不稳定，工作温度不能高于 200 ℃，故这种合金的应用还受到许多限制。目前，应用的加工 β 钛合金仅有 TB2，其主要化学成分

见表 1-6。

β 钛合金的合金化主要特点是加入大量 β 稳定元素，如单独加入 Mo 或 V，加入量必须很高。另外，这些元素都是难熔金属（尤其是 Mo），熔炼时极易偏析，Mo、V 都比较贵。因此，大多数 β 钛合金全部是同时加入与 β 相具有相同晶体结构的稳定元素和非活性共析型 β 相稳定元素。TB2 合金就是同时加入了 β 相稳定元素 Mo、V 及共析型 β 相稳定元素 Cr。β 钛合金加入 Al，是为了提高耐热性，但更主要的是保证热处理后得到高的强度。

1.3.4　钛合金的新发展和新应用

（1）在宇航工业中的应用。TC4 合金是宇航工业应用的最主要的老牌钛合金，大量用作轨道宇宙飞船的压力容器、后部升降舵的夹具、外部容器夹具及密封翼片等。近年来，Ti-10-2-3、Ti-6-22-22.5、Ti-6Al-2Sn-2Zr-2Cr-2Mo-0.15Si 等合金和 Alloy C 合金也在宇航工业得到了应用。F22 战斗机是被最广泛采用的钛合金制造主承力结构的典型代表，比例可达 41%，使用钛合金种类主要为 Ti-62222 和 TC4，应用形式有锻件和铸件。

（2）在船舶工业中的应用。当前，钛合金已扩大应用到船舶工业，美国最先将钛合金成功地应用到深海潜水调查船的耐压壳体上。在深海潜水船上，特别需要比强度高的结构材料。使用钛合金，可在不大幅度增加重量的情况下，增加潜水深度。目前用于深海的钛合金主要是近 α 钛合金 Ti-6Al-2Nb-1Ta-0.8Mo 和 TC4。为了提高在海水中的耐蚀能力，可用 TC4ELI（ELI 表示超低间隙）作深海潜水调查船的耐压壳体以及深海救援艇的外壳结构增强环。

（3）在民品工业中的应用。电磁烹调器具材料用 TC4。钛是没有磁性的，但其电阻率高，质量小，低热容和高耐蚀性是很吸引人的，特别是可以用超塑性加工制作精确形状的烹调用具，用钛合金制作网球球拍。与铝合金球拍相比，钛制球拍在任何方向的回弹力都大，具有很宽的击球面，此外还有很好的耐撞击性能和耐疲劳性能。钛合金在运动器具上的另一个成功例子就是用作高尔夫球头。β 型钛合金 Ti-15V-3Cr-3Sn-3Al 是日本应用最多的高尔夫球头合金。在美国主要是用 TC4 合金制作高尔夫球头，市场需求大。

复习思考题

1.3-1　钛合金的合金化原则是怎样的，为什么几乎在所有钛合金中，均有一定含量的合金元素 Al，为什么 Al 的加入量（质量分数）都控制在 7% 以下？

1.3-2　为什么国内外目前应用最广泛的钛合金是 Ti-Al-V 系的 Ti-6Al-4V（即 TC4 合金）？

1.3-3　简述 Al 和 Sn 在 α 钛合金中的作用。

1.3-4　如何改善钛合金的生产工艺？

1.3-5　要扩大钛合金在民品工业中的应用，首要的任务是什么？通过什么途径可以实现？

项目 2　挤　　压

任务 2.1　挤 压 概 述

2.1.1　挤压基本概念

所谓挤压，就是对放在挤压筒内的锭坯一端施加挤压力，使之从挤压模孔中流出，从而成为具有一定形状、尺寸和性能的金属制品的一种压力加工方法。

图 2-1 所示为挤压过程原理图：先将加热到热加工温度的金属锭坯 1 送入挤压筒 2 中，挤压筒的一端用装在模支承里的模子 3 封住；再从另一端塞进挤压垫片 4，并通过挤压垫片将挤压轴 5 上的压力传递给锭坯；当与挤压机主柱塞连接在一起的挤压轴处于工作行程时，锭坯金属开始从模孔中流出，并得到与模孔形状、尺寸相同的产品；挤压结束后，用剪刀把制品与挤压筒内的残料（也称压余）切断，用挤压轴推出挤压残料；然后，由垫片分离机构把挤压残料与垫片分离。挤压机的各工具和各部件退回原始状态，进行下一个挤压周期。

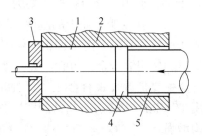

图 2-1　挤压过程原理图
1—坯料；2—挤压筒；3—模子；
4—挤压垫片；5—挤压轴

挤压和轧制、拉拔等一样，是生产有色金属及合金管、棒、型材的常用的压力加工方法。

2.1.2　挤压的特点

挤压同其他压力加工方法相比，具有以下优点。

(1) 挤压过程中金属始终处于强烈的三向压应力状态，有利于发挥金属塑性。这不仅可以采用较大的变形程度，而且有利于加工难变形和低塑性的金属。

(2) 挤压不仅可以生产简单断面制品，还可以生产复杂断面制品。

(3) 挤压除用锭坯作原料外，还可以用金属粉末、颗粒做原料挤压成材。

(4) 挤压灵活性大，只需要在同一台挤压机上更换少数挤压工具就可改变产品规格和形状，适合小批量、多品种制品的生产。

(5) 挤压制品尺寸精确，表面质量较高，并且组织致密，力学性能较好。

但挤压存在以下缺点。

(1) 挤压生产中产生的废料较多，如挤压管材的穿孔废料、挤压残料（压余）和制品精整的切头去尾，因此挤压成品率低。

（2）挤压时，金属与挤压工具之间存在着摩擦，使制品的组织和性能在其截面上和长度上分布不均匀。

（3）挤压机需配备许多辅助设备，投资大，加上挤压时挤压工具易损耗，能耗大，生产成本高。

2.1.3 挤压的分类

2.1.3.1 按金属的流向分类

按照挤压时金属的流动方向与挤压杆的运动方向的关系，挤压主要分为正向挤压和反向挤压两种。正向挤压时，金属的流动方向与挤压杆的运动方向相同，其主要特点是挤压筒与锭坯之间有较大的摩擦力；反向挤压时，金属的流动方向与挤压杆的运动方向相反，由于挤压筒壁与锭坯之间无相对运动，因此挤压力较小。正向挤压和反向挤压过程示意图如图 2-2 所示。

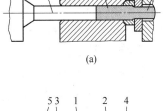
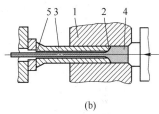

图 2-2 挤压的基本方法
（a）正挤压法；（b）反挤压法
1—挤压筒；2—模子；3—挤压轴；
4—铸锭；5—挤压制品

2.1.3.2 按挤压制品的形状分类

按照挤压制品的断面形状，挤压可以分为空心制品（空心型材和管材）的挤压和实心制品（实心型材和棒材）的挤压。用挤压法生产空心制品时，锭坯可以是实心的，也可以是空心的。

2.1.3.3 按挤压时锭坯的温度分类

按挤压时锭坯的温度，挤压可分为热挤压和冷挤压。热挤压是在金属再结晶温度以上进行挤压，由于再结晶可以消除加工过程中产生的加工硬化；冷挤压是在金属再结晶温度以下进行的挤压，存在加工硬化。常见的挤压大多数是热挤压。

2.1.4 常见挤压方法

2.1.4.1 正向不脱皮挤压棒材

正向不脱皮挤压是挤压棒材最常用的方法。挤压时要求润滑挤压筒，并及时清理挤压筒内的残留金属。这种挤压方法对锭坯的表面质量要求较高，否则会使锭坯表面的缺陷金属流到制品表面或制品中，降低制品的质量。

2.1.4.2 正向脱皮挤压棒材

正向脱皮挤压是为了防止锭坯的表面缺陷流到制品中去，采用比挤压筒直径小 1~3 mm 的挤压垫将锭坯表层金属切离而滞留在挤压筒内的挤压方法，如图 2-3 所示。每次脱皮挤压结束后，必须将残留在挤压筒中的脱皮清除干净，以备下次挤压。

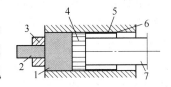

图 2-3 脱皮挤压
1—坯料；2—制品；3—挤压模；
4—挤压垫；5—锭的表皮；
6—挤压筒；7—挤压杆

2.1.4.3 正向水封挤压

在挤压机的模子出口处设置一个较大的水封槽，制品流出模孔后直接进入水封槽中。这种挤压方法不仅能防止金属被氧化，而且可以实现淬火，提高制品强度。水封挤压既适用于易氧化的铜及铜合金，也适用于需要通过淬火提高强度的铝合金。

2.1.4.4　正向挤压管材

正向挤压是有色金属及合金挤压管材的主要方法。若用实心锭坯挤压，则在锭坯填充满挤压筒后，先用穿孔针对锭坯进行穿孔，待穿孔针与模孔形成一环形间隙后，再推动挤压杆，使金属从环行间隙中流出，形成管材。正向挤压的管材质量较好，但是穿孔时有较多的穿孔残料，金属的成材率低。

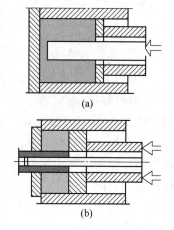

2.1.4.5　联合挤压管材

所谓联合挤压管材，就是在锭坯穿孔时，前端用堵板堵住，使金属倒流，穿孔后去掉堵板换上模子，然后再挤压成管材，如图 2-4 所示。这种方法具有正向挤压和反向挤压的特点，它的突出的优点是穿孔残料损失最小，比较适合于挤压大直径的有色金属管材。

图 2-4　联合挤压管材法
（a）预穿孔；（b）压挤

2.1.4.6　反向挤压

反向挤压就是指在挤压时金属的流动方向与挤压杆的运动方向相反的挤压方法。采用反向挤压的突出的优点是挤压力比正向挤压时少 30% ~ 40%（因挤压筒与锭坯之间无摩擦力），并且金属的流动均匀，制品的性能好。

在反向挤压棒材时，挤压杆和挤压垫是空心的，如图 2-2 所示。而在反向挤压管材时，利用挤压杆前端的挤压垫直径控制管材的内径，管材的壁厚则由挤压垫和挤压筒之间的间隙控制。

2.1.5　挤压新方法

2.1.5.1　静液挤压

静液挤压又称为高压液体挤压，它是指在挤压时挤压筒内通入高压液体（压力高达 1000 ~ 3000 MPa），金属锭坯借助于挤压筒内的高压液体压力，从挤压模孔中被挤出，从而获得所需要的形状和尺寸的挤压制品的方法，如图 2-5 所示。高压液体的来源，是通过挤压杆压缩挤压筒内的液体而获得的。静液挤压法可以是在常温下进行，也可以在较高温度甚至高温下挤压，比如静液挤压耐热合金时的温度为 1000 ~ 1300 ℃。目前，静液挤压机已经用在挤压生产中。最大的静液挤压机能力可达 63 MN，液体压力为 3000 MPa，挤压筒的直径为 200 mm，锭坯的长度为 300 ~ 1500 mm。

静液挤压法比通常的挤压方法有很多优点：金属锭坯与挤压筒壁不直接接触，无摩擦，因而金属的变形极为均匀，产品质量好；可采用较长的锭坯，锭坯长度与直径的比值最大可达 40，挤压时锭坯不会产生弯曲；制品表面光洁；挤压力小，一般比通常的正向挤压力小 20% ~ 40%，挤压比可达 400，对于纯铝可达 20000；可以实现高速挤压。但是目前还有一些需要解决的问题，比如高压下液体的密封、挤压工具的强度及传压介质的液体选择等问题。

2.1.5.2 全润滑无压余挤压

全润滑无压余挤压棒材和管材示意图如图 2-6 所示。采用锥形挤压垫和挤压模，对与金属锭坯接触的工模具比如挤压筒、挤压模和穿孔针的表面上，涂以润滑剂以改善表面摩擦条件。全润滑无压余挤压时，由于表面摩擦条件的改善，金属流动得比较均匀，因此可减少和消除挤压缩尾现象，在挤压末期只留下很薄的压余，这样就可以大大提高金属的成材率。

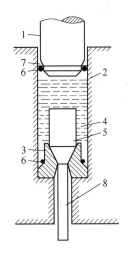

图 2-5 静液挤压工作原理
1—挤压杆；2—挤压筒；3—模子；4—高压液体；
5—锭坯；6—O 形密封环；7—斜切密封环；8—制品

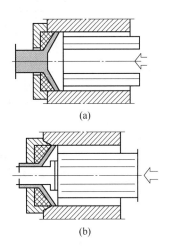

图 2-6 全润滑无压余挤压
（a）挤压棒材；（b）挤压管材

2.1.5.3 随动挤压

随动挤压是指在挤压过程中，挤压筒随着金属锭坯前进的挤压方法，如图 2-7 所示。这种挤压方法的结构特点是挤压模装在固定的长模支撑前端，并且固定不动，而挤压杆推动挤压筒和金属锭坯一起前进。这种挤压方法比较适合挤压棒材，对低塑性的金属可提高挤压速度。其变形特点与反挤压法相同。

2.1.5.4 有效摩擦挤压

有效摩擦挤压是指在挤压时，挤压筒和金属锭坯都存在运动，但是挤压筒相对于锭坯移向挤压模的速度快，这样挤压筒壁对锭坯作用的摩擦力成为促进金属流动的动力。

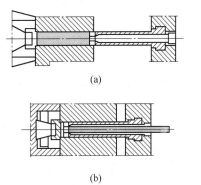

图 2-7 随动挤压示意图
（a）挤压开始；（b）挤压结束

必须注意：在进行有效摩擦挤压时，挤压筒与金属锭坯之间不能有润滑剂，以便建立起高的摩擦应力。

有效摩擦挤压的最主要的优点是：制品的变形均匀，无挤压缩尾缺陷，因此，压余厚度小，约为挤压筒直径的 5%；挤压力小，约为正向挤压与反向挤压力的平均值；锭坯的表面层在变形区中不产生大的附加拉应力。

2.1.5.5　锭接锭挤压

锭接锭挤压又称无残料挤压，它是指在挤压过程中，当前一个锭坯挤出 2/3 长度时，装入下一个锭坯进行连续挤压，因此，它具有半连续挤压的性质。在挤压时，可以采用润滑挤压或无润滑挤压。有润滑锭接锭挤压过程，如图 2-8 所示。

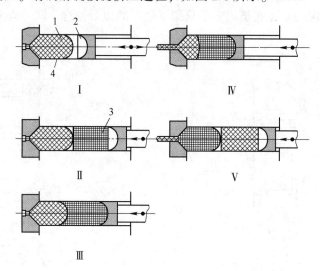

图 2-8　有润滑锭接锭挤压过程

1—第 1 个锭坯；2—带凹形曲面的挤压垫；3—第二个锭坯；
4—第一个锭坯端面变形后形状；Ⅰ~Ⅴ—不同挤压阶段

无润滑锭接锭半连续挤压主要用于生产长的制品，要求金属或合金在挤压温度下具有良好的焊合性能（如低熔点的铅、纯铝、低合金化的铝合金等），以便使前后锭坯的尾、首焊合在一起。

有润滑锭接锭挤压时，要特别注意锭坯的表面层在挤压工具上要均匀的滑动，以防止形成滞留区，消除制品表面出现的分层、起皮和压入等缺陷。

2.1.5.6　Conform 连续挤压

连续挤压时，挤压过程是连续不间断地进行的。金属在塑性变形时，完全借助于金属与工具接触表面间的摩擦力来实现的。

如图 2-9 所示，在可旋转的挤压轮 6 的表面上带有方凹槽，其 1/4 左右的周长与一被称为挤压靴的导向块相配合，形成一个封闭的正方形空腔。模子被固定在导向块的一端。挤压时，将比正方形空腔断面大一些的圆坯料端头碾细，然后送入空腔中，依靠挤压轮槽与坯料间的摩擦力，将后者夹紧和拉入空腔中。坯料在初始夹紧区中逐渐塑性变形，直到进入挤压区时充满空腔的横断面。金属在挤压轮摩擦力的作用下不断地从模孔中被挤出，形成金属制品。

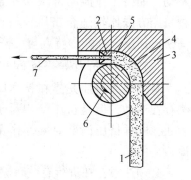

图 2-9　Conform 挤压工作原理

1—坯料；2—模子；3—导向块；
4—初始咬入区；5—挤压区；
6—挤压轮；7—制品

2.1.6 挤压技术的发展历史和发展趋势

2.1.6.1 发展历史

与其他压力加工方法相比，挤压法出现较晚。1797 年，英国人 S. Braman 设计了世界上第一台用于挤压铅的机械式挤压机。1820 年，英国人 B. Thomas 设计制造了由挤压筒、可更换挤压模、装有挤压垫的挤压轴和随动穿孔针所构成的液压式铅管挤压机。此后，管材挤压得到了较快的发展。Tresca 屈服准则就是法国人 Tresca 在 1864 年通过铅管挤压实验而建立起来的。1870 年，英国人 Haines 发明了铅管反向挤压法。1879 年，法国人 Borel、英国人 Wesslau 先后开发了用挤压法生产铅包覆电缆的工艺，成为世界上采用挤压法制备复合材料的历史开端。大约在 1893 年，英国人 J. Robertson 发明了静液挤压法，但这种方法的应用价值当时未受重视，直到 1955 年才开始得以实用化。1894 年，英国人 G. A. Dick 设计了第一台用于挤压熔点和硬度较高的铜合金挤压机，其操作原理与现代挤压机基本相同。1903 年和 1906 年，美国人 G. W. Lee 先后申请并公布了铝、黄铜的冷挤压专利。1910 年出现了铝材挤压机。1923 年，Duraalu-minum 最先报道了采用复合坯料挤压成形包覆材料的方法。1923 年出现了可移动挤压筒，并采用了电感应加热锭坯的技术。1930 年，欧洲出现了钢的热挤压，但由于当时采用油脂、石墨作润滑剂，其润滑性能差，存在挤压制品缺陷多、工模具寿命短等缺点，直到 1942 年发明了玻璃润滑剂之后，钢的热挤压才得到较快的发展并被用于工业生产。1941 年，美国人 H. H. Stout 报道了用钢粉末直接挤压的实验结果。1965 年，德国人 R. Schnerder 发表了等温挤压实验研究结果，英国人 J. M. Sabroff 等申请并公布了半连续静液挤压专利。1971 年，英国人 D. Green 申请了 Conform 连续挤压专利之后，挤压生产的连续化受到重视，并于 20 世纪 80 年代初实现了工业化应用。

2.1.6.2 发展趋势

挤压技术的发展是从软金属到硬金属，从手工制作到机械化、半连续化、连续化的过程。近半个世纪以来，先进工业国家对建筑、运输、电力、电子电器用铝合金挤压型材需求量不断剧增。近 20 年来，高速发展的工业自动化和计算机模拟控制技术逐步满足了挤压制品断面形状复杂化、尺寸大范围化、高精度化、性能均匀化、产品设计优化等要求。企业对高效生产和高性能产品的追求，促进了挤压技术的不断进步和发展。今后，挤压技术将在以下几个方面得到研究、开发和利用。

（1）进一步发展小断面超高精密型材与超大型材的挤压、等温挤压、水封挤压、冷却模挤压和高速挤压等正向挤压技术。

（2）进一步研究反向挤压、静液挤压技术并扩大其应用范围。

（3）进一步研究以 Conform 为代表的连续挤压技术的实用化。

（4）进一步研究各种特殊挤压技术，如粉末挤压、用铝包钢线和低温超导材料为代表的层状复合材料挤压技术。

（5）研究半固态金属挤压、多坯料挤压等新方法。

（6）进一步研究金属大尺寸铸锭的热挤压开坯到小型精密零件的冷挤压成形，粉末和颗粒料的直接挤压成形到金属间化合物、超导材料等难加工材料的挤压加工等方面。

（7）进一步开展挤压工艺系统的仿真研究，应用计算机技术、系统工程和人工智能技术优化挤压工艺过程。

复习思考题

2.1-1　什么是挤压，什么是正挤压和反挤压？

2.1-2　常见的挤压方法有哪些？

2.1-3　目前出现了哪些挤压新方法？

2.1-4　挤压与其他压力加工方法相比，具有哪些优点和缺点？

任务2.2　挤压理论

2.2.1　挤压过程中金属的变形特点

了解挤压过程中金属的应力状态和变形状态，掌握金属流动的规律和变形特点，对减小金属变形的不均匀性，提高制品的组织、性能和质量具有十分重要的意义。

2.2.1.1　挤压过程中金属的应力状态和变形状态

如图 2-10 所示，正向挤压时金属坯料受到的外力有：挤压杆的正压力 P，挤压筒壁和挤压模端面的反压力 N，金属与挤压筒、挤压垫片和挤压模接触面上的摩擦力 T，其作用方向和金属的流动方向相反。在这些外力的作用下，金属的应力状态是三向压应力状态：轴向压应力 σ_1、径向压应力 σ_r 和周向压应力 σ_θ，而变形状态是二向压缩、一向延伸的变形状态：轴向延伸变形 ε_1、径向压缩变形 ε_r 和周向压缩变形 ε_θ。在挤压圆形制品时，应力和应变是轴对称的，因此径向压应力和周向压应力相等，径向主应变和周向主应变相等。

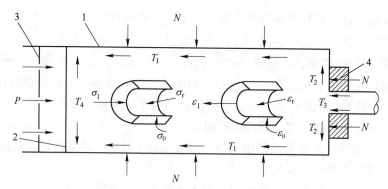

图 2-10　挤压过程中金属所受的外力、应力和变形状态

P—正压力；N—反作用力；T—摩擦力；

1—挤压筒；2—挤压垫片；3—充填挤压前挤压垫片的原始位置；4—模子

2.2.1.2　挤压过程中金属的变形特点

挤压时金属变形的特点是通过总结金属的流动规律得到的，而研究金属流动规律最常用的方法是坐标网络法。通常挤压过程可以分为开始挤压阶段、基本挤压阶段和终了挤压阶段 3 个阶段。下面以正向挤压圆棒材为例，应用坐标网络法介绍挤压过程中金属的变形特点。

A　开始挤压阶段

为了便于将加热的锭坯放入挤压筒中，锭坯直径应小于挤压筒直径 2~10 mm，因此锭坯和挤压筒之间存在间隙。开始挤压时，锭坯在挤压力作用下，首先填充此间隙，充满挤压筒，同时有部分金属会流出模孔，这一阶段称为开始挤压阶段，也称填充挤压阶段。此阶段金属的变形特点为，锭坯受压缩发生镦粗变形，其长度缩短，直径增大。挤压力呈直线上升，如图 2-11 的 Ⅰ 区所示。

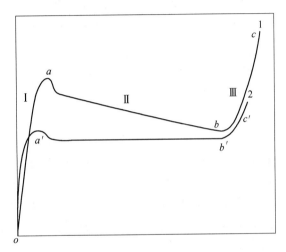

图 2-11　挤压力在挤压过程中的变化示意图
1—曲线 oabc，正向挤压；2—曲线 oa'b'c'，反向挤压；
Ⅰ—充填挤压阶段（oa、oa'）；Ⅱ—平流挤压阶段（ab，a'b'）；Ⅲ—紊流挤压阶段（bc，b'c'）

填充挤压阶段流出模孔的部分金属，几乎没有发生塑性变形，仍保留锭坯的铸造组织，力学性能低下，精整时必须切除。需要指出的是，采用实心锭坯挤压管材时，必须先填充，后穿孔，否则将导致管材偏心。

B　基本挤压阶段

基本挤压阶段又称为平流挤压阶段，它是指把充满挤压筒的锭坯挤压成金属制品的阶段。该阶段金属的变形特点是锭坯各层金属发生的流动基本上是层流，即锭坯的外层仍然构成制品的外层，锭坯的内层仍然构成制品的内层。但金属与工具之间存在摩擦，使得在金属的同一断面上，外层金属的流动速度小于内层，形成不均匀变形。从图 2-12 中坐标网络的变化，可以看出基本挤压阶段金属的不均匀变形表现在以下几个方面。

（1）在金属的纵剖面上，靠近模孔入口和出口处，纵向线发生了方向相反的两次弯曲，弯曲的程度由外层向内层逐渐减小，而中心线上的纵向线不发生弯曲。分别连接纵向线的两次弯曲点，可得到两个曲面。一般把这两个曲面之间的区域称为挤压变形区，如图 2-12 中 AB 两曲面之间的区域，它因呈锥形，又称锥形变形区。在锥形变形区中，金属的变形很不均匀，变形程度在纵向上由入口端到出口端逐渐减小，在径向上由锭坯外层向中心逐渐减小。

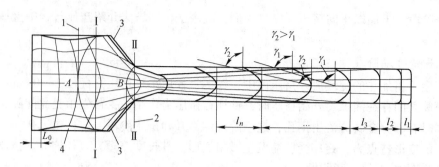

图 2-12　单孔锥模正向挤压棒材的坐标网格变化
1—开始压缩部位；2—压缩终了部位；3—死区；4—堆聚区

（2）变形前垂直于挤压中心线的直线在挤压后变成了向前弯曲的弧线，弧线弯曲的程度由制品的前端向后端逐渐增大。这说明制品中心层的流动速度大于周边层，而且这种流速差由制品前端向后端逐渐增大。

（3）从锭坯和制品的坐标网络来看，中心层的正方形网络变成了矩形和近似矩形，而周边层的正方形网络变成了平行四边形。这说明在挤压过程中，中心层金属受到的是径向压缩和轴向延伸变形，而周边层金属除此之外，还受到了附加剪切变形。

（4）在挤压筒和挤压模的结合部存在着一个难变形区，称为死区。死区形成的原因是：锭坯前端金属受到挤压模端面摩擦力的作用，流动受阻，又因这部分金属处在挤压筒和挤压模形成的死角处，受冷却作用强而塑性降低、强度升高，不易流动。在挤压过程中，锭坯的表面缺陷、氧化皮和其他夹杂物会逐渐聚集在死区中，这对于提高制品的表面质量极为有利。

总之，在基本挤压阶段，金属的流动不均匀，变形也不均匀，同时随挤压的不断进行，锭坯长度减小，锭坯与挤压筒的接触面积减小，摩擦阻力减小，因而正向挤压力逐渐减小，如图 2-11 的 Ⅱ 区所示。

C　终了挤压阶段

终了挤压阶段是指挤压筒内的锭坯长度减小到变形区压缩锥高度时的金属流动阶段。该阶段变形的特点是：由于垫片与模子的距离缩短，中心层金属流量不足，而边缘层金属的流动受阻转向中心做剧烈的横向流动，同时死区中的金属也向模孔做回转的紊乱流动，形成挤压所特有的缺陷——挤压缩尾。若在终了挤压阶段进行挤压，不仅产生挤压缩尾，严重影响制品的质量，而且使挤压力大大增大（见图 2-11 的 Ⅲ 区），因此应适时停止挤压。此时，留在挤压筒中的金属称为压余。

2.2.1.3　挤压时影响金属流动的因素

从挤压过程中金属的流动特点可知，挤压生产中金属流动不均匀，变形不均匀。这种不均匀会严重影响制品质量。因此，掌握挤压过程中影响金属流动的因素，对改善挤压条件，减轻金属流动的不均匀性，提高产品质量具有重要意义。

A　外摩擦的影响

挤压时，在金属与挤压工具之间产生的摩擦力中，挤压筒壁的摩擦力对金属的流动影响最大。这种摩擦力越大，内外层金属的纵向流动速度差越大，加剧了金属流动的不均匀。生产中润滑挤压筒可有效地减小摩擦力，提高金属流动的均匀性。

在挤压管材时，锭坯内部金属受穿孔针摩擦力的阻碍和冷却作用而流速减慢，结果使挤压管材比挤压棒材金属流动均匀。在挤压型材时，模子工作带的摩擦力对金属流出速度也有阻碍作用，因此可利用调整模子各部分的工作带长度来减小金属流动的不均匀性。

B　锭坯与挤压筒温度

锭坯和工具温度对金属流动的影响，一般通过以下几方面的因素起作用。

（1）冷却作用。加热均匀的锭坯在送往挤压筒的过程中，由于空气和挤压筒的冷却作用，其表层温度低于内层，而变形抗力则是表层高于内层。这使挤压时内层金属易于流动而外层金属难于流动，加剧了金属流动的不均匀。为了减小锭坯内外温差，提高金属流动的均匀性，挤压前要求预热挤压筒。

（2）导热作用。金属的导热性也会影响到挤压时金属的流动性。如图 2-13 所示，由于紫铜的导热性比黄铜好，其锭坯内外温差较小，而黄铜锭坯内外温差较大，这必然导致紫铜内外变形抗力差小于黄铜，故挤压时紫铜流动要比黄铜均匀。

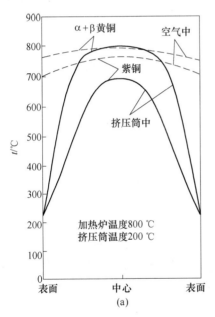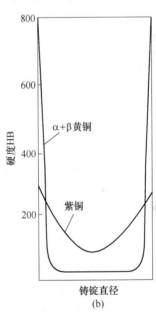

图 2-13　紫铜与黄铜锭坯断面上温度和硬度分布
（a）断面上温度差；（b）断面上硬度差

（3）相变。由于温度变化引起某些金属发生相变，以致挤压时金属流动受到影响。例如，HPb59-1 铅黄铜在 720 ℃ 以上为 β 组织，在此温度之上挤压，金属流动较均匀。在720 ℃ 以下该铅黄铜为（α+β）两相组织，在此温度以下挤压，由于两相变形抗力不同，导致金属流动不均匀。

C　金属与合金的性质

金属与合金的性质对挤压金属流动的影响体现在以下两方面。

（1）高温黏性。金属的高温黏性是通过挤压时黏结工具增大摩擦系数来影响流动性。挤压过程中高温黏性大的金属（如铝合金、黄铜）的流动很不均匀。

（2）高温变形抗力。高温变形抗力大的金属，强度高，受工具的摩擦阻力作用相对较小，内外金属流速差也小，金属流动较均匀。这就是说，高温强度大的金属阻碍不均匀变形的能力要强于高温强度小的金属。如此说来，即使挤压同一金属，若提高挤压温度，则变形抗力减小，增大金属流动的不均匀性。

D 工具结构与形状

（1）挤压模。工具结构与形状对金属流动性的影响主要是挤压模的模角。生产中常用的挤压模是锥模和平模。锥模模角小于90°，平模模角为90°。模角增大，死区变大，外层金属不仅受到的摩擦阻力增大，而且进入模孔产生的非接触变形也增大，加大了金属流动的不均匀。同时挤压力也增大。而模角小，死区就小，制品表面质量差。为了保证制品质量，锥模合理的模角通常为60°~65°。

（2）挤压筒。挤压宽度较大的型材时，采用扁挤压筒比采用圆挤压筒可使金属流动均匀，还可降低挤压力。

（3）挤压垫。采用凹面挤压垫，可使锭坯外层金属首先流动，减小内外金属的流速差；缺点是会增大挤压力，而且挤压结束后将挤压垫与压余分离麻烦。因此，生产中普遍采用平面挤压垫。

2.2.2 挤压变形参数和挤压力

2.2.2.1 挤压变形参数

挤压变形参数主要有挤压比和变形程度，它们反映了挤压过程中金属变形量的大小。

A 挤压比

挤压比是挤压筒断面积与流出模孔的制品断面积之比，用 λ 表示。其计算公式为：

$$\lambda = \frac{F_t}{F} \tag{2-1}$$

式中，F_t 为挤压筒的断面积，mm^2；F 为挤压制品的总断面积，mm^2。

在实际生产中，挤压比主要受挤压机的挤压力和挤压工具强度的限制。选择的挤压比不能超过设备允许能力。为了使制品获得比较均匀的组织和较好的力学性能，选择的挤压比应该大一些，一般不小于10。

B 变形程度

变形程度是挤压筒断面积与制品断面积之差，再与挤压筒断面积之比的百分数，用 ε 表示。其计算公式为：

$$\varepsilon = \frac{F_t - F}{F_t} \times 100\% \tag{2-2}$$

挤压比和变形程度之间存在的关系为：

$$\lambda = \frac{1}{1 - \varepsilon} \tag{2-3}$$

在实际生产中，为了保证挤压制品横断面上内外层金属组织和力学性能均匀一致，变形程度一般在90%以上，对应的挤压比不小于10，而对于二次挤压坯料可不受限制。

2.2.2.2 挤压力

挤压力是指通过挤压杆迫使金属流出模孔的力。其大小随挤压行程而变化。挤压力是制定挤压工艺、选择挤压机和检验挤压工具强度的重要依据。影响挤压力的因素有以下几方面。

（1）挤压温度的影响。所有金属和合金的变形抗力都随温度的升高而降低，因此挤压力也随挤压温度的升高而降低。因此，对于所有的金属和合金，只要条件允许，应该在尽可能高的温度进行挤压。

（2）变形程度的影响。随变形程度或挤压比的增大，挤压力也增大。

（3）锭坯长度。正向挤压时，锭坯和挤压筒有相对运动，两者之间存在很大的摩擦阻力。这种摩擦阻力随锭坯长度的增大而增大。因此，锭坯越长，摩擦阻力越大，挤压力就越大。而反向挤压时，锭坯和挤压筒无相对运动，两者之间不存在摩擦阻力。因此，锭坯长度对挤压力无影响。通过以上分析可知：相同条件下挤压，正向挤压的挤压力比反向挤压大。

（4）挤压速度。挤压速度是通过影响金属变形抗力来影响挤压力的。图 2-14 所示为在 650 ℃和 700 ℃挤压 H68 黄铜的挤压力与挤压速度关系曲线。从图 2-14 中可见，开始挤压阶段，挤压速度较大时，挤压力也大，这是因为热加工的金属变形抗力随变形速度的提高而增大。而在稳定挤压阶段，由于金属的剧烈变形，产生大量变形热，导致金属温度降低缓慢，甚至金属温度有可能提高，加之锭坯长度变短，摩擦阻力减小，从而使金属变形抗力减小而引起挤压力降低。若挤压速度太低，金属降温迅速，变形抗力显著增大，就会使挤压力增大。

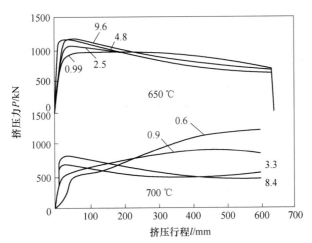

图 2-14 在挤压黄铜时挤压速度对挤压力的影响
（挤压条件：锭坯直径 170 mm，锭坯长度 750 mm，制品直径 50 mm）

（5）模角。图 2-15 所示为正向挤压时挤压模模角对挤压力的影响。模角越大，挤压时金属流动越不均匀，使金属变形功增大，挤压力也增大；而模角越小，虽然金属流动均匀，变形功减小，但由于金属与工具的摩擦面积增加，使摩擦功大大地增大，导致挤压力增大。因此，实际上在一个合理的模角范围内，挤压应力最小。

（6）摩擦与润滑。挤压时，金属的流动受各种摩擦力的影响，这些摩擦力都是挤压力的组成部分。因此，挤压力随摩擦力的增大而增大。润滑挤压工具可以减小摩擦系数，从而减小摩擦力，降低挤压力。图 2-16 是工具不同表面状态对挤压力的影响，从图 2-16 中可见，不论是在开始挤压阶段，还是在稳定挤压阶段，粗糙面的挤压力最大，光滑面的次之，光滑面有润滑的最小。

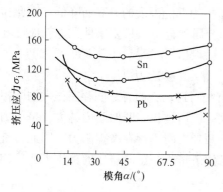

图 2-15　正向挤压时模角对挤压应力的影响

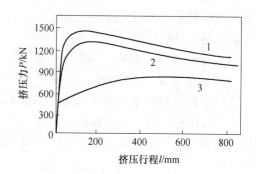

图 2-16　正向挤压润滑对挤压力的影响
1—粗糙面；2—光滑面无润滑；3—光滑面有润滑

复习思考题

2.2-1　挤压过程分哪三个基本挤压阶段？

2.2-2　挤压过程中，影响金属流动不均匀性的因素主要有哪些？

2.2-3　什么是挤压的变形程度和挤压比，两者有何关系？

2.2-4　什么是挤压力，其影响因素主要有哪些？

2.2-5　死区是如何形成的，其作用是什么？

任务 2.3　挤 压 工 具

　　挤压工具一般是指那些与产品挤压变形直接有关，并在挤压过程中易于损坏而需要经常更换的工具。在同一台挤压机上可配备多种不同的挤压工具，以适应挤压不同的产品。挤压工具在生产中起到保证挤压制品形状、尺寸、精度及其内外表面质量的重要作用。因此，合理设计、制造和使用挤压工具能大大提高其使用寿命，这对提高生产率，降低生产成本有着重要的意义。

2.3.1　挤压工具概述

2.3.1.1　挤压工具的种类

　　挤压机的种类、用途不同，挤压工具的结构形式也不一样。在挤压机上，挤压工具通常分成以下三大类别。

　　（1）大型挤压工具。这类挤压工具的特点是尺寸大、质量大，加工困难、造价高、通用性强、使用寿命也较长。这类挤压工具包括挤压筒、挤压杆、模支撑、针支撑、模座等。

（2）易损工具。易损工具包括挤压模、穿孔针或芯棒、冲头、挤压垫片等，一般直接参与金属的塑性成形。这类工具的特点是品种规格多，结构形式多样，需要经常更换，并且工作条件极为恶劣，使用寿命较短，消耗量也较大。

（3）辅助工具。为了实现挤压工艺过程，还需要大量的辅助工具。其中较为常用的有导路、牵引爪子、辊道、键销、吊钳、修模工具等，这些挤压的辅助工具对于提高生产效率和产品质量，都有一定的作用。

2.3.1.2 挤压工具的工作条件

在挤压过程中，挤压工模具的工作条件是十分繁重、恶劣的，具体表现在以下几个方面。

（1）承受长时间的高温作用。挤压前锭坯的加热温度，铝合金为 400~450 ℃，而钛合金则高达 850~1250 ℃，加上在挤压过程中由于摩擦生热与变形热效应产生的温升，更提高了金属的变形温度。直接与热锭坯接触并参与变形的挤压工模具表面温度有时高达 1000 ℃以上，时间为几分钟到几十分钟。在长时间的高温作用下，降低了挤压工模具材料的强度，以至于产生塑性变形，加速其破损。

（2）承受长时间高压作用。为了实现挤压变形，金属加工模具都需要承受很高的压力，加上高温和长时间的作用，有时会超过工模具材料的许用应力而破坏。

（3）承受急冷急热作用。在挤压时，穿孔针、模子和挤压垫等工具，工作时间和非工作时间的温差，有时达到 500 ℃以上，加之工模具材料的传热能力较低，很可能在工模具中产生大的热应力，工模具极易产生微裂或疲劳裂纹。

（4）承受反复循环应力的作用。挤压过程本身就是一个周期性的工作过程，在工作中工模具承受大的压力，而在非工作时则突然卸载，而且在挤压时，有时受压，有时受拉。在这种反复循环、拉压交变的应力作用下，工模具极易产生疲劳破坏。

（5）承受偏心载荷和冲击载荷的作用。在穿孔和挤压时，特别是在挤压复杂断面型材、空心断面型材时，更易产生。

（6）承受高温高压下的高摩擦作用。由此极易产生变形金属与工模具之间的黏结作用，而引起工模具失效。

通过以上分析，在穿孔或挤压时，工模具的工作条件是十分恶劣的。因此，在设计、制造和使用工模具时，应尽可能考虑各种不利因素的影响，包括选择合理的结构，进行可靠的强度设计。

2.3.2 易损挤压工具

2.3.2.1 挤压模

挤压模是金属从其模孔中挤出并获得与模孔断面形状、尺寸相同的制品的挤压工具。它的结构形式、各部分的尺寸、所用的材质及其热处理方法等，对挤压力、金属流动的均匀性、挤压制品尺寸的精度、表面质量、力学性能以及自身的使用寿命等都有极大的影响。

挤压模种类很多，可以按不同的特征进行分类。根据模孔的断面形状，挤压模有平模、锥模、双锥模、平锥模、流线模、碗形模和平流线模，其中在有色金属挤压中使用最多的是平模和锥模。不同剖面形状的模孔如图 2-17 所示。根据挤压产品的品种，挤压模分为棒材模、普通实心型材模、壁板模、变断面型材模和管材模等。按模孔数目分为单孔模和多孔模。根据挤压模的结构分为整体模、可拆卸模、舌模和分流组合模。

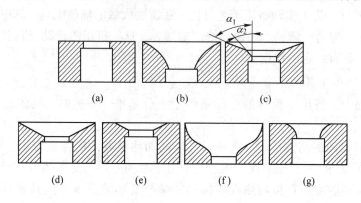

图 2-17　不同剖面形状的模孔

（a）平模；（b）流线模；（c）双锥模；（d）锥模；（e）平锥模；（f）碗形模；（g）平流线模

A　圆形单孔模

圆形单孔模主要的结构参数有以下几个。

a　模角 α

模角 α 是指模子的轴线与其工作端面之间所构成的夹角。模角为 0°~90°，它是挤压模最基本的参数之一。

平模的模角 $\alpha=90°$，多用于挤压塑性良好的有色金属及合金。平模挤压时，形成的死区最大。死区能够阻碍锭坯表面的缺陷、杂质、脏物等进入制品中，因此可以获得优良的制品表面。

锥模的模角 α 对挤压力有很大的影响，当 α 为 45°~60°时，挤压力最小。但此时形成的死区很小，无法阻止锭坯具有缺陷和偏析的表面随金属流出而使制品的表面恶化，并且在挤压时难以形成有效的润滑，故锥模的模角 α 一般为 55°~70°，在挤压有色金属中，常采用 60°~65°。锥模多用于挤压大规格管材和难挤压塑性差的金属。

双锥模和平锥模兼有平模和锥模的特点：在挤压时能形成死区以保证制品的表面质量；在挤压过程中，金属的流动性好，力学性能较均匀。平锥模和双锥模比较适合于挤压镍及镍合金、铜合金、铝合金等。

b　工作带长度 h_g

工作带也称定径带，其主要作用是稳定制品尺寸形状，保证制品的表面质量。

模子的工作带长度主要根据制品的断面尺寸和金属性质而定。工作带过短，挤压时模子容易被磨损，造成制品尺寸超差，同时也容易出现压痕、椭圆、扭曲等质量缺陷；工作带过长，挤压时摩擦力增大，除增大挤压力外，还容易在工作带上黏结金属，使制品表面出现划伤、毛刺、麻面等缺陷。根据生产经验，对于工作带长度，紫铜、黄铜和青铜取 8~12 mm；白铜和镍合金取 20~25 mm；铝合金一般取 2.5~3.0 mm；钛合金取 20~30 mm。

c 工作带直径 d_g

挤压时，模子的工作带直径与实际挤压出的制品外径不相等，稍有差异。主要原因有两个方面：一方面是挤压时金属和模子因温度高而膨胀；另一方面是挤压时金属和模子发生的弹性变形。通常用裕量系数 C_1 来表示各种因素对制品尺寸的影响，见表2-1。

表 2-1　裕量系数

合 金	裕 量 系 数
含铜量（质量分数）不超过65%的黄铜	0.014~0.016
紫铜、青铜及含铜量大于65%的黄铜	0.017~0.020
纯铝、防锈铝及镁合金	0.015~0.020
硬铝及锻铝	0.007~0.010

在选择、设计工作带直径时，要保证制品在冷状态下满足尺寸的要求，同时又能最大限度地延长模子的寿命。模子的工作带直径的计算公式为：

挤压棒材：
$$d_g = d + C_1 d \tag{2-4}$$
挤压管材：
$$d_g = d + C_1 d + 0.04S \tag{2-5}$$

式中，d 为挤压制品名义直径，对于方棒为其边长，对于六角棒为其内切圆直径，mm；S 为挤压的管材壁厚，mm。

d 入口圆角半径 r

入口圆角半径的作用是：防止低塑性合金挤压时产生表面裂纹，减轻金属在进入工作带时产生的非接触变形，减轻挤压时模子的入口棱角被压溃而改变模孔的形状和尺寸。

入口圆角半径的选取与金属强度、挤压温度和制品尺寸有关。如紫铜、黄铜取 2~5 mm，白铜、青铜取 4~8 mm，对于铝合金要保持锐利角度，一般取 0.2~0.5 mm。

e 出口直径 d_{ch}

模子的出口直径一般比工作带直径大 3~5 mm。出口直径过小会划伤制品表面，过大会降低工作带的强度。在挤压薄壁管和变外径管材时，此值应增加到 10~20 mm。

f 模子的外形尺寸

模子的外圆直径和厚度必须保证模子在使用中具有足够的强度。一般来说，模子的外圆最大直径等于挤压筒内径的 0.8~0.85 倍，厚度取 20~80 mm。

模子的外形结构，在卧式挤压机上常用带正锥和带倒锥的两种外形结构。在立式挤压机上也有两种结构：外形为圆柱形的和带凸肩的，前者主要用在挤压铝合金制品上，后者主要用在挤压铜合金制品上。

B 多孔模

多孔模是指在一个模子上面布置多个模孔的模子，主要用于中小型棒材、简单断面的型材挤压上。采用多孔模的主要目的是提高挤压机的生产率或者限制在单孔挤压时过大的挤压比造成的挤压力过大等。在挤压复杂断面的型材时，为了使金属的流动均匀，有时也常采用多孔模。

a 模孔数目

多孔模的孔数最多可达 10~12 个，经常采用的是 4~6 个。因模孔数目越多，金属出模孔后相互扭绞和擦伤也越多，导致操作困难和废品增多。另外，模孔数目越多，模子的强度也越差。

　　b　模孔的布置

　　模孔的合理布置主要考虑：金属流出各个模孔的速度尽量相等，否则在挤压时各模孔流出的金属制品的长度有差别，难以形成相同的定尺长度；挤压制品的质量要满足要求；挤压比合理；金属流动尽可能均匀。

　　为了使每个模孔的金属流出速度相等，应将模孔中心布置在一个同心圆上，同时各个模孔之间的距离应相等，目的是使供应各个模孔的金属量相等。倘若供应各个模孔的金属量不相等，则金属供应量多的模孔金属流出的速度快，挤出的制品就长；反之，金属供应量少的模孔挤出的制品就短，如图 2-18 所示。

　　为了提高挤压制品的质量，减少制品挤压缺陷的出现，在设计模子时，不宜将模孔过分靠近模子的中心或边缘。过分靠近边缘，会降低模子的强度，并导致死区内的金属发生流动进入到制品中，使制品表面出现起皮、分层等缺陷，在挤压硬铝时会造成外侧出现裂纹；若过分靠近中心，则会出现内侧裂纹，如图 2-19 所示。

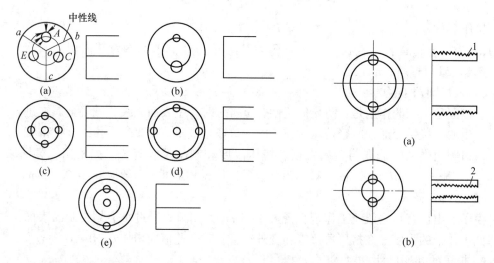

图 2-18　模孔排列位置和大小对金属流动速度的影响　　　　图 2-19　模孔位置对铝合金制品的影响
（a）布置合理流速均匀；（b）布置在一个同心圆上，模孔大　　　　（a）模孔太靠近边缘引起外侧裂纹；
的流速快；（c）模孔过于集中在模子中心，金属量供应不足，　　　　（b）模孔太靠近中心引起内侧裂纹
中心流速慢；（d）模孔过于靠近边缘，中心金属供应量富裕，　　　　1—外侧裂纹；2—内侧裂纹
流速快；（e）离中心近的模孔流速快

　　C　型材模

　　型材挤压时，由于型材截面上失去了对称性，各处的壁厚又不同，因此金属的流动不均匀，易导致型材发生扭曲、断裂和尺寸缩小等现象。要减轻金属流动的不均匀性，在布置模孔时必须采取以下几种措施。

　　（1）合理布置模孔。当型材断面有两个对称轴时，通常在模子上只布置一个模孔，并且将型材断面重心与模孔中心重合。当型材断面只有一个或没有对称轴，并且壁厚不均时，若采用单孔布置，则必须将型材的重心对挤压模中心做一定的偏移，使难流动的部分

更靠近挤压模中心。如图 2-20 所示，应该按实线位置，而不是虚线位置布置模孔，这样把难流动的壁薄部分向中心偏移一些。当型材断面只有一个对称轴，而且各部分壁厚相差特别大时，可以采用多孔模对称排列布置，并且要使难流动的壁薄部分靠近模子中心，易流动的壁厚部分靠近模子边缘，如图 2-21 所示。

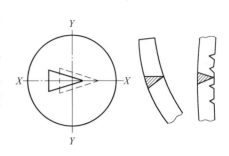

图 2-20 型材模孔在模子上的布置

（2）采用不等长的工作带。模子工作带对金属流动起阻碍作用。工作带长的部分对金属流动的阻碍作用大，迫使金属向阻力小的部分流动。因此，在设计模子时，阻力较大的壁薄部分，工作带的长度要短一些，以使金属流动更均匀。

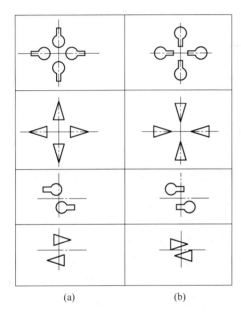

图 2-21 多模孔在模子上的布置
（a）错误；（b）正确

（3）采用平衡模孔。异型管挤压模上只能布置一个异型模孔。为了增加金属流动的均匀性，保证制品的形状和尺寸，可以加上一个或两个挤压棒材的平衡模孔。平衡模孔最好是圆形，以便利用挤出的金属制品。

（4）组合模。组合模又称舌模或带针模，它是指将模子与确定型材、管材内孔的舌芯组合成为一个整体的模子，针在模孔中有如舌头一样，舌模因此得名。在挤压时，锭坯在强大的压力作用下，被模子的模桥（刀）分成几股金属流入模孔，借助于模壁和舌芯所给予的压力，迫使金属重新焊合而形成空心制品。制品上的焊缝数与金属流股数相同。采用组合模挤压，可以在无独立穿孔系统的挤压机上，用实心的锭坯挤压成空心的型材和管材。使用组合模时一定要注意保持挤压筒、锭坯和模子的清洁，减少氧化，同时在挤压时不得使用润滑剂，否则会使焊合的质量下降，甚至成为废品。

2.3.2.2 穿孔针（芯棒）

在挤压管材和空心型材时，可以采用空心锭坯或实心锭坯。当采用空心锭坯挤压时，采用的工具称为芯棒，它的作用仅是决定内孔的形状、尺寸和内表面质量；而在采用实心锭坯时，所采用的工具是穿孔针，它的作用是穿孔并决定内孔尺寸、形状和内表面质量。

穿孔针是挤压机穿孔系统中最主要的部分，它的结构有许多种，最常用的是圆柱式针和瓶式针两种，如图 2-22 所示。

（1）圆柱式针。圆柱式针的长度上带有很小的锥度，这样就可以减小在穿孔和挤压过程中金属流动作用在针上的摩擦力，同时方便挤压结束后将穿孔针从压余和管材中拔出。

在卧式挤压机上采用随动针挤压时，穿孔针的整个长度上都带有锥度；而采用固定针挤压时，只在针的前端一段长度上带有锥度。圆柱式针的锥度不能太大，否则针因受热容

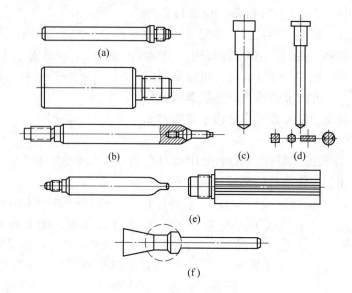

图 2-22　各种结构的穿孔针

(a) 圆柱式针；(b) 瓶式针；(c) 立式挤压机用的固定针；(d) 导型针；
(e) 变断面型材针；(f) 立式挤压机用的活动针

易弯曲变形。卧式挤压机穿孔针的锥度一般为 1：500~1：250，立式挤压机上针的锥度为
1：1500~1：500。

（2）瓶式针。瓶式针主要用在具有独立穿孔系统的挤压机上，挤压内孔直径小于
30 mm 的厚壁管。在挤压供给立式挤压机上用的坯料时，也宜采用此种针。

瓶式针的优点是有足够的抗弯和抗拉强度，因此采用瓶式针可以减轻穿孔时针的弯曲
和过热，从而减轻穿孔不正导致的偏心；在用空心锭挤压铝合金管材时，圆柱式针的表面
常被挤压垫划伤，影响管子的内表面质量，因而也宜采用瓶式针为好；采用瓶式针还有利
于减少穿孔料头。但该种针只能实现固定针挤压。

瓶式针的结构分为针头和针杆两部分。针头部分的直径较小，在工作时与模孔配合，
决定着管子的内径尺寸；针杆部分的直径较大，以便增加其强度。针头以装配式的为好，
可便于更换。

2.3.2.3　挤压垫

挤压垫是用来避免挤压杆直接与高温锭坯接触，
防止挤压杆端面磨损过快和变形的一种专用工具，
如图 2-23 所示。

A　挤压垫的结构

挤压垫一般分为棒、型材挤压垫和管材挤压
垫。挤压垫的外形结构有两种形式：一种是圆柱
形，两个端面均可使用；另一种是一端带有凸台
的，有利于脱皮的形成和清理，但这种垫片只能单
面使用。挤压垫在挤压时受高温和高压的作用，一
般都准备 4~6 个循环使用，防止过热引起变形，提

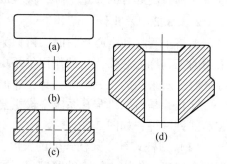

图 2-23　不同结构形式的挤压垫片

(a) 棒型材垫片；(b) 管材垫片；(c) 铝合金
挤压用的垫片；(d) 立式挤压机上的垫片

高其使用寿命。

　　B　挤压垫的尺寸

　　挤压垫片的外径应比挤压筒内径小 ΔD 值。ΔD 太大，会引起金属倒流，有可能形成局部脱皮挤压，有时甚至会把垫片和挤压杆包住，从而影响制品的质量，特别是挤压管材时，很容易造成管子的偏心。ΔD 太小，会造成送进垫片困难，对挤压筒的磨损加剧，当操作稍有失误时，就有可能啃坏挤压筒内壁，或卡在挤压筒中间，造成严重事故。ΔD 的选取，在卧式挤压机上，一般取 0.5~1.5 mm；立式挤压机上，一般取 0.2 mm；脱皮挤压取 2.0~3.0 mm，铸锭表面质量不佳的可以选择更大一些。

　　管材挤压垫的内径与穿孔针直径之差为 Δd。Δd 不能太大，否则对针的位置起不到校正作用，还有可能使被挤压的金属倒流包住穿孔针。一般在卧式挤压机上 Δd 取 0.3~1.2 mm；立式挤压机上取 0.15~0.5 mm。

　　挤压垫厚度太薄，使用时容易产生塑性变形。一般厚度可等于其直径的 0.2~0.7 倍。

2.3.3　大型挤压工具

2.3.3.1　挤压杆

　　挤压杆又称为挤压轴，它的作用是传递主柱塞产生的压力，通过挤压垫传递给金属，使金属在挤压筒内产生塑性变形。因此，它在挤压时承受着很大的压力。在挤压管材时，如果挤压杆的设计、选择、使用不当，易产生弯曲变形，成为管子偏心的主要原因之一。此外，挤压杆在工作时还有可能产生端部压溃、龟裂和斜渣碎裂等。

　　A　挤压杆的结构

　　挤压杆的结构形式与挤压机的主体设备的结构、挤压筒的形状和规格、挤压方法、挤压产品类型等因素有关。一般常用的挤压杆有实心和空心两种，外形多为圆形。

　　实心挤压杆用于正向挤压棒、型材和特殊反挤压生产大直径管材。空心挤压杆用于正向挤压管材和反向挤压管、棒、型材。在挤压高温强度较高的合金时，为了提高其抗弯强度，可以将挤压轴制成变断面的。为了节约价格昂贵的工具材料，挤压杆也可以制成装配式的，杆的机座可采用廉价钢材制成。不同结构的挤压杆如图 2-24 所示。

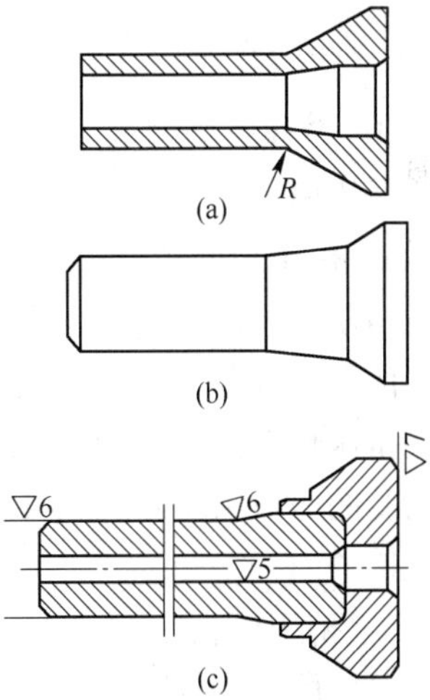

　　B　挤压杆的尺寸

　　挤压杆的外径根据挤压筒的内径大小来确定，对卧式挤压机，其外径比挤压筒内径小 4~10 mm；对于立式挤压机小 2~3 mm。

图 2-24　不同结构形式的挤压杆
(a) 管挤压轴；(b) 棒挤压轴；
(c) 装配式挤压轴

　　挤压杆内径的大小，应根据其环行断面上所承受的最大压应力不超过材料的允许应力来确定，另外，还要考虑穿孔针能否顺利通过挤压杆的内径。

　　挤压杆的长度与直径之比应小于 10，同时其工作长度一般要比挤压筒长度长 10 mm，以保证在挤压结束后顺利地将压余和垫片推出挤压筒外。

2.3.3.2　挤压筒

挤压筒是用来容纳加热后的锭坯，使其在内发生塑性变形的工具。

A　挤压筒的结构

挤压筒在工作时要承受高温、高压和强摩擦的作用，工作条件十分恶劣。为了改善其受力条件，延长使用寿命，一般将挤压筒制成三层或三层以上的衬套，通过过盈热配合组装起来的，这可使筒壁中的应力分布均匀和降低应力峰值，另外，在挤压筒内衬磨损和损坏后还可以更换，从而节省材料，降低成本。

挤压筒衬套可以是圆形的，也可以是锥形或台阶形的，如图 2-25 所示。后两者可以防止工作中衬套从外套中脱出，但不可掉头使用。

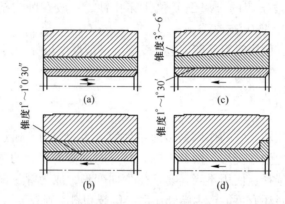

图 2-25　挤压筒衬套的配合方式（箭头表示挤压方向）
(a) 圆柱面配合；(b) 圆锥圆柱面配合；(c) 圆锥面配合；(d) 带台阶的圆柱面配合

B　挤压筒尺寸

挤压筒的尺寸主要包括挤压筒内径、挤压筒长度和各层衬套的厚度。

a　挤压筒内径

挤压筒内径（D_0）是根据挤压金属或合金的强度、挤压比和挤压机能力来确定的。挤压筒的最大内径应保证作用在挤压垫上的单位压力不低于被挤压金属的变形抗力，一般作用在挤压垫上的压应力在 196~1176.8 MPa。挤压筒的最小外径应保证挤压杆的强度，一般所受的压应力不得超过 1176.8 MPa。在考虑上述情况下，再根据产品品种、规格确定挤压筒的内径。

b　挤压筒长度

挤压筒长度的大小，与挤压筒的内径大小、被挤压合金的性能、挤压力的大小、挤压机的结构、挤压杆的强度等因素有关系。挤压筒越长，可以采用较长的锭坯，从而提高生产率和成品率，但同时增大了挤压力，削弱了挤压杆的强度和稳定性。

一般情况下，挤压筒长度 L_t 的计算公式为：

$$L_t = (L_{max} + L) + T + s \tag{2-6}$$

式中，L_{max} 为锭坯最大长度，mm，对于重金属棒型材为 $2~3.5D_0$，对于重金属管材为 $1.5~2.5D_0$，对于铝合金可取 $4~6D_0$，其中对于管材不大于 $4.5D_0$；L 为锭坯穿孔时金属向后流动增加的长度，mm；T 为模子进入挤压筒的深度，mm；s 为挤压垫的厚度，mm。

c　挤压筒衬套厚度

挤压筒各层衬套的厚度尺寸，一般根据经验数据确定，然后再进行强度校核。挤压筒的外径应大致等于其内径的 4~5 倍，每层衬套的壁厚则可根据各层外、内径的比值相等，即 $D_1/D_0 = D_2/D_1 = D_3/D_2$ 的原则来确定。挤压机的能力在 25MN 以下时，内衬套的最小壁厚为 50~60 mm。

2.3.3.3　挤压工具材料和提高工具使用寿命的途径

A　对挤压工具材料的要求

根据挤压工模具的工作条件，制造工模具的材料应能满足以下要求。

（1）足够的高温强度和硬度。挤压工模具一般是在高温、高压条件下工作的，因此在挤压时要求材料具有足够的高温强度和硬度。

（2）高的耐热性。即在高温下具有保持本身的形状，避免破断的能力，而不会过早（一般为 550 ℃）产生退火和回火现象。另外，还要求工模具在高温下有高抗氧化稳定性，不易产生氧化皮，并使材料具有抗急冷、急热的适应能力，以抵抗高热应力和防止工具在连续、反复、长时间使用中产生热疲劳裂纹。

（3）足够的韧性。在常温和高温下具有高的冲击韧性和断裂韧性值，以防止工模具在低应力条件下或在冲击载荷作用下产生脆断。

（4）低的热膨胀系数。避免在高温下产生过大的工模具热膨胀变形，以便顺利安装和拆卸工模具，并能保持挤压制品的尺寸精度。

（5）良好的导热性。能迅速地从工具的工作表面散发热量，防止工模具本身产生局部的过烧或损失应有的机械强度。

（6）高的耐磨性。工模具长时间在高温高压和润滑条件不良的情况下工作，因此要使其表面有良好的抵抗磨料磨损的能力，特别是在挤压轻金属合金时，具有抵抗因金属的黏结作用而磨损工模具表面的能力。

（7）良好的加工工艺性能。材料要易于熔炼、锻造、机械加工和热处理。

（8）价格低廉。所用的工模具材料在国内应易获取，并尽可能符合最佳经济成本的原则，即价廉物美。

B　挤压工具材料的种类及性能

目前，制造挤压工模具的材料主要有热挤压模具钢、高温合金、难熔金属合金、矿物陶瓷材料、金属加氧化物复合材料和粉末烧结材料六种。其中，以热挤压模具钢应用最为广泛。

热挤压模具钢的典型材料，主要包括含钒、钼、钴的铬钼钢和含钒、钨、钴的铬钨钢，它们的含碳量（质量分数）一般为 0.30%~0.45%。在我国的挤压工业中，最具有代表性的铬钨钢是 3Cr2W8V，它是在铝、铜、钛和钢的挤压生产中应用最广泛的一种热模具钢。它的主要特点是具有较高的高温强度，在 650 ℃时 $\sigma_{0.2}$ 还可以达到 1079 MPa。但是这种钢的塑性和韧性差，脆性大；同时，由于合金元素含量高，故导热性能差，线膨胀系数高，在工作中易产生很大的热应力导致工具龟裂和破碎。另外，3Cr2W8V 的加工工艺性能也不好，难以用来制造大型的挤压工模具。

铬钼钢作为制造挤压工模具的材料在美国、欧盟和日本早已广泛使用，我国近几年在轻金属（比如铝合金）挤压中逐渐用来代替 3Cr2W8V 制造模具。目前最常用的铬钼钢是 4Cr5MoVSi。铬钼钢的主要优点是：导热系数大，工具的温度不易升高，可以长时间在 550 ℃下工作而不软化；此种钢的塑性、韧性也较好，热膨胀系数低，在挤压时可以采用水冷而不易开裂，而且黏结金属的倾向性较小。

但是，不论铬钨系钢还是铬钼系钢都不能在 600~700 ℃保持强度不降低，因此必须在热模具钢中加入新的合金元素或寻求新的材料，以满足挤压工模具在高温下长时间工作的要求。

目前改善热模具钢的高温力学性能的趋向是：在热模具钢中添加含量更高的合金元素，比如铬、钼、钨和钴等；采用钼基、钴基、铁基、镍基，以及金属及金属氧化物陶瓷材料等。但是，高合金化热模具钢虽然改善了高温力学性能，却恶化了热传导、热膨胀和机械加工性能，因此也不能过多增加合金元素的含量。

用粉末冶金或颗粒冶金等制作的、用于高温挤压的金属及金属氧化物陶瓷模具，包括铁基超高强度合金和钴基高温合金模具材料、难熔金属及合金模具材料、氧化锆陶瓷材料、钼基烧结复合材料、粉末烧结材料等，它们一般都具有高的耐磨性能、高的硬度和高温强度，可以在温度高达 1800 ℃下工作。但是，这类材料的共同缺点是：制造困难；脆性大、不能承受稍大一点的拉应力；难以制成断面复杂的模具，而且修模困难等，因此限制了它们的使用。

目前，我国常用的挤压工具材料及其力学性能见表 2-2。

表 2-2　常用挤压工具钢及其力学性能

牌号	试验温度/℃	力　学　性　能						热处理制度
		σ_b/MPa	$\sigma_{0.2}$/MPa	δ/%	ψ/%	a_K/kJ·m^{-2}	HB	
5CrNiMo	20	1432	1353	9.5	42	373	418	820 ℃在油中淬火，500 ℃回火
	300	1344	1040	17.1	60	412	363	
	400	1088	883	15.2	65	471	351	
	500	843	765	18.8	68	363	285	
	600	461	402	30.0	74	1226	109	
5CrMnMo	100	1157	951	9.3	37	373	351	850 ℃在空气中淬火，600 ℃回火
	300	1128	883	11.0	47	637	331	
	400	990	843	11.1	61	480	311	
	500	765	677	17.5	80	314	302	
	600	422	402	26.7	84	373	235	
3Cr2W8V	20	1863	1716	7	25	290	481	1100 ℃在油中淬火，550 ℃回火
	300						429	
	400	1491	1373	5.6		607	429	
	450	1471	1363			506	402	
	500	1402	1304	8.3	15	556	405	
	550	1314	1206			570	363	
	600	1255				621	325	

牌号	试验温度 /℃	力 学 性 能						热处理制度
		σ_b /MPa	$\sigma_{0.2}$ /MPa	δ /%	ψ /%	a_K /kJ·m^{-2}	HB	
4Cr5MoV1Si	650						290	1050 ℃淬火，625 ℃ 在油中回火 2 h
	20	1630	1575	5.5	45.5			
	400	1360	1230	6	49			
	450	1300	1135	7	52			
	500	1200	1025	9	56			
	550	1050	855	12	58			
	600	825	710	10	67			

C 合理选择工具材料

为了提高工模具的使用寿命，降低生产成本，提高产品质量，应根据产品品种、批量大小、加工模具的结构、形状和大小、工作条件以及加工工艺性能等，选择经济合理的工模具材料。

(1) 被挤压金属或合金的性能。不同的金属或合金在挤压时具有不同的性能和工艺条件，因此对挤压工模具材料的要求也不同。比如：在挤压钛合金时，挤压温度范围为871~1036 ℃，宜采用 4Cr5MoV1Si 钢；而在挤压铝、镁合金时，采用 3Cr2W8V 制作模子，就能满足要求。

(2) 产品品种、形状和规格。产品的品种、形状和规格对工模具材料也有不同的要求。比如：挤压轻金属的圆棒和圆管时，可选用中等强度的 5CrNiMo、5CrNiW、5CrMnMo等材料，而挤压具有复杂形状的空心型材和薄壁管材时，应选用较高级的 3Cr2W8V 等材料来制造工模具。

(3) 挤压方法、工艺条件与设备结构。热挤压模具材料要求具有高的热强度和热硬度，高的热稳定性和耐磨性，而在冷挤压时，工模具必须在很高的压力（1500~2000 MPa）下工作，多选用 3Cr2W8V 或硬质合金来制造挤压工模具。

(4) 挤压工模具的结构形状和尺寸。挤压棒材和管材的平面模，一般可选用 5CrNiMo或 3Cr2W8V 制造，而挤压形状复杂的特殊型材模和舌形模等，必须采用 3Cr2W8V 或更高级的材料来制备。

2.3.3.4 提高挤压工具使用寿命的途径

影响挤压工具使用寿命的因素很多。为了减少挤压工具损耗，降低成本，提高挤压工具的使用寿命，除选择合适的材料外，还可以采取以下措施。

(1) 改进挤压工模具的结构形状可以提高其使用寿命。例如，采用双锥模可比一般的平模使用寿命提高 50%~120%，比一般的锥模提高 5%~50%。采用瓶式穿孔针比圆柱式针的使用寿命长。

(2) 制定和控制合理的工艺参数。锭坯的加热不均、温度过高或过低、表面氧化严重、润滑不良、挤压比过大和金属流出速度太快，以及导致摩擦力增大的因素，都使挤压工具过早磨损、破裂和产生塑性变形。因此，在挤压生产中提高加热质量，选择合适的挤压温度、挤压速度、挤压比和采用适当的润滑条件等，都可以明显地提高挤压工具的使用寿命。

（3）合理预热和冷却挤压工具。挤压工具的材料都是中、高合金钢，导热性差，急冷急热容易使热应力过大而产生龟裂，降低其使用寿命。同时为了减小挤压时金属流动的不均匀性，挤压工具在挤压前也需要预热。一般挤压筒的预热温度为 300~450 ℃，挤压模、穿孔针和挤压垫片为 200~350 ℃。挤压过程中产生的大量形变热会导致挤压工具的温度升高，产生回火，降低挤压工具的强度和硬度，因此在挤压过程中要对挤压工具进行必要的冷却。一般挤压筒、挤压模和挤压垫采用几个轮流交替使用的方法，达到自然冷却的目的，而穿孔针可用空气、水或油进行冷却。冷却时注意均匀一致。

（4）合理安装、使用和维修挤压工具。挤压工具安装要正确，保证挤压杆、穿孔针、挤压筒和挤压模对正中心，避免产生偏心载荷，以防止挤压工具折断和影响制品表面质量。按照使用规程合理使用挤压工具，可以改善其工作条件和环境，减轻工作负担，延长和提高工具的使用寿命。挤压工具在使用过程中，要经常进行检查和维护，发现工具损坏，要及时更换并修理。

复习思考题

2.3-1　挤压机上主要有哪些挤压工具？

2.3-2　挤压工具的工作特点有哪些？

2.3-3　单孔挤压模根据模孔的断面形状可分为哪几种，最常用的是什么挤压模？

2.3-4　画出锥模的结构尺寸图，写出它的主要结构参数。

2.3-5　多孔模模孔的布置主要考虑哪些问题？

2.3-6　穿孔针和芯棒的作用各是什么？

2.3-7　挤压工具（如挤压筒和穿孔针）在挤压前为什么要进行预热？

2.3-8　挤压筒为什么要采用多层结构？

2.3-9　制造挤压工具的材料有哪些，最常用的是哪种？

任务 2.4　挤 压 设 备

挤压车间的设备主要包括加热设备、挤压机及其辅助设备等。其中，挤压机是最重要的挤压设备。

2.4.1　锭坯加热设备

在热挤压之前，要对锭坯进行加热，以提高其塑性，降低其变形抗力，保证挤压过程的顺利进行。锭坯加热设备按加热方式分为重油炉、煤气炉和感应加热炉等。锭坯的加热设备应根据金属工艺性质、生产能力、温度制度和金属锭坯的尺寸等来选择炉子类型。

2.4.1.1　重油加热炉

重油加热炉以重油作燃料，其优点是发热量大、灰分少，火焰辐射力强，成本低。但重油加热炉的操作环境差，热损失大，且重油含硫量高时将严重影响挤压制品的质量。按炉子的结构形式，重油加热炉有斜底式加热炉、推料式加热炉和环形加热炉等，其中前者生产能力较大，应用较广泛。表2-3为连续式斜底重油加热炉的技术性能。

表2-3 连续式斜底重油加热炉

主 要 性 能	15 MN 挤压机用
最高加热温度/℃	1050
外形尺寸/mm×mm×mm	9100×3200×5600
炉膛尺寸/mm×mm	8700×1860
加热炉生产能力/根·h⁻¹	40~120
加热锭坯尺寸/mm×mm	(145~205)×(120~700)
重油预热温度/℃	80~100
炉底倾斜角度/(°)	6
重油消耗量/kg·h⁻¹	250

2.4.1.2 环形煤气加热炉

环形煤气加热炉比较广泛地应用在大批量生产的有色金属挤压车间。它的特点是占地面积小，生产率和热效率高，炉内气氛容易控制，加热温度均匀，设备机械化程度高，劳动条件好等。在我国常采用的环形煤气加热炉的直径有 8800 mm、10100 mm 和 11700 mm 等，基本上都采用连续式工作制度，可以用来加热铜及其合金等。

2.4.1.3 感应加热炉

利用感应加热炉加热有色金属锭坯，应用越来越广泛。其主要优点是设备占地面积小，自动化程度高，劳动条件好，并且没有污染，另外，感应加热的周期短，并且加热质量好。工频感应加热是利用工频交流电流（50 Hz）进行感应加热，与中频、高频相比较，它不需要变频设备，结构简单，电流透入锭坯深度大，可进行深层或穿透加热，加热质量好，因此应用较为广泛。

2.4.2 挤压机

2.4.2.1 挤压机的分类

挤压机是挤压车间最主要的设备，种类很多，其分类方法有以下几种。

（1）挤压机按其传动类型可以分为机械式和液压式两大类。机械式挤压机的最大特点是不需要配备液压系统，且挤压速度快，但是在挤压过程中，挤压速度是变化的，这对于挤压工模具的寿命和制品性能的均匀很不利，因此应用受到限制。液压式挤压机因具有运行平稳、无冲击、过载适应性强、挤压速度易控制等优点而得到了广泛应用，它包括水压挤压机和油压挤压机两大类，其中前者是适宜于大吨位、高速高压的挤压机。

（2）挤压机按结构可以分为复动式（带独立穿孔系统的）挤压机和单动式（不带独立穿孔系统的）挤压机。其中，前者可以采用独立穿孔系统在实心锭坯上穿孔，然后挤压成管材。

（3）挤压机按其总体结构形式（挤压轴线与地面的关系）可以分为卧式挤压机和立

式挤压机两大类。其中，卧式挤压机应用较广泛。

（4）挤压机按挤压方法可分为正向挤压机、反向挤压机和联合挤压机。其中，联合挤压机既能正挤压，又能反挤压。

（5）挤压机按挤压制品可分为棒型材挤压机和管材挤压机。

以上挤压机的分类关系是交叉的，分法不同名称各异。例如，卧式挤压机有单动式，也有复动式；既可能是棒型材挤压机，也可能是管材挤压机。

2.4.2.2　卧式挤压机

A　卧式挤压机的特点

卧式挤压机（见图 2-26）的主要特点是其主要工作部件（包括挤压杆、挤压筒、穿孔针等）的运动方向与地面平行，因此它具有以下优缺点。

（1）挤压机的本体和大部分附属设备皆可以布置在地面上，设备高度较低，有利于在工作时对设备的运行状况进行监视、保养和维护。

（2）挤压机的各种机构可以布置在同一水平面上，上料、出料系统都是水平式，简单可靠，并且容易实现机械化和自动化。

（3）可以制造和安装大型的挤压机；因厂房高度较低，可减少建筑施工困难和投资；因为是水平出料，制品的规格、尺寸不受限制。

（4）挤压机的运动部件。例如，柱塞、穿孔横梁和挤压筒等的自重皆加压在导套和导轨面上，易磨损、易偏心，因此难以保持挤压制品的精度；某些部件因受热膨胀而改变正确的位置，因而易导致挤压机中心失调。

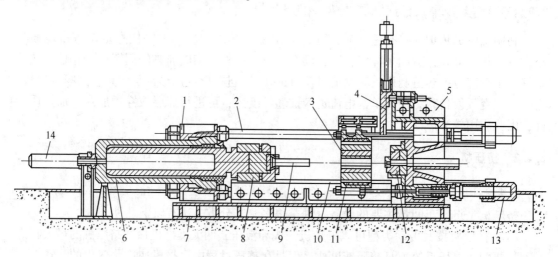

图 2-26　25 MN 卧式棒型挤压机（无独立穿孔系统）

1—后机架；2—张力柱；3—挤压筒；4—残料分离剪；5—前机架；6—主缸；7—基础；8—挤压活动横梁；
9—挤压杆；10—斜面导轨；11—挤压筒座；12—模座；13—挤压筒移动缸；14—加力缸（副缸）

B　复动卧式正向挤压机的结构形式

这种挤压机的结构形式，一般根据穿孔缸（驱动穿孔针）相对主缸（驱动挤压杆）的位置可分为三类。

（1）后置式。后置式是穿孔缸位于主缸之后，其布置形式，如图 2-27 所示。这种结构形式的挤压机的优点是：由于穿孔系统与主缸之间完全独立，穿孔柱塞的行程可以比主柱塞的行程长，因此，可以实现随动针挤压，即在穿孔后的挤压过程中穿孔针随同锭坯一起前进，二者无相对运动。其优点可以减小穿孔针与锭坯金属之间的摩擦，延长穿孔针的使用寿命；由于针在挤压时可以自由前后移动，故可以生产内外径变化的变断面管子，如铝合金钻探管等；在挤压型、棒材时，可以将穿孔缸的压力叠加到挤压杆上，大大增加挤压力；维修比较方便。

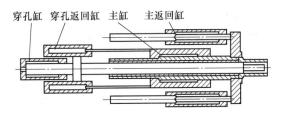

图 2-27　后置式管、棒型挤压机工作缸的布置

　　这种挤压机的缺点是：由于两个工作缸前后布置，挤压机机身比较长，占地面积大；由于穿孔系统很长，刚性较差，加之主柱塞导向衬套易磨损，因此在穿孔时易偏斜，导致管子偏心。

　　（2）侧置式。侧置式的结构特点是两个穿孔工作缸分别位于主缸的两侧，如图 2-28 所示。这种挤压机的特点是穿孔柱塞与主柱塞的行程相同，因此不能采用随动针挤压，在挤压时固定的穿孔针会受到金属流动的摩擦作用，这对其使用寿命是不利的；机身也较长。

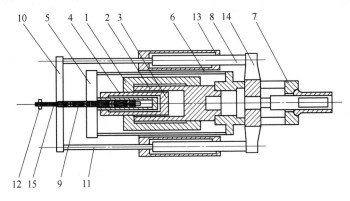

图 2-28　侧置式管、棒型挤压机工作缸的布置

1—主缸；2—主柱塞；3—主柱塞回程缸；4—回程缸 3 的空心柱塞，同时又是空心柱塞 9 的工作缸；
5、10—横梁；6、11—拉杆；7—与主柱塞固定在一起的横梁，用拉杆 6 与横梁 5 和柱塞 4 相连；8—穿孔柱塞；
9—穿孔柱塞 8 的回程空心柱塞；12—支架，进水管 15 固定在其上；13—穿孔缸；14—穿孔横梁；15—进水管

　　（3）内置式。内置式的结构特点是穿孔缸安置在主柱塞内部，穿孔缸和穿孔回程缸所需要的工作液体各用一个套筒式导管供给，因此可以互相利用，如图 2-29 所示。此种挤压机的优点是：机身较短，刚性好，导向精确，穿孔时管子不易偏心，可实现随动挤压。但维修保养困难，且穿孔力受到一定的限制。

2.4.2.3 立式挤压机

立式挤压机的主要部件的运动方向、出料方向都与地面垂直，所以占地面积小。但是需要建筑较高的厂房和较深的地坑。因为运动部件垂直地面移动，所以磨损小且均匀，挤压机中心不易失调，穿孔时管材偏心很小。立式挤压机的吨位较小，只适合生产小规格的管材和空心型材。

立式挤压机按结构形式可以分为单动式和复动式两种。复动式可采用实心锭坯生产管材。管材偏心度小，内外表面质量好，但复动式结构复杂，应用不广泛。单动式可采用空心锭坯挤压管材，具有结构简单，操作方便和机身不高等优点，故应用广泛。立式挤压机的结构，如图 2-30 所示。

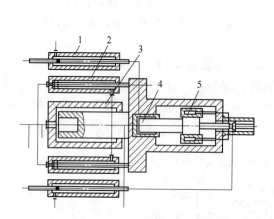

图 2-29　16.3 MN 内置式管、棒型
挤压机工作缸的布置
1—进水管；2—副缸及主回程缸；3—主缸；
4—穿孔缸；5—穿孔回程缸

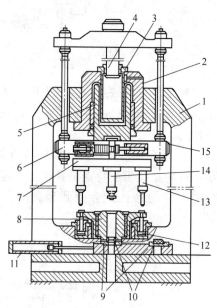

图 2-30　6 MN 立式挤压机
1—机架；2—主缸；3—主柱塞回程缸；4—回程缸 3 的
柱塞；5—主柱塞；6—滑座；7—回转盘；8—挤压筒；
9—模支承；10—模子；11—模座移动缸；12—挤压筒
锁紧缸；13—挤压杆；14—冲头；15—滑板

2.4.3　挤压机的主要部件及其结构

2.4.3.1　模座

模座是用来组装挤压模具的部件。在卧式挤压机上，按照模座的运动方式不同，模座可分为纵动式模座、横动式模座、转动式模座三种。

（1）纵动式模座。纵动式模座又称为挤压嘴或活动头，它在工作时可以沿着挤压中心线前后移动。封闭式模座结构图如图 2-31 所示。采用纵动式模座时，制品的切断、模子的检修和更换，以及挤压残料的清除等辅助挤压工序的操作，皆在机架的前面，即在挤压机机体之外完成，故作业面不太受限制，操作环境较好；处理事故也比较方便。这种挤压机必须有锁紧装置，目的是在挤压时固定模座，使之与挤压筒壁贴紧，防止金属由贴合面处流出；并且出料台结构复杂，难以采用水封挤压，因此这种模座应用较少。目前该设备主要用在挤压一些变断面的型材上。

（2）横动式模座。横动式模座又称为滑架，是利用液压缸使之在挤压机两侧左右移动，以满足模子安装和挤压过程的要求。此种模座有一位式、两位式、三位式和四位式等，其中以两位模座应用最为广泛。

两位式模座是将两套模具放在模座两端的 U 形槽中，如图 2-32 所示。当一套模具位于挤压中心线上使用时，另一模具放在挤压机体的外面，以便对模子进行检查、修理、冷却或加热等。

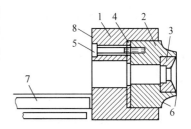

图 2-31 封闭式模座

1—模座；2—模支承；3—模子；4—挤压垫；5—固定螺丝；6—密封锥面；7—出料槽；8—锁板配合面

横动式模座结构牢固、可靠，能适应各种制品的切断方式；另外还能轮流使用，这对于保证制品的质量和防止模具过热都是极为有利的，因此应用广泛。但是，这种模座在进行模具的更换、检修和润滑时，操作者要在挤压机两侧进行，较为麻烦。另外也不能直接在模子后面使制品与残料分离。

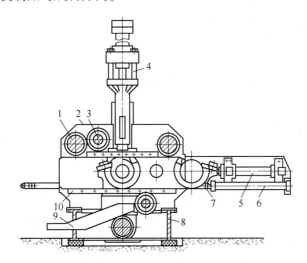

图 2-32 16 MN 三柱卧式挤压机的两位横动式模座

1—张力柱；2—前机架；3—挤压筒移动缸拉杆；4—残料分离剪；5—制品剪切缸；6—滑架移动缸；7—滑架；8—挤压机框架；9—残料接收槽；10—滑架导轨

（3）转动式模座。转动式模座的旋转是利用液压缸和齿轮机构实现的。这种模座都为两位，在上面可以安装两套模子。模座能在 180° 内旋转，满足两套模子轮流使用的要求。图 2-33 所示为转动式模座。这种模座在使用时，模子的清理、润滑和更换只在挤压机一侧进行，所以操作方便，比较适宜换模、清理和冷却频繁的情况，如挤压铜合金、难熔金属。

2.4.3.2 机架

机架是挤压机的骨架，用于安放挤压工模具和挤压机零部件，在挤压时它是承受挤压

力的最基本的构件。机架可分为整体式和组合式。整
体式是整体铸造浇注而成，一般用在能力不大的立式
挤压机上。组合式机架是用3~4根张力柱通过螺母将
挤压机的前、后机架连接成一个整体。近年来，无论
是小型、中型还是大型挤压机多采用组合式机架，因
为它安放横动式模座、残料分离机构或热锯等装置比
较方便。

2.4.3.3　缸体与柱塞

挤压机的缸体和柱塞的作用是把液压能转变成机
械能，经活动横梁推动挤压杆，使挤压筒中的锭坯产
生塑性变形。液压挤压机的缸体有主缸、主返回缸、
穿孔缸、穿孔返回缸、挤压筒移动缸等。它们与柱塞
相配合，直接或间接地固定在前、后机架上。

挤压机的缸体与柱塞有三种形式，如图 2-34
所示。

（1）圆柱式柱塞与缸。圆柱式柱塞与缸是挤压机
的基本结构形式，其特点是柱塞只能单向运动，它的
返回必须依靠另外的缸。挤压机的主缸和穿孔缸多采
用这种结构形式，使用和维护都很方便。

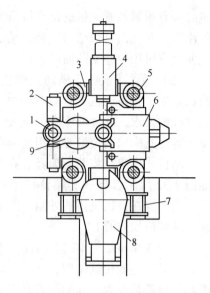

图 2-33　两位转动式模座
1—模子；2—模座旋转机构；3—前机架；
4—剪刀；5—张力柱；6—锁紧装置；
7—框架；8—锯；9—模座

（2）活塞式柱塞与缸。其特点是柱塞可做往复运动。由于活塞环易磨损，保养、维修
不方便以及柱塞返回时要消耗大量的高压液体，主缸和穿孔缸采用活塞式柱塞是不合适
的。它主要用于辅助机构，如挤压筒移动缸。

（3）阶梯式柱塞与缸。其特点是柱塞只做单向运动，主要用于回程缸。

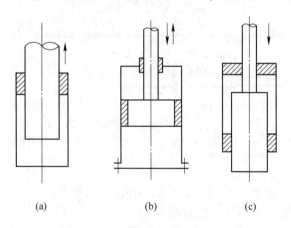

　　　　　　　（a）　　　　　　　　　　　（b）　　　　　　　　　　　（c）

图 2-34　缸与柱塞的结构形式
（a）圆柱式柱塞与缸；（b）活塞式柱塞与缸；（c）阶梯式柱塞与缸

2.4.4　挤压机的辅助设备

挤压机的辅助设备及装置主要有锭坯热剪切和热剥皮装置、向挤压机供给锭坯的装置

（供锭机构）、制品的牵引机构、挤压垫与残料分离及传送机构、制品接受及运输机构，以及工模具速换装置等。挤压机的辅助设备和挤压机一起，构成了一套完整的生产系统。

2.4.4.1 锭坯剪切和剥皮装置

（1）剪切。锭坯切断的目的是得到合适的锭坯长度，以满足制品长度的要求。目前在挤压之前，锭坯的切断方式有冷剪切和热剪切两种。热切断比锭坯冷锯的劳动生产率高，金属的损耗小（无锯屑），可以提高金属收得率6%~7%，而且还可以减少装卸锭坯的劳动量和占用的场地。20 MN挤压机的锭坯热剪切机简图如图2-35所示。

（2）剥皮。为了提高制品的表面质量，一般要在挤压前对锭坯进行表面剥皮。剥皮的方法主要有两种：第一种旧工艺是将冷状态的锭坯放在车床上车皮，这种方法的劳动量大，且不能防止锭坯表面在加热时被氧化，因此应用越来越少；另一种比较新的剥皮工艺是在锭坯热切断之后，在装入挤压筒之前，直接进入热剥皮机进行热剥皮。

位于挤压筒前面的热剥皮装置示意图如图2-36所示。在这种设备上，锭坯在剥皮之前，先要通过定径模和导向套，从而保证剥皮厚度的均匀。

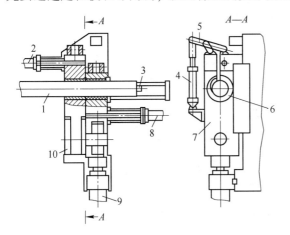

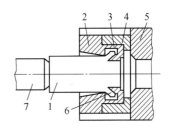

图2-35 锭坯热切机简图

1—锭坯；2，8—推锭机；3—定位器；4—压紧缸；5—压紧
装置的杠杆机构；6—活动剪刃支架；7—剪刃压紧装置；
9—工作缸；10—不动剪刃支架

图2-36 锭坯热剥皮示意图

1—锭坯；2—导向套；3—剥皮模；4—外套；
5—挤压筒；6—刨屑；7—挤压杆

2.4.4.2 供锭机构

供锭机构的主要作用是将锭坯送到挤压中心线上。

按工作方式，供锭机构主要有两大类：第一大类是将锭坯直接送到挤压中心线上；第二大类是将锭坯先送到挤压机，然后再升高到挤压中心线位置上。

按送锭机构的运动特点，又可以分为直线运动和回转运动两种方式。图2-37所示为一直线运动的送锭机构。它的动作过程为：带锭托3的滑板利用液压缸4上的齿条，通过齿轮5、1和滑板上的齿条2可以将锭坯直接送到挤压机中心线上。一般并列安装两个送锭机构，交替使用。

回转式的送锭机构，如图2-38所示，它的特点是：结构紧凑，行程短，落位的精确度高，但是需要有锭托回转和锭坯及挤压垫夹紧装置。

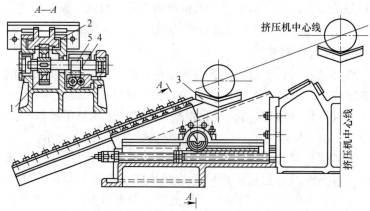

图 2-37　35 MN 铜合金挤压机的供锭机构

1，5—齿轮；2—齿条；3—锭托；4—液压缸

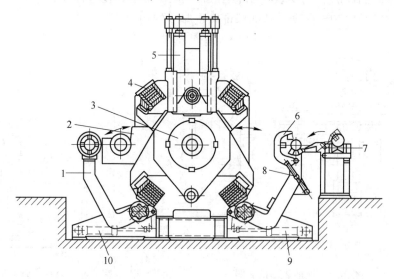

图 2-38　带活动钳口的回转式供锭机构

1—挤压垫与残料的移出装置；2—横动式模座；3—挤压筒；4—张力柱；

5—剪刀；6—钳口；7—辊道；8～10—液压缸

2.4.4.3　制品的牵引机构

在挤压生产线上，为了防止挤压出的薄壁型材和断面复杂的型材出模孔后发生扭曲，防止多孔模挤压时制品的相互摩擦和缠绕，一般都配有牵引装置。

牵引装置按其驱动方式不同可以分为直线马达式、直流马达式和液压马达式三种。不论哪种驱动方式，必须保证牵引小车的拉力与运行速度无关，并保持恒定，否则会使牵引装置失去作用。

直线马达牵引机由于具有传递速度高，远距离传送简单，惯性矩小，容易适应外部速度的变化，牵引力大小容易控制等优点，所以获得了迅速的发展，是目前应用最广泛的牵引装置。直线马达牵引装置主要由牵引机构、行走导轨和电控制装置三部分组成，如图 2-39 所示。

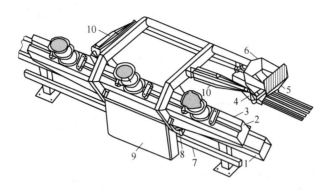

图 2-39 用直线马达驱动的牵引装置

1—运行导轨；2—直线马达；3—二次导体；4—夹头；5—夹爪；6—夹爪操纵机构；

7—夹头操纵机构；8—牵引小车控制箱；9—牵引小车导轮；10—空气隙调整螺钉

2.4.4.4 制品接受及运输机构

制品接受及运输机构主要包括出料台、淬火装置、线坯卷取装置、横向运输冷却装置等。根据挤压机的结构、用途、产品品种和规格的不同，可以选用不同的结构形式。

（1）出料台。出料台由前出料台和后出料台两部分组成。前出料台的长度为 1.5～4.5 m，高度可调，并且能移开，以适应不同规格制品的要求和实现水封挤压等。后出料台为链式或辊式传动。为了防止制品被划伤，出料台上应覆上石墨材料。

（2）冷床。横向运动冷却机构是冷床，有步进式和传动式两种结构。制品由模孔被挤出后，在出料台上用拨料机构或提升机构送至冷床上进行冷却。冷床表面同样覆上石墨或石棉，防止制品表面被划伤。

2.4.4.5 挤压垫与残料分离装置

在卧式挤压机上，采用纵动式模座时，挤压垫与残料同制品一起移出前机架，然后用液压剪剪断制品，挤压垫与残料则被送到残料分离剪处再分离。采用横动式和转动式模座时，制品在挤压机上用液压剪或热锯切断，挤压垫与残料则被送到残料分离剪处再分离。

在立式挤压机上，分离残料的方式有两种：一种是利用液压缸使模座横向移动，借助其中的剪切模块将制品切断，再用挤压杆将挤压垫和残料推出挤压筒；另一种是利用冲杆上的冲头将制品切断，留在挤压筒中的残料和挤压垫则被冲头带上去进行分离。

2.4.4.6 挤压机的液压传动

挤压机的液压传动有高压泵直接传动和高压泵-蓄能器传动两种基本类型，前者液体主要是油，后者主要是水。

（1）高压泵直接传动。这种传动方式，挤压机工作缸所需要的高压油直接由高压泵通过控制机构供给。其特点是：高压泵产生的油压根据挤压时金属变形所需的挤压力大小而变化；挤压速度与挤压力的大小无关，只决定于泵的生产率。因此，这种传动方式的优点是，容易控制挤压速度，高压油的能量利用率高。但由于受高压泵的能力限制，这种传动方式只适用于挤压速度不高、能力较小的中小吨位的挤压机。

（2）高压泵-蓄能器传动。图 2-40 所示为高压泵-蓄能器传动的示意图。这种传动方式中，高压泵打出的高压水有两条去路：第一条是通过控制机构进入挤压机；另一条是进入蓄能器。当挤压机的用水量小于高压泵产生的水量时，多余的高压水便进入蓄能器中储存起来；反之当挤压机的用水量大于高压泵产生的水量时，不足部分便可由蓄能器内预先储存的高压水来补充，因此蓄能器起着储存和调节能量的作用。

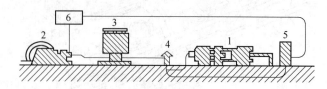

图 2-40　高压泵-蓄能器液压传动示意图

1—挤压机；2—高压泵；3—蓄能器；4—控制机构；5—低压液罐；6—盛液罐

这种传动的特点是：水压基本不变，但挤压速度随挤压力的变化而变化，挤压力变大，则挤压速度减慢，反之则加快。这种传动方式适用于大型挤压机或同时向多台挤压机提供动力。

复习思考题

2.4-1　挤压车间所用的加热设备主要有哪几类？

2.4-2　挤压机是如何进行分类的？

2.4-3　对比说明卧式挤压机和立式挤压机。

2.4-4　复动卧式正向挤压机的结构形式有哪几种？

2.4-5　卧式挤压机上的模座有哪几种，哪种比较先进？

2.4-6　制品牵引机构的作用是什么？

2.4-7　挤压车间采用的冷床有哪两种？

2.4-8　对比说明锭坯的热切断和冷切断。

2.4-9　液压挤压机上的缸体和柱塞的作用是什么，其结构形式有哪几种？

2.4-10　挤压机上的液压传动有哪两种方式，各采用什么液体？

2.4-11　挤压机的机架有哪两种，哪种较常用？

任务 2.5　挤 压 工 艺

课件

挤压生产中的基本工艺参数包括锭坯尺寸、挤压温度和挤压速度、润滑条件等，正确合理地选择这些工艺参数对产品的质量有着重要的影响。

2.5.1　锭坯尺寸的选择

2.5.1.1　锭坯尺寸选择的原则

（1）对锭坯内部质量和表面质量的要求，应根据金属和合金制品的特点、技术要求和生产工艺而定。

（2）根据金属和合金的塑性图确定适当的变形量。一般为了保证制品组织和性能的均匀，应使变形程度大于 85%。

（3）在挤压定尺和倍尺产品时，应考虑压余量的大小和切头尾的金属量，提高成品率。

（4）在确定铸锭尺寸时，必须考虑设备的能力和挤压工模具的强度。

（5）为保证挤压操作顺利进行，挤压筒与铸锭之间 ΔD、穿孔针与空心锭坯内径之间 Δd 应留有一定的间隙。间隙值可根据经验按表 2-4 选取。

表 2-4　ΔD 和 Δd 的值　　　　（mm）

合金种类	挤压机类型	ΔD	Δd
铝及其合金	卧式	3~10	4~8
	立式	2~3	3~4
重有色金属	卧式	5~10	1~5
	立式	1~2	—
稀有金属	卧式	2~4	3~5
	立式	1~2	1~1.5

2.5.1.2　锭坯直径的确定

选择锭坯直径前，要先确定挤压比 λ。确定挤压比要考虑金属和合金的塑性、制品性能和挤压设备等因素。而在实际生产中，主要考虑挤压工具的强度和挤压机所允许的最大应力。

为了获得均匀和较高力学性能的产品，确定的挤压比应尽可能大些，一般要求：一次挤压的棒材、型材 λ 大于 10；锻造用的毛坯 λ 大于 5；二次挤压用的毛坯，λ 可不限。

确定合理的挤压比后，就可初步选择锭坯断面积和直径：

（1）挤压管材的锭坯直径：$D_0 = \sqrt{\lambda(D^2 - d^2) + d^2} - \Delta D$

（2）挤压棒材的锭坯直径：$D_0 = D\sqrt{\lambda n} - \Delta D$

式中，D_0 为锭坯直径，mm；D 为挤压制品的外径，mm；n 为模孔个数；d 为挤压制品的内径，mm；ΔD 为锭坯与挤压筒的间隙，mm。

2.5.1.3　锭坯长度的确定

按挤压制品所要求的长度来确定锭坯长度时，锭坯长度的计算公式为：

$$L_0 = K\left(\frac{L + L_1}{\lambda} + h\right)$$

式中，K 为填充系数，$K = \dfrac{D_t^2}{D_0^2}$（D_t 为挤压筒内径）；L 为制品长度，mm；L_1 为制品切头去尾长度，mm；h 为压余厚度，mm。

在实际生产中，锭坯一般是圆柱形，在挤压有色金属时，锭坯长度 L_0 为直径的 2.5~3.5 倍。对于不定尺制品，常采用较长的并规格化的锭坯，无须计算其长度。

2.5.2　锭坯加热

2.5.2.1　加热目的

有色金属及合金的挤压主要是热挤压，因此挤压前必须加热锭坯。锭坯加热的目的有两个方面：一方面是为了提高金属的塑性，降低金属的变形抗力，使其易于变形；另一方面是利用金属原子在高温下的急剧扩散，使金属的化学成分均匀化。因此，坯料加热是热挤压生产中不可缺少的重要工序之一。

2.5.2.2　加热方法

根据热源的不同，加热方法可以分为火焰加热和电加热两种。

火焰加热是利用燃料（主要是重油和煤气等）燃烧所产生的热量直接加热金属坯料的方法，所用的炉子为连续式斜底重油炉、环形煤气加热炉等。火焰加热虽然投资费用少，加热的适应性强，但是火焰加热的劳动条件差，加热温度难以控制，加热速度慢，氧化和脱碳严重，易出现过热或过烧等缺陷，因此使用越来越少。

电加热是利用电能转化成为热能来加热金属坯料的方法，包括电阻加热、盐浴加热和感应加热等。其中，感应加热因为具有升温快、炉温易于控制、加热温度误差小、氧化脱碳少、劳动条件好等优点，在有色金属挤压车间的金属坯料加热中应用越来越多。

2.5.2.3　加热制度

有色金属锭坯的加热制度主要包括加热温度、加热速度、加热时间、炉内气氛、炉内压力等。

加热温度是指金属锭坯出加热炉时的温度。加热温度的选择是根据挤压温度范围和锭坯出加热炉后到挤压前的温度降来确定。

加热速度和加热时间主要与锭坯的种类以及尺寸有关。为了使锭坯的温度均匀，并消除其内部的残余应力，使锭坯的化学成分及晶粒组织均匀化，就要有一定的加热时间。加热时间最好规定升温时间和保温时间，升温时间太短即加热速度太快，会使金属锭坯产生热应力，甚至产生裂纹；保温时间太短，会使锭坯内外温差大，成分、组织和性能难以均匀。但是加热时间太长会增加金属的氧化，甚至造成加热缺陷。

为了防止加热氧化，大部分有色金属及合金在微氧化性或还原性气氛中进行加热，且一般采用微正压操作。

2.5.3　挤压温度和挤压速度的选择

在挤压过程中，挤压温度与挤压速度是最基本的工艺参数，二者有着紧密的联系，同时构成了挤压过程十分重要的温度-速度条件。例如，挤压过程中常采用大的变形程度，其结果将产生大量的变形热，提高变形区中金属的温度。当挤压速度或金属的流动速度越大时，金属温度升高得越快，因此选择挤压温度和由此确定的加热温度时，还要考虑挤压速度的大小。

2.5.3.1　挤压温度的选择

在选择挤压温度时，要考虑多方面的问题，主要包括金属与合金的可挤压性、金属制品的组织和性能要求、挤压时的变形热等。合理的挤压温度范围，应该以金属的相图、塑性图和再结晶图为依据，并结合生产实际情况和设备能力而定。

A　金属与合金的可挤压性

金属与合金的可挤压性是指金属与合金在挤压过程中成材的可能性，它主要包括在高温下金属与合金的变形抗力和塑性两个指标。在考虑挤压温度时，要在金属的塑性好而变形抗力较低的温度范围内进行挤压。

（1）合金成分。不同的金属与合金在进行热塑性变形前，加热温度是不相同的。为防止锭坯的过热和过烧，一般是其熔点绝对温度的 0.75～0.90 倍，这也是挤压温度的上限。挤压温度的下限对单相合金为其熔点绝对温度的 0.65～0.70 倍，而对于高温时存在相变的合金，最好要在单相区内高于相变温度 50～70 ℃进行挤压，以防止金属相变引起的变形不均匀。因此可以根据该合金的相图，初步确定合金的挤压温度的上、下限。

（2）金属与合金的塑性。金属与合金应尽量在高塑性温度范围内进行热挤压，否则会由于金属的塑性太差，使挤压时超过金属的塑性范围，产生周期性的横向裂纹。当挤压高温易氧化、易黏结工模具的金属与合金时，应降低挤压时的温度范围，以防止表面过度氧化或黏结工模具。

（3）金属与合金的变形抗力。在确定挤压温度时，除了要考虑材料的高温塑性外，还应使其变形抗力不能太高，否则一旦挤压力超过设备能力，则挤压过程不能正常进行。

图 2-41 为 LY12 硬铝合金和 QA19-4 铝青铜的塑性图，根据以上分析，可以初步确定 LY12 硬铝合金的挤压温度范围为 350～450 ℃，而 QA19-4 铝青铜的挤压温度应不低于 800 ℃。

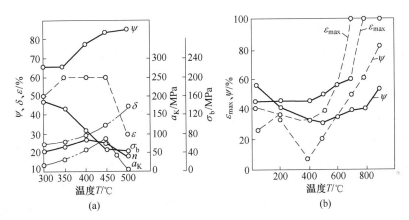

图 2-41 LY12 和 QA19-4 的塑性

(a) LY12；(b) QA19-4

ψ—断出收缩率；ε—压缩率；——动载荷；－－－静载荷

B 制品组织与性能

挤压温度对热加工态的组织、性能的影响极大。挤压温度越高，制品再结晶进行得越充分，晶粒越粗大。晶粒粗大的合金力学性能和疲劳极限都降低，影响使用。图 2-42 所示为不同温度下挤压铝材力学性能变化曲线。由图 2-42 中可以看出：挤压温度越高，挤压制品的抗拉强度、屈服强度和硬度都下降，延伸率增大；一旦温度超过 500 ℃，由于晶粒过分长大，伸长率开始降低。

图 2-43 所示为紫铜、H62 黄铜和 H68 黄铜的再结晶图，图 2-43 中曲线反映了挤压温度和变形程度对其制品晶粒度大小的影响。从图 2-43 中

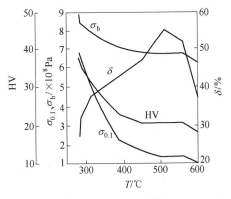

图 2-42 不同挤压温度下铝制品的力学性能

可见，降低挤压温度或提高变形程度都使晶粒细小，但挤压温度的影响更显著。因此，当挤压制品的力学性能不满足要求时，应首先考虑挤压温度是否控制得当。

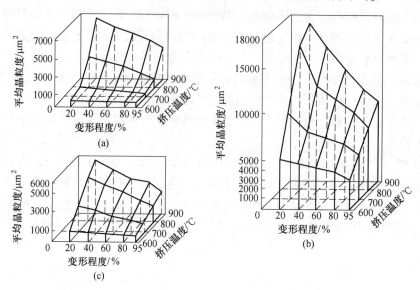

图 2-43　挤压制品的晶粒度与挤压温度和变形程度间的关系
（a）紫铜；（b）H68；（c）H62

C　挤压时的变形热

在挤压过程中，会产生很大的变形热和摩擦热（主要是变形热）。挤压法的一次变形量很大，而强烈的三向压应力状态又使锭坯金属的变形抗力增大，因此挤压时产生的这种附加热量是很大的，可使制品温度上升几十摄氏度，甚至上百摄氏度。此温度与加热温度叠加，会使挤压温度过高，为了避免在挤压时温度过高，一定要注意挤压时的变形热。

总之，不同种类的金属与合金具有各自的挤压温度范围，即使同一合金挤压不同制品时，锭坯的挤压温度也有差异，导致加热温度不同，见表 2-5。表 2-5 中加热温度范围考虑了合金状态图、高温塑性图、再结晶图，并参考生产车间的实际生产规程与设备性能，同时考虑变形热，以保证成品率、生产率及制品质量等。

表 2-5　常用金属与合金挤压时锭坯加热温度

金属种类		合金及牌号	锭坯原始温度/℃		挤压筒温度/℃
			棒型材	管材	
铝	纯铝	L1~L6	300~480	300~450	320~450
	防锈铝	LF2，LF3	300~480	320~450	
		LF5~LF11	340~450	340~440	
	锻铝	LD1~LD6	320~450	300~450	
		LD7~LD10	370~450	—	
	硬铝	LY2，LY6，LY16，LY17	440~460	—	
		LY11，LY12	320~450	340~440	
	超硬铝	LC4，LC6	320~450	360~440	

金属种类		合金及牌号	锭坯原始温度/℃		挤压筒温度/℃
			棒型材	管材	
镁	镁合金	MB1，MB8	300~430	360~430	300~430
		MB2，MB3	250~350	300~370	260~370
		MB5，MB6，MB7，MB15	300~350	—	300~370
钛	α合金	TA1~TA3	750~900	750~900	400~480
		TA4，TA8	850~980	—	
		TA5，TA7	980~1020	—	
	β合金	TB1，TB2	1020~1050	—	
	α+β合金	TC1，TC2	780~800	780~800	
		TC3~TC9	920~970	—	
		Ti-32M0-2.5Nb	1200~1300	1200~1300	
铜	紫铜	T2~T4 H96，TU1	750~800	800~850	350~400
	黄铜	H68，HSn70-1	700~750	780~840	
		H62，HSn62-1，HFe59-1-1	640~690	700~760	
			580~630	580~630	
		HPb59-1	580~630	600~650	
		HMn57-3-1	720~770	—	
		HSi80-3	630~680	—	
		HNi56-3	—	—	
	青铜	QA19-2，QA110-3-1.5	740~790	820~870	
		QA19-4	800~850	820~870	
		QA110-4-4	820~870	840~870	
		QCd1.0，QBe2.0，QBe2.5	710~770	—	
		QCr0.5，QZr0.2	800~850	—	
	白铜	BMn40-1.5	920~970	980~1050	
		B30	900~950	950~1020	
镍	镍铜	NCu28-2.5-1.5	1050~1150	1100~1250	350~400

2.5.3.2 挤压速度的选择

挤压时的速度一般有三种表示方法：挤压速度——主柱塞、挤压杆和挤压垫的移动速度；金属的流出速度——金属流出挤压模孔时的速度；金属变形速度——单位时间最长主变形量的大小。一般在生产中多采用金属流出速度来表示挤压速度。确定金属流出速度时，应考虑以下几方面的因素。

（1）金属的可挤压性。金属的高温塑性区温度范围越宽，则挤压时金属流出速度的范围也越宽，只要其他条件允许，就可以采用较高的金属流出速度。因此，纯金属的流出速度较合金的要高些。金属的高温塑性区温度范围窄或高温存在低熔点相时，必须控制挤压速度。如果挤压速度过大，则变形热效应过大，金属易产生过热或过烧现象。这种情况下，当金属流出模孔时，在外摩擦引起的附加拉应力作用下，将引起制品表面开裂。当挤压高温高强度合金（如钛合金）时，一般采用高速挤压。这是为了避免挤压工模具过分冷却金属和防止挤压工模具受高热变形。

（2）金属的黏性。对于高温下黏性大的金属，随挤压速度的提高，一方面变形热效应增大，金属很容易黏结工模具，降低制品表面质量；另一方面摩擦阻碍作用增大导致不均匀变形进一步加剧，挤压缩尾长，制品的力学性能降低。

（3）制品的形状。金属的流出速度与制品形状有关。挤压复杂断面制品要比挤压简单断面制品金属的流出速度低一些，以避免挤压过程中金属充不满模孔或局部产生较大的附加应力，造成制品的弯曲、扭拧和裂纹等缺陷。挤压管材的金属流动速度可比挤压棒材的高些，因为挤压管材时，穿孔针的存在可使金属流动比挤压棒材的均匀。但在挤压大直径薄壁管材时，应采用较低的挤压速度。

（4）挤压温度。如前所述，挤压要产生大量的变形热。若变形热不能及时逸散，将提高挤压温度。因此，为了保证制品质量，挤压同一种合金，若挤压温度越高，则金属流出速度应越低。

（5）设备能力的限制。挤压速度受挤压设备的限制。挤压速度的提高将使变形速度提高，金属变形抗力增大，从而增大挤压力。不允许挤压力超过挤压机的能力。此外，还须考虑锭坯加热炉和为挤压机提供高压液体的高压泵的生产能力是否满足要求。

2.5.3.3　挤压中的温度-速度控制

在挤压时，为了获得沿断面和长度上组织性能均匀、表面质量好的制品，并最大限度地提高生产率，需要对挤压速度和挤压温度进行控制。

A　挤压优化

挤压优化是指挤压温度和挤压速度工艺参数的优化，即确定最大挤压速度和相应的最佳出模温度。最大挤压速度和出模温度之间的关系曲线，如图 2-44 所示。图 2-44中有两条曲线：曲线 1 表示设备能力的挤压力极限曲线，超过它不可能实现挤压；曲线 2 表示制品表面开始撕裂的冶金学曲线，超过它制品质量不能满足要求。两条曲线围成的阴影面积为该合金挤压所允许的加工工艺参数范围，而两条曲线的交点为理论上的最大挤压速度和相应的最佳出模温度。

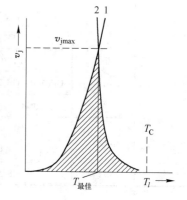

图 2-44　挤压速度极限
1—挤压力极限曲线；2—合金极限曲线；
T_l—出口温度；T_C—固相线温度；
$T_{最佳}$—最佳出口速度；v_j—挤压速度；
v_{jmax}—最大挤压速度

在实际生产中，确定挤压时的金属流出速度，一般是在已知挤压温度的条件下，综合考虑金属的变形抗力，挤压比、不均匀流动的情况，工模具的预热等因素，再结合设备条件，确定金属的流出速度。表 2-6 为挤压铜、镍及其合金的金属流出速度。表 2-7 和表 2-8 为挤压铝及其合金的金属流出速度。对纯铝，一般不限制金属的流出速度，其大小取决于挤压机能力；对其他铝合金，可采用表 2-7 中的相应值乘以表 2-8 中的修正系数，或直接查表 2-9。例如，采用 50 MN 挤压机挤压 LY11 大梁型材，最大挤压速度为：（0.3～1.2）×1.2 = 0.36～1.44 m/min。

表 2-6　铜、镍挤压时的金属流出速度　　　　　　　　（m/min）

挤压比		$\lambda < 40$		$\lambda = 40 \sim 100$		$\lambda > 100$	
		管材	棒材	管材	棒材	管材	棒材
金属材料、制品种类	T2，TU1，TUP，H96	60～120	18～90	180～300	30～150	180～300	60～210
	H90，H85，H80	12～48	12～60				
	H62，HPb59-1，两相黄铜	42～48	24～90	120～240	36～180		60～240
	QA19-2，QA19-4，QA110-3-1.5	9～15	6～12	30～48	18～48		
	QSi3-1，QSi1-3，QSn4-3		2.4～6		4.2～9		
	BAl13-3		30～60		48～90		
	BFe5-1，BZn15-20	30～66	30～60		48～90		
	QCd1.0		1.2～2.4				
	H68，HSnT0-1，HAl77-2	2.4～6.0	2.4～6.0	2.4～6.0	2.4～6.0		
	QSn4-0.3，QSn6.5-0.1	1.8～3.6	1.8～3.6				
	B30，N6，B30-1-1	1.8～72	1.8～72				
	NCu28-2.5-1.5	1.8～60	1.8～60				

表 2-7　挤压 LY12 硬铝合金型棒材时的金属流出速度　　　　（m/min）

挤压机能力/MN		50	30	20	15
制品种类	普通型材	0.6～1.5	0.6～1.5	0.7～2.8	1.2～2.8
	阶段变断面型材	0.3～1.0	0.3～1.0	0.7～1.2	0.7～1.2
	大梁型材	0.3～1.2	0.5～1.2		
	棒材	0.25～1.0	0.6～1.0	1.5～1.8	1.5～2.0

表 2-8　使用表 2-6 数值时的修正系数

合金牌号	制品种类	系　　数
LY11，LD5，LF3	型材	1.2
LC4	型、棒材	0.7～0.8
LF2，LF3，LD5，LD10	棒材	2～3

表 2-9　挤制铝合金管材时的金属流出速度　　　　　　（m/min）

合金牌号	L2～L6，LF21	LF2，LF3，LD2	LF5，LF6	LY11，LY12	LC4
金属流出速度	不限	1.0～10.0	0.8～6.0	0.8～4.0	1.6～3.0

B　挤压温度-速度控制方法

（1）锭坯的梯温加热。梯温加热是指加热后的锭坯在长度上和断面上存在温度梯度。

目前常用的是在锭坯长度上的梯温加热，锭坯前端温度高而后端低，如图 2-45 所示。

采用梯温加热的目的是在挤压速度不变的挤压过程中，产生的变形热能够逐渐加热锭坯，使金属出口温度恒定不变，保证制品性能均匀。表 2-10 是梯温加热和均匀加热的 LY12 硬铝合金锭坯挤压成棒材的力学性能。从表 2-10 中可见，采用梯温加热挤压，制品沿长度上的性能差大大减小。

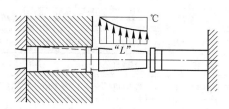

图 2-45　梯温锭坯的挤压
———入筒前；－－－入筒后

表 2-10　不同加热制度的挤压棒材的力学性能比较

加热方式	锭坯温度/℃		允许金属流出速度 /m·min⁻¹	比值	抗拉强度/MPa			屈服强度/MPa			伸长率/%		
	头部	尾部			头	中	尾	头	中	尾	头	中	尾
均匀加热	320	320	4.95	1.0	494	544	558	327	385	393	15.0	11.9	11.0
梯温加热	400	250	6.0	1.2	567	570	573	405	411	414	11.2	11.3	10.9
	450	150	6.0	1.2	558	544	562	400	358	399	10.4	12.0	11.0

（2）控制工模具温度。为了及时通过工模具逸散变形热，控制挤压温度，可以采用水或液氮来冷却挤压模和挤压筒。控制工模具温度不仅可以改善挤压制品表面质量，而且可以提高金属流出速度。目前，由于水冷装置结构上和技术上的困难以及水冷模寿命低，散热效果不佳等原因，水冷模应用较少，更多的是采用液氮或氮气冷却。

（3）调整挤压速度。在挤压过程中，可以通过调整挤压速度来控制金属出口温度。例如，过去在挤压硬铝合金时，常采用挤压后期降低挤压速度的办法，来避免金属出口温度过分升高而造成的周期横向裂纹。但是这使挤压周期变长，生产率降低。现在采用的方法是，用低温加热或不加热的锭坯进行高速挤压，可以取得很好的效果。

等温挤压技术就是在挤压过程中通过自动调节挤压速度，使金属出口温度保持不变。这为制品出模孔后直接淬火提供了可能性。

2.5.4　挤压润滑

2.5.4.1　挤压润滑的目的

挤压润滑的目的是减小金属与挤压工具之间的摩擦。这样不仅可以降低挤压力，减小能耗，提高工具的使用寿命，而且还能促使金属流动均匀，防止黏性较大的金属黏结工具，提高制品组织和性能的均匀性。因此，挤压时必须考虑润滑问题。

2.5.4.2　润滑应注意的问题

（1）挤压时不能润滑挤压垫片，目的是防止和减小挤压缩孔的形成。

（2）平模挤压不能润滑挤压筒，否则不能形成死区，无法阻止锭坯表面的氧化物、夹杂和灰尘进入制品表面，影响其表面质量。但平模挤压钛或钛合金时，由于金属黏结工具很严重，必须润滑挤压筒。

（3）锥模挤压棒材时，对挤压筒和挤压模要进行润滑。

（4）挤压管材必须润滑穿孔针。

（5）组合模挤压不允许使用润滑剂，原因是润滑剂会流到焊合面，使金属不能很好地焊合。

2.5.4.3 选择润滑剂的原则

选择润滑剂的原则如下：

（1）有足够的黏度，确保挤压时能在润滑面形成一层致密的润滑薄膜。

（2）对加工工具和变形金属要有一定的化学稳定性，无腐蚀作用。

（3）对接触表面尽可能有最大的活性。

（4）灰分含量少，以保证制品表面质量。

（5）润滑剂闪点要高，冷却性能要好。对挤压高温合金的润滑剂，要求有良好的隔热性和抗氧化性。

（6）劳动条件要好，不污染环境，对人体无害。

2.5.4.4 润滑剂的选择

A 挤压铝合金用的润滑剂

（1）70%～80%（质量分数）72号汽缸油+30%～20%（质量分数）粉状石墨。

（2）60%～70%（质量分数）250号苯甲基硅油+40%～30%（质量分数）粉状石墨。

（3）65%（质量分数）汽缸油+15%（质量分数）硬脂酸铅+10%（质量分数）石墨+10%（质量分数）滑石粉。

（4）65%（质量分数）汽缸油+10%（质量分数）硬脂酸铅+10%（质量分数）石墨+15%（质量分数）二硫化钼。

铝合金挤压时，为了防止锭坯表面的氧化物、夹杂进入制品内部和表面，保证制品质量，一般不使用润滑剂，有时仅在挤压模上涂少量的上述润滑剂。

B 挤压重金属用的润滑剂

重金属大多用45号机油加20%～30%（质量分数）片状石墨作润滑剂，而青铜和白铜挤压时，用45号机油加30%～40%（质量分数）片状石墨作润滑剂。

在冬季为了增加润滑剂的流动性，常常加入5%～9%（质量分数）的煤油；而在夏季则加入适量的松香，可使石墨处于悬浮状态。

在挤压铜及铜合金时要进行润滑，在模子和穿孔针上薄薄地涂上一层，挤压筒也要用沾有润滑剂的布擦一下。

C 挤压高温合金用的润滑剂

目前，挤压高温合金（如钛合金）大多数采用玻璃润滑剂。玻璃润滑剂常温是固体，在高温时软化，具有强黏着性和高抗压强度。这种润滑剂在挤压时能起到润滑和隔热作用。表2-11列出了国内使用的部分玻璃润滑剂的成分和软化温度。

表 2-11　玻璃润滑剂的成分和软化温度

牌号	化学成分/%							软化点/℃
	SiO₂	CaO	MgO	Al₂O₃	B₂O₃	Na₂O	K₂O	
S-2	65.6	10.1	2.3	—	7.6	13.8	0.3	688
A-5	55.0	6.0	4.0	14.5	8.0	12.5	—	740
A-9	68.0	6.0	4.0	3.0	2.0		17.0	670
G-1	67.5	9.5	2.5	0.5	6.5	13.5		691

这种润滑剂的使用方法为：用涂层法、滚玻璃粉法和玻璃布包锭法来润滑挤压筒与锭坯的接触面；用玻璃垫片装入法来润滑挤压模；用玻璃布包覆法来润滑穿孔针。挤压后需去除制品表面的玻璃润滑剂，常用的方法有喷砂法、急冷法和化学溶解法。

复习思考题

2.5-1　挤压选择锭坯时应注意哪些原则？

2.5-2　在选择挤压温度时，应考虑哪些问题？

2.5-3　在挤压时，主要根据哪几个图来选择挤压温度？

2.5-4　什么是挤压速度，它与制品质量有何关系？

2.5-5　生产中为什么要对挤压速度和挤压温度进行控制，常用的控制方法有哪些？

2.5-6　挤压润滑的目的是什么，润滑时应注意哪些问题？

2.5-7　挤压铝合金（或重有色金属或高温合金）时，采用的润滑剂是什么？

任务 2.6　挤压制品的组织性能和质量

2.6.1　挤压制品的组织

同其他塑性加工方法相比，挤压变形的特点是，沿制品断面上和长度上，变形不均匀程度特别大，从而造成组织不均匀。变形不均匀和组织不均匀同挤压制品、挤压方法及挤压条件有密切的关系。例如，挤压棒材的不均匀性随挤压比（即变形程度）的加大而减小；挤压管材的不均匀性要比棒材的小；挤压润滑条件对不均匀性影响较大；挤压速度、挤压温度对塑性较差的合金的不均匀性影响较大。

下面以正向挤压棒材为例进行介绍。

2.6.1.1　正向挤压棒材的组织不均匀性

正向挤压棒材的组织不均匀性表现为，沿制品长度上前端晶粒粗大而后端细小，沿制品断面径向上中心晶粒粗大而外层细小。这种挤压制品的组织不均匀主要是由于变形不均匀造成的，而产生不均匀变形的原因有以下几方面。

（1）变形程度。在制品横断面上，由于外层金属受挤压筒壁的摩擦阻力的作用而产生剪切变形，使外层金属变形程度较大，晶粒遭到较大的破碎，晶粒细小，而且剪切变形和变形程度由制品外层向中心层减小。所以在制品的横断面上，中心晶粒粗大而外层细小。

在制品长度上，后端金属比前端金属受到的挤压筒的摩擦作用时间长，产生的剪切变形也大，从而使后端金属变形程度大，晶粒被破碎的程度也大，晶粒细小。

（2）挤压温度和挤压速度。在挤压过程中，挤压速度和挤压温度的变化也会引起挤压制品组织的不均匀。例如，在挤压一些重有色金属时，挤压速度缓慢，锭坯在挤压筒中停留的时间长，挤压筒的冷却作用强，锭坯后端金属的挤压温度比前端金属低，并且在挤压后期，金属流动速度加快。后端金属变形温度低和流动速度快使得再结晶不能充分进行，故晶粒细小，甚至得到加工态纤维组织。

而在挤压纯铝或软铝合金时，挤压速度快，变形热不能及时逸散。这使锭坯后端金属的挤压温度高于前端金属，再结晶能在较高的温度充分进行，故后端晶粒粗大，而前端晶粒细小。

（3）相变。在挤压具有相变的合金时，如果温度降低，可能使合金在相变温度下进行塑性变形，这也会造成组织的不均匀。例如，HPb59-1 铅黄铜的相变温度为 720 ℃，高于该温度挤压，挤压出的热态制品为 β 单相组织。在随后的冷却过程中，低于相变温度时会从 β 相中均匀析出多面体的 α 相，组织较均匀。但是如果挤压时温度低于相变温度，则析出的 α 相会被挤压成长条状，造成组织的不均匀。这种组织的不均匀往往在金属内部产生附加应力，使制品在以后的加工过程中产生裂纹。因此应注意，挤压时要尽量在相变温度以上的单相区中进行。

综上所述，挤压制品的变形和组织不均匀性是挤压这种塑性加工方法所决定的。即便如此，在挤压生产中，如果根据挤压制品，采用适宜的挤压方法，优化挤压工艺条件，也可获得沿制品断面上和长度上组织比较均匀的材料。

2.6.1.2 挤压制品的粗晶环

挤压制品的组织不均匀性还表现在，某些金属和合金在挤压时或在随后的热处理过程中，在制品外层出现异常粗大的晶粒，通常称为粗晶环，如图 2-46 和图 2-47 所示。粗晶环中的晶粒尺寸超过原始晶粒尺寸的 10~100 倍，比临界变形后的再结晶晶粒大得多。

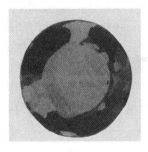 

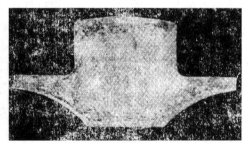

     （a）   （b）

图 2-46 淬火后的挤制棒材粗晶环　　　图 2-47 单孔模挤制异型材淬火后的粗晶环

（a）双孔模挤制棒材淬火后的粗晶环；

（b）低碳钢镦压件形成的粗晶环

粗晶环最突出的表现是在铝合金中，例如 LD2、LD10、LY11、LY12 和 LC4 等，对不润滑的挤压制品，经淬火处理后，在其后端外层中易形成粗晶环。对工业纯铝、MB15 镁合金，根据挤压温度不同，挤压后在制品外层会出现深度不同的粗晶环，并且挤压温度越高，粗晶环越厚。$w(Cu)$ 为 58%、$w(Pb)$ 为 2% 的黄铜在 725 ℃ 下挤压的棒材，在锻造前加热时，棒材外层会出现粗大晶粒组织。

粗晶环是挤压制品的一种组织缺陷，它引起制品力学性能降低。对于某些铝合金，粗晶环通常使其室温强度降低 20%～30%，见表 2-12。因此，为了保证制品的质量，必须了解粗晶环的形成原因和影响因素，以便提出消除措施。

表 2-12　铝合金制品不同区域的力学性能

合金	抗拉强度/MPa		屈服强度/MPa		伸长率/%	
	粗晶区	细晶区	粗晶区	细晶区	粗晶区	细晶区
LD2	241.5	361.5	170.5	293.0	25.60	16.80
LD10	345.2	497.8	240.0	337.0	31.16	14.48
LY11	407.5	500.0	256.5	328.0	24.20	18.30
LY12	444.0	545.0	332.5	411.0	26.40	14.70
LC4	400.0	559.0	301.0	415.0	21.30	11.80

A　粗晶环的分布规律

在正向挤压的棒材中，粗晶环的分布规律是，沿长度方向上，由前端向后端外层的粗晶环逐渐向内增厚，越厚的粗晶环中晶粒越粗大，严重时制品尾部整个断面上全部是粗晶组织。

B　粗晶环的形成机理

正向挤压制品时，由于锭坯与挤压筒的强烈摩擦，同一截面上外层金属受到很大的剪切变形，变形程度远远大于中心金属，而且越是后挤压的金属，受到的剪切变形时间更长、变形程度更大。又因为变形金属在一定温度下要发生再结晶，而再结晶温度随变形程度的增大而降低。因此，这种变形的极不均匀使得外层金属的再结晶温度低于内层，后端金属的再结晶温度低于前端。

一般情况下，纯铝的再结晶温度低于铝合金。纯铝在挤压过程中及挤压后就能发生再结晶，但不同部位的纯铝再结晶进行的程度不尽相同。变形程度大、再结晶温度低的制品外层纯铝不仅迅速完成再结晶，而且进入晶粒长大阶段，甚至发生二次再结晶，得到粗大的晶粒组织，形成粗晶环。相同原因，制品后端的晶粒要比前端粗大，形成的粗晶环也厚。铝合金因再结晶温度较纯铝高，挤压后再结晶进行得不充分，不会有明显的粗晶环出现，但是在随后的热处理加热过程中，在足够长时间的高温和作用下，这种由于不均匀变形造成的粗晶环就会显露出来。

C　形成粗晶环的影响因素和消除措施

这里主要介绍正向挤压时，影响铝合金中粗晶环形成的各种因素，并提出减少和消除粗晶环的措施。

（1）合金元素。在容易产生粗晶环的铝合金中加入一定量的锰、铬、钛、锆等合金元素可以消除粗晶环。这是因为这些合金元素熔点较高，溶入铝中可以降低铝的扩散速度，导致再结晶温度的提高，在热处理加热时不易出现粗晶环。例如，LY12 硬铝合金中 $w(Mn)$ 为 0.2%～0.6%时，粗晶环厚度很大。随着合金中锰含量的提高，粗晶环厚度逐渐减小直至完全消失。

（2）锭坯均匀化。在 470~510 ℃进行锭坯均匀化处理对不同的铝合金具有不同影响。含锰的铝合金由于铸造冷却速度快，凝固时 $MnAl_6$ 相来不及充分地从基体中析出。在均匀化过程中，$MnAl_6$ 相从基体中析出并不断聚集长大，其结果一方面使基体的锰含量减少而导致再结晶温度降低；另一方面，粗大的 $MnAl_6$ 相不仅对再结晶起不到阻碍作用，反而起促进作用。因此，含锰的铝合金锭坯挤压前一般不进行均匀化处理，以免挤压后出现粗晶环。对不含锰的铝合金锭坯，无论是否进行均匀化，挤压后的淬火制品都出现粗晶环，均匀化处理对此类铝合金粗晶环的形成影响不大。

（3）挤压温度。挤压温度提高，粗晶环增厚。这是因为提高挤压温度，金属原子扩散速度加快，有利于再结晶的进行。另外，析出的第二相颗粒会因温度升高而急剧长大，从而减弱了对再结晶及随后晶粒长大的阻碍作用，使出现的粗晶环增厚。因此，采用低温挤压可以减少或消除粗晶环。

（4）应力状态。由于挤压时金属流动不均匀，使制品外层产生附加拉应力，而中心处产生附加压应力。中心压应力处锰扩散慢，而外层拉应力处锰扩散快。因此，外层析出的 $MnAl_6$ 相较多且颗粒粗大，基体锰含量则低。外层锰含量低和析出的 $MnAl_6$ 相粗大的结果就是减弱了对再结晶和随后晶粒长大的阻碍作用，使制品外层易出现粗晶环。

（5）挤压筒温度。挤压筒温度高于锭坯温度，可减少粗晶环。这是因为此种情况减少了锭坯外层的冷却，使内外层温度比较均匀，减少了不均匀变形，使外层变形量大的区域减少，因此使粗晶环厚度变小。

（6）淬火加热温度。淬火加热温度升高，金属原子扩散速度加快，促进了再结晶和晶粒长大，因此适当降低淬火加热温度对减少粗晶环是有利的。

通过以上对粗晶环影响因素的分析，对不同的合金可采取相应的措施来减少或消除粗晶环。例如，对 LD2、LD4 锻铝合金，可适当提高挤压筒温度，降低淬火加热温度；对 LY12 硬铝合金可以提高镁和锰的含量；对 LD10 锻铝合金则可增加锰、硅含量。总之，减小挤压不均匀变形和延缓再结晶的所有方法，都有利于减少或消除粗晶环。

2.6.1.3 挤压制品的层状组织

挤压制品的层状组织也称片状组织，其特征是制品在折断后，呈现出与木材相似的断口，分层的断口凹凸不平并带有裂纹，各层分界面近似平行于制品轴线，如图 2-48 所示。

层状组织是挤压制品的一种组织缺陷。虽然它对制品纵向力学性能影响不大，但是使横向力学性能明显降低。例如，用具有层状组织的铝青铜做成的衬套，所承受的内部压力要比无层状组织的低 30% 左右。容易出现层状组织的是 QAl10-3-1.5 铝青铜、HPb59-1 铅黄铜以及 LD2、LD4 锻铝合金。

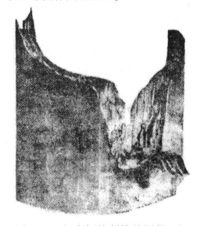

图 2-48　铝青铜挤制管的层状组织

产生层状组织的原因是锭坯中存在大量的气孔、缩孔或在晶界分布着较多未溶解的第二相或杂质。它们在挤压时，沿径向和周向上被压缩、沿轴向上被拉长，形成层状组织。

层状组织一般出现在制品前端，后端不明显，这是因为在挤压后期金属变形程度大且金属流动紊乱，从而破坏了层状组织的完整性。

　　防止层状组织出现的措施有：严格控制铸造组织，减小柱状晶区，扩大等轴晶区，同时要尽量消除气孔、缩孔和组织疏松，并使晶界上的杂质分散或减少。另外，针对不同的合金还有不同的解决办法。例如，对于某些铝合金，减少合金中的氧化膜和合金元素的晶内偏析，可减少或消除层状组织；而对于铝青铜，铸造时控制结晶器的高度不超过200 mm 可以消除层状组织。

2.6.2　挤压制品的力学性能

2.6.2.1　挤压制品力学性能的不均匀

　　挤压制品变形和组织的不均匀必然要引起力学性能的不均匀。一般未经热处理的实心挤压制品的力学性能分布规律是，内部和前端的强度低，而外层和后端的强度高，而延伸率的变化正好相反。图 2-49 所示为挤压棒材横向和纵向上抗拉强度的变化。然而对铝合金来说，硬合金的力学性能分布规律与上述相同；软合金的分布规律则是内部与前端强度高、伸长率低，外层与后端强度低、伸长率高。

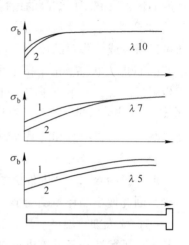

图 2-49　沿制品长度与径向
上的抗拉强度变化
1—外层；2—内层

2.6.2.2　变形程度对力学性能不均匀的影响

　　变形程度对力学性能不均匀的影响表现为，随挤压比（即变形程度）的增大，变形逐渐由外层向内层深入，使内层和外层力学性能不均匀程度也逐渐减小；当挤压比很大时，内外层力学性能趋于一致，如图 2-49 所示。因此，在挤压生产中，为保证制品内外层力学性能的均匀，一般规定挤压比大于 10（即变形程度在 90%以上）。

2.6.2.3　挤压制品纵向和横向上力学性能的差异

　　挤压制品力学性能的不均匀性还表现在制品的纵向和横向力学性能存在差异。挤压的变形状态是两向压缩和一向延伸，这使制品内部组织沿延伸方向被拉长，呈现出具有取向性的纤维组织，造成纵向和横向力学性能出现差异，产生各向异性。表 2-13 为挤压比等于 7.8 的锰青铜棒材在各个方向上的力学性能。从表 2-13 中可见，纵向力学性能最优，45°方向次之，横向最差。对于空心制品（管材）断面上力学性能的不均匀性，原则上与实心制品相同。

表 2-13　锰青铜挤压棒材不同方向上的力学性能

取样方向	抗拉强度/MPa	伸长率/%	冲击韧性/N·m·cm⁻¹
纵向	472.5	41	38.4
45°	454.5	29	36
横向	427.5	20	30

2.6.2.4　挤压效应

某些铝合金的挤压制品与其他加工制品（如轧制、拉拔和锻造）经相同热处理后，前者的纵向强度比后者高，而塑性比后者低。这一效应是挤压所特有的，故称挤压效应。表2-14 列出了几种铝合金以不同加工方式加工后，再经淬火时效得到的抗拉强度值。

表 2-14　用不同加工方法制得的铝合金成品抗拉强度

名称	LD2	LD10	LY11	LY12	LC4
轧制板材	312	540	433	463	497
锻件	367	612	509	—	470
挤压棒材	452	664	536	574	519

应该指出的是，挤压效应只有在某些铝合金中才出现，而且只有用锭坯挤压时才十分明显；出现粗晶环的挤压制品，挤压效应会减弱甚至消失。

具有挤压效应的铝合金因强度高，大多用于机器设备的受力部件上，因此研究挤压效应对生产意义很大。

A　挤压效应产生的原因

（1）变形织构。在挤压时，金属处于强烈的三向压应力状态和二向压缩一向延伸的变形状态，金属流动平稳，晶粒沿延伸方向被拉长，形成较强的 [111] 织构。对具有面心立方晶格的铝合金来说，[111] 晶向是密排方向，强度最高，所以使得制品纵向抗拉强度提高。

（2）合金元素。若铝合金中含有锰、钛、铬、锆等合金元素，则这些合金元素可以阻碍再结晶进行，提高再结晶温度，因此在热处理加热时，制品不容易发生再结晶，仍保留着加工态组织。

B　影响挤压效应的因素

（1）挤压温度。提高挤压温度对硬铝和 LD2 锻铝合金挤压效应的影响取决于含锰量，因为含锰量影响淬火加热过程中是否发生再结晶和再结晶的程度。对于不含锰或含少量锰的硬铝和 LD2 锻铝合金，在挤压后的淬火加热过程中能发生充分的再结晶，这些合金能否发生挤压效应与挤压温度关系不大。对于含锰量中等 [$w(Mn) = 0.3\% \sim 0.6\%$] 的硬铝和 LD2 锻铝合金，挤压温度对挤压效应影响明显。挤压温度不同，挤压效应也不同。表 2-15 是 $w(Mn) = 0.4\%$ 的 LY12 合金在不同挤压温度下的挤压效应。从表 2-15 中可见，挤压温度 490 ℃ 的挤压效应强于 380 ℃，其原因是与淬火加热时发生的再结晶程度密切相关。

表 2-15　$w(Mn) = 0.4\%$ 的 LY12 合金在不同挤压温度下的挤压效应

挤压温度/℃	抗拉强度/MPa	屈服强度/MPa	伸长率/%
380	460	295	22
490	580	410	14

对于 $w(Mn) > 0.8\%$ 的硬铝和 LD2 锻铝合金，挤压温度对挤压效应的影响不大。

（2）变形程度。变形程度对 LY12 硬铝合金挤压效应的影响在锰含量不同时也有所差异。当合金 $w(Mn) < 0.1\%$ 时，增大变形程度使挤压效应减弱，见表 2-16。当合金 $w(Mn) =$

0.36%～1.0%时，随锰含量的提高，变形程度越大，挤压效应越显著。

表 2-16   不同变形程度的制品力学性能

变形程度/%	抗拉强度/MPa	屈服强度/MPa	伸长率/%
72.5	460	314	14.0
95.5	414	260	21.4

此外，二次挤压或淬火前对制品进行冷变形，均会降低再结晶温度，增大再结晶程度，导致挤压效应减弱。

2.6.3 挤压缩尾

在挤压过程中（主要在终了挤压阶段），由于金属流动不均匀，锭坯表面的氧化物、油污、脏物及其他表面缺陷进入制品内部或出现在制品表层，形成漏斗状、环状、半环状的气孔或疏松缺陷，这种缺陷是挤压所特有的，多出现在制品尾部，故称挤压缩尾。挤压缩尾破坏了金属的致密性和连续性，降低了制品的力学性能，制品精整时必须切除。

根据挤压缩尾在制品中的位置和形状，可将其分为中心缩尾、环形缩尾和皮下缩尾三类，如图 2-50 所示。

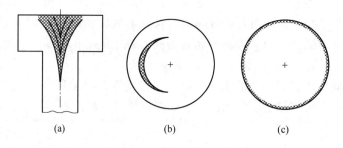

图 2-50   三种类型挤压缩尾形式
（a）中心缩尾；（b）环形缩尾；（c）皮下缩尾

2.6.3.1 中心缩尾

在挤压后期，制品中心形成漏斗状的孔穴称为中心缩尾。形成中心缩尾的原因是，在挤压过程中，心部金属的流速比外层金属快，到挤压后期，心部金属流量不足，而外层金属就会沿挤压垫端面向中心流动进行补偿，这样便将锭坯表层的氧化皮、脏物等带入制品，形成中心缩尾。因此，挤压时不能润滑挤压垫。

2.6.3.2 环行缩尾

环形缩尾出现在制品断面的中间部位，呈月牙状或连续的环状。其产生是由于聚集在挤压垫和挤压筒交界处（该处也是一个难变形区）的金属氧化皮、脏物等进入制品内部，形成月牙状或连续的环状分布于制品中间层。

2.6.3.3 皮下缩尾

皮下缩尾是呈不连续的环状分布于制品表层内。皮下缩尾的形成是由于死区和金属塑性变形区之间的交界面因剧烈的剪切变形而发生断裂，死区内的金属氧化皮和脏物等沿断裂处流入制品中，同时死区中的金属也流出并包裹在制品表面，形成皮下缩尾。

2.6.3.4　减少挤压缩尾的措施

（1）留压余。在挤压末期留一部分金属在挤压筒中，这部分金属称压余，也称残料。压余的厚度一般为锭坯直径的 10%~30%。

（2）采取合理的挤压方法。采用脱皮挤压、润滑挤压、反挤压均可有效地减少挤压缩尾。

（3）控制工艺条件。保持锭坯和挤压筒表面的清洁，减少模子和挤压筒的粗糙度，减小金属与工具间的温差，降低挤压末期的挤压速度等措施均可减少挤压缩尾。

总之，所有减小挤压时金属流动不均匀的措施，都有利于减少挤压缩尾。

2.6.4　制品的表面质量

制品的表面质量缺陷主要有以下几类。

2.6.4.1　挤压裂纹和头部撕裂

挤压时制品会产生多种裂纹，常见的有表面周期性横向裂纹和头部开裂，如图 2-51 和图 2-52 所示。它们是由于金属流动不均匀产生的附加拉应力造成的。

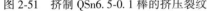

图 2-51　挤制 QSn6.5-0.1 棒的挤压裂纹　　　图 2-52　挤制 BAl13-3 棒（由于挤压温度过高头部开裂）

周期性横向裂纹因外形相似、距离相等，呈周期性分布而得名。这种裂纹的产生是一种能量聚集与释放的过程，它的形成与合金种类、应力状态、挤压温度、挤压速度有关。例如，在挤压高温塑性温度范围较窄的锡磷青铜、铍青铜、锡黄铜、LY12 硬铝和 LC4 超硬铝等合金时，若挤压温度过高，超出合金的塑性范围，则在附加拉应力的作用下，便会产生裂纹；若挤压速度过快，金属流动不均匀程度增大，产生的附加拉应力也增大，同样容易出现裂纹。

有些合金在高温下容易黏结工具，可引起制品头部出现裂纹。另外，在开始挤压的填充阶段，由于挤压温度过高，也容易造成制品头部开裂。这主要与金属的流动方式和应力状态有关。

针对周期性横向裂纹产生的原因，可采取以下工艺措施进行防范：（1）制定合理的挤压温度和挤压速度工艺；（2）通过增大挤压比和模子工作带长度等措施增强变形区内的主应力强度；（3）对挤压工具进行合理的预热；（4）采用润滑挤压、等温挤压、梯温挤压、冷挤压等挤压新技术。

总之，减少金属流动不均匀的一切措施，都能防范裂纹的出现。

2.6.4.2　表面夹灰和压入缺陷

由于锭坯铸造中的缺陷和表面不清洁，锭坯加热过程中的严重氧化，脱皮挤压时的脱皮不完整，挤压筒内不干净等原因，都会造成制品的夹灰和压入缺陷，如图 2-53 所示。

(a)　　　　　　　　　　　　　　　　　　　(b)

图 2-53　挤压制品夹灰和压入的缺陷形式

(a) 夹灰；(b) 压入

防止表面夹灰、压入缺陷的措施包括：严格控制锭坯质量，合格锭坯要严格管理，禁止在地面滚动；严格控制炉温和炉内气氛，防止锭坯严重氧化。

2.6.4.3　皮下气泡、起皮和重皮缺陷

在铸造过程中，由于冷却较快，溶解于金属液中的气体未及时逸出而留在锭坯中。在锭坯加热时，气体原子扩散聚集成气泡。这些气泡在挤压时若不能焊和，则形成皮下气泡。产生皮下气泡的原因还有：挤压筒和穿孔针表面不光洁，存在裂纹或粘有金属；润滑剂使用过量；挤压筒和穿孔针预热温度过低等。

挤压时，皮下气泡在拉应力作用下被拉破，就形成了起皮缺陷。而重皮缺陷是由于挤压筒中残留的金属和污物没有及时清理，在下次挤压时，它们附着在制品表面被挤出，形成重皮缺陷。

2.6.4.4　擦伤和划伤缺陷

制品表面的擦伤和划伤是由于挤压模和穿孔针变形、磨损或有裂纹，以及挤压模的工作带表面粘金属，导路和承料台上有冷硬金属渣等造成的，它们会在制品内外表面留下纵向沟槽和划痕，影响制品的表面质量。

减少划伤、擦伤的措施是：及时检查、更换、修理模子和穿孔针，检查导路、承料台和滚道是否清洁、干净。

2.6.4.5　制品的尺寸公差

挤压制品的尺寸公差是指其内、外部尺寸和壁厚、长度是否符合标准。

制品的外部尺寸主要取决于模子的设计、选材、装配、预热和磨损等实际状况。而制品的内部尺寸和壁厚主要取决于穿孔针和挤压机的实际情况。穿孔针的工作条件极其恶劣，极易磨损和损坏，比如被拉细、秃头、劈裂、弯曲，以及在挤压管材时未充填完成就穿孔和设备失调、中心偏离等情况，都是造成制品内部尺寸和壁厚偏差的直接原因。因

此，在生产中，及时检查和更换挤压工具，严格按照工艺规程操作，完全可以避免制品的尺寸超差。

复习思考题

2.6-1 在正向挤压棒材时，制品的组织和性能各有什么特点？

2.6-2 什么是粗晶环，它是如何形成的，有何危害？

2.6-3 如何减少和消除粗晶环？

2.6-4 什么是挤压效应，产生挤压效应的原因有哪些？

2.6-5 什么是挤压缩尾，它可分为哪几类？

2.6-6 挤压时制品产生周期性横向裂纹与哪些因素有关？试举例说明。

项目3 拉 拔

任务3.1 拉 拔 概 述

3.1.1 拉拔的基本概念

3.1.1.1 拉拔的定义

拉拔是指在外加拉力作用下，迫使坯料通过规定的模孔，获得与模孔形状、尺寸相同的产品的塑性加工方法，如图 3-1 所示。拉拔是生产有色金属及其合金管材、棒材、型材、线材的主要方法之一，尤其适用于小直径断面产品的生产。

3.1.1.2 拉拔的种类

拉拔的种类很多，可以根据不同的特征进行分类。以下是几种分类方法。

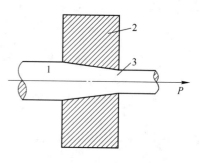

图 3-1 拉拔过程简图
1—拉拔坯料；2—模子；3—拉拔制品

A 按所拉制品的断面分类

（1）实心断面制品拉拔。如图 3-2（a）所示，棒材、实心型材、线材的拉拔均属于此类。

（2）空心断面制品拉拔。空心断面制品拉拔主要包括管材和空心异型材的拉拔。对于管材拉拔，根据其生产方法的不同，又可分为空拉管材、固定短芯头拉管、长芯杆拉管、游动芯头拉管、扩径拉管和顶管法。

1）空拉管材。如图 3-2（b）所示，管坯内部不放置芯头而进行的拉拔。空拉后的管材，外径减小，壁厚略有变化。经多次空拉后的管材，内表面粗糙，甚至会产生裂纹。因此空拉只适用于小直径管、异型管、盘管拉拔及减径量很小的减径与整形拉拔。

2）固定短芯头拉管。如图 3-2（c）所示，固定带有芯头的芯杆，管坯通过模孔后实现减径和减壁的拉拔。固定短芯头拉管时，管内壁与芯头接触并存在相对运动，摩擦面增大，故道次延伸系数较小。固定短芯头拉拔的管材内表面质量比空拉的好，固定短芯头拉拔是生产管材的主要方法之一。但拉拔细管比较困难，而且不适于长管拉拔。

3）长芯杆拉管。如图 3-2（d）所示，管坯自由地套在表面抛光的芯杆上，芯杆与管坯一起被拉过模孔，同时实现减径和减壁的拉拔。长芯杆拉拔时，芯杆的长度应略大于管子的长度。每次拉拔后，要用脱管法或辊轧扩径的方法将长芯杆取出。长芯杆拉拔的道次加工率较大，可达 1.8~2.0。由于需要准备很多不同直径的长芯杆并且增加了脱管工序，长芯杆拉管的生产效率很低，生产中很少采用。长芯杆拉拔主要用于特薄壁管、小直径薄壁管以及塑性较差的钨、钼管材的生产。

4）游动芯头拉管。如图 3-2（e）所示，芯头靠自身所特有的外形建立起的力平衡稳定在模孔中，以实现减径和减壁。游动芯头拉管的道次加工率较大，是目前管材拉拔中较为先进的一种方法，非常适用于长管和盘管生产，它对提高生产率、成品率和管材内表面质量都极为有利。与固定短芯头拉管相比，游动芯头拉管难度较大，工艺条件和技术要求较高，配模有一定限制，故不可能完全取代固定短芯头拉管。

5）扩径拉管。如图 3-2（f）和（g）所示，管坯通过扩径后管子缩短，直径增大，壁厚减小。扩径拉管是小直径坯料生产大口径管的拔管方法，主要用在设备能力受到限制而不能生产大直径管材的场合。

6）顶管法。如图 3-2（h）所示，此法又称为艾尔哈特法，它是将芯杆套入带底的管坯中，操作时管坯和芯杆一起由模孔中顶出，从而对管坯进行加工。在生产大直径管材时常采用此种方法。

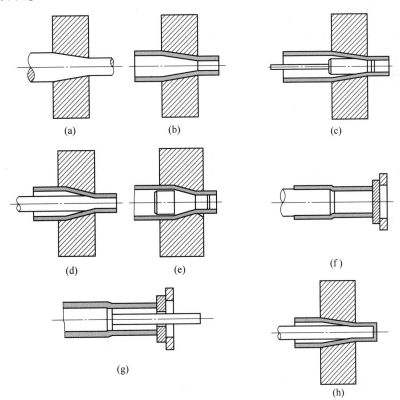

图 3-2　拉拔方法分类
（a）实心材拉拔；（b）空拉；（c）固定短芯头拉拔；（d）长芯杆拉拔；
（e）游动芯头拉拔；（f）（g）扩径拉拔；（h）顶管法

B　按拉拔时金属的温度分类

（1）冷拔。在室温下进行的拉拔，一般属于冷加工，是生产中最常见的拉拔方式。

（2）温拔。在高于室温、低于被拉金属再结晶温度以下进行的拉拔，主要用于锌丝、难变形合金丝如轴承钢丝、高速钢丝等的拉拔。

（3）热拔。在被拉金属再结晶温度以上进行的拉拔，通常用于高熔点金属如钨、钼等金属丝的拉拔。

C　按拉拔时作用于被拉拔金属上的力分类

（1）正拉力拉拔。如图 3-1 所示，正拉力拉拔是指只在制品的出口端施加拉力，使制品从模孔中被拉出的方法。

（2）反拉力拉拔。如图 3-3 所示，反拉力拉拔是指拉拔时不仅在制品的出口端施加拉拔力，而且在入口端也施加一定的拉力进行的拉拔。反拉力拉拔可以降低拉拔时金属对拉模孔壁的压力，提高拉模的使用寿命。

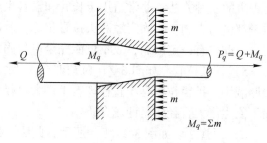

图 3-3　反拉力拉拔

Q—反拉力；M_q，P_q—有反拉力时的
模子压力和拉拔力

D　按拉拔时所用拉模分类

（1）普通模拉拔。可分为普通锥形模拉拔和弧形模拉拔。

（2）特殊拉拔。有辊模拉拔、旋转模拉拔等。

E　按拉拔时采用的润滑剂分类

（1）干式拉拔。采用固态润滑剂的拉拔。

（2）湿式拉拔。采用液态润滑剂的拉拔。

F　按拉拔时制品同时通过的模子数分类

（1）单模拉拔。拉拔时制品只通过一个模子的拉拔，其拉拔速度低，劳动生产率低，此法多用于管、棒、型材及粗线的拉拔。

（2）多模连续拉拔。拉拔时制品依次连续通过若干个模子的拉拔，其拉拔速度高，劳动生产率高，自动化、机械化程度高，是金属细丝、细线的主要生产方式。

3.1.2　拉拔生产的特点

拉拔与其他的压力加工方法相比，具有以下特点。

（1）产品尺寸精确，表面光洁。

（2）拉拔生产的工具与设备简单，维护方便，可在一台设备上生产多种品种与规格的产品。

（3）特别适合于小断面、长制品的连续高速生产。

（4）冷拉时产生加工硬化，能提高产品强度，但塑性降低使拉拔时金属的变形量受到限制。一般拉拔时的道次加工率为 20%～60%。

（5）需要中间退火、酸洗等工序，循环周期长，金属消耗大，生产率低。

3.1.3　拉拔生产的历史与发展

3.1.3.1　拉拔历史

拉拔生产具有悠久的历史。在公元前 20～30 世纪，人们把金块锤锻成条后，通过小孔用手拉成细金丝，在同一时期还发现了类似拉线模的东西。公元前 15～17 世纪，亚述、巴比伦、腓尼基等也进行了各种贵金属的拉线，并把这些贵金属线作为装饰品使用。到了公元 8~9 世纪，人们已能制造各种金属线。到了公元 12 世纪有了锻线与拉线之分，前者是通过锻锤，后者是通过拉拔制成线材，人们认为就是从这个时候起确立了拉拔加工。不过，这时拉线的动力仍然是人力，并直接用手拉拔。

公元 13 世纪中叶，德国首先制造出利用水力带动的拉线机——水力拉拔机，并在世界上逐渐推广。直到 17 世纪才出现类似现在的单卷筒拉拔机。1871 年连续拉拔机诞生。

20 世纪 20 年代，拉拔模由原来的铁模发展到合金钢模，1925 年克虏伯（Krupp）公司研制成功了超硬碳化钨硬质合金模，此后这种合金模逐渐用于各种金属的拉拔。目前，除拉拔细线采用金刚石膜以外，其余几乎全部采用硬质合金模。

20 世纪 20 年代，韦森伯格·西贝尔（Weissenberg Siebel）发明了划时代的反张力拉拔法。由于反拉力的作用，使拉拔力虽稍有提高，但净拉拔阻力显著减小，并且由于拉模的推力减少使拉模的磨损大幅度减少，同时改善了制品的力学性能。

1955 年，柯利斯托佛松（Christophersoll）研究成功强制润滑拉拔法，可大幅度减小摩擦力和拉拔难加工的材料，同时使拉模寿命明显延长。同年，布莱哈（Blaha）和拉格勒克尔（Lagencker）发展了超声波拉拔法，使拉拔力显著减小。

1956 年，五弓等研究成功辊模拉拔，使材料表面的摩擦阻力大大减少，因而减少了拉力、增加了每道次的加工率，大大改善了拉拔材料的力学性能。

近几十年来，在研究许多新的拉拔方法的同时，展开了高速拉拔的研究，成功地制造了多模高速连续拉拔机、多线链式拉拔机和圆盘拉拔机；高速拉线机的拉拔速度可达到 80 m/s；圆盘拉拔机可生产 $\phi40~50$ mm 以下的管材，最大圆盘直径为 3 m，拉拔速度可达 25 m/s，最大管长为 6000 m 以上；多线链式拉拔机一般可自动供料、自动穿模、自动套芯杆、自动咬料和挂钩、管材自动下落及自动调整中心。另外，管棒材成品连续拉拔矫直机列实现了拉拔、矫直、抛光、切断、退火及探伤等的组合。

在拉拔技术不断进步的同时，拉拔理论也不断发展。萨克斯（1929 年）和西贝尔（1927 年）两人以不同的观点，第一次确立了拉拔理论。此后拉拔理论得到不断的发展，尤其是新的研究方法（上界法、有限元法、滑移理论等）的开拓，电子计算机的发展将拉拔理论的研究推向一个新的阶段。

随着拉拔技术的发展，拉拔制品的产量、品种规格也在不断增加。如用拉拔技术可以生产直径大于 500 mm 的管材，也可以拉制出 0.002 mm 的细丝，而且性能合乎要求、表面质量好。拉拔制品广泛地应用在国民经济的各个领域。

3.1.3.2 拉拔的发展趋势

根据拉拔的发展与现状，目前仍要围绕以下问题展开研究。

（1）拉拔设备的自动化、连续化和高速化。

（2）扩大产品的品种、规格，提高产品的精度，减少制品缺陷。

（3）提高拉拔工具（主要是拉拔模和芯头）的使用寿命。

（4）新的润滑剂和润滑技术的研究。

（5）新的拉拔技术和拉拔理论的研究，达到节能、节材、提高产品质量和生产率的目的。实现拉拔过程的优化。

3.1-1　什么是拉拔，拉拔有何优缺点？

3.1-2　拉拔管材有哪几种方法？

3.1-3　空拉管材、固定短芯头拉拔、游动芯头拉拔各有何特点？

3.1-4　什么是反拉力拉拔，它有何好处？

任务 3.2　拉　拔　理　论

3.2.1　拉拔的变形指数

变形指数是反映变形程度大小的参数。拉拔变形常用的变形指数有延伸系数、断面减缩系数、加工率和伸长率。

（1）延伸系数 λ。拉拔后金属的长度 l_k 与拉拔前金属的长度 l_0 的比值，称为延伸系数，一般用 λ 表示。其计算公式为：

$$\lambda = \frac{l_k}{l_0} \tag{3-1}$$

根据塑性变形过程中金属体积不变定律，延伸系数也可表示为：

$$\lambda = \frac{F_0}{F_k} \tag{3-2}$$

式中，F_0 为拉拔前金属的断面积，mm^2；F_k 为拉拔后金属的断面积，mm^2。

若将坯料拉拔到成品需要 k 道次的拉拔，以 λ_Σ 表示由坯料拉拔到成品时的总延伸系数，以 λ_i 表示任一道次的延伸系数，则总延伸系数为各道次延伸系数的乘积，可表示为：

$$\lambda_\Sigma = \lambda_1 \lambda_2 \cdots \lambda_i \cdots \lambda_k \tag{3-3}$$

（2）断面减缩系数 μ。拉拔后金属的断面积 F_k 与拉拔前金属的断面积 F_0 的比值，称为断面减缩系数，一般以 μ 表示。断面减缩系数是延伸系数的倒数，即：

$$\mu = \frac{F_k}{F_0} = \frac{1}{\lambda} \tag{3-4}$$

（3）加工率 ε。拉拔前金属的断面积 F_0 与拉拔后金属断面积 F_k 的差值与拉拔前断面积 F_0 比值的百分率，称为加工率，也称断面收缩率，一般以 ε 表示。其计算公式为：

$$\varepsilon = \frac{F_0 - F_k}{F_0} \times 100\% \tag{3-5}$$

若以 ε_Σ 表示由坯料拉拔到成品时的总加工率，以 ε_i 表示任一道次的加工率，则总加工率 ε_Σ 与道次加工率 ε_i 之间存在的近似关系为：

$$\varepsilon_1 + \varepsilon_2 + \varepsilon_3 + \cdots + \varepsilon_k \approx k(1 - \sqrt[k]{1 - \varepsilon_\Sigma}) \tag{3-6}$$

（4）延伸率 δ。拉拔后金属长度 l_k 与拉拔前长度 l_0 的差值与拉拔前长度比值的百分率，称为伸长率，用 δ 表示。其计算公式为：

$$\delta = \frac{l_k - l_0}{l_0} \times 100\% \tag{3-7}$$

上述拉拔变形指数中，以延伸系数和加工率用得较多。拉拔时延伸系数 λ 和加工率 ε 之间可以换算为：

$$\varepsilon_\Sigma = \frac{F_0 - F_k}{F_0} = 1 - \frac{F_k}{F_0} = 1 - \frac{1}{\lambda_\Sigma}$$

$$\varepsilon_i = \frac{F_{i-1} - F_i}{F_{i-1}} = 1 - \frac{F_i}{F_{i-1}} = 1 - \frac{1}{\lambda_i} \tag{3-8}$$

3.2.2　实现拉拔的基本条件

在拉拔过程中，作用于模孔出口端被拉金属单位横截面积上的拉拔力称为拉拔应力 σ_1。金属要实现拉拔变形，则拉拔应力 σ_1 必须大于模孔内变形区中金属的变形抗力 σ_k；而为了防止被拉金属出模孔后继续变形被拉细或拉断，拉拔应力 σ_1 又必须小于出模孔后被拉金属的屈服极限 σ_{sk}。因此，实现稳定的拉拔过程必须满足：

$$\sigma_k < \sigma_1 < \sigma_{sk} \tag{3-9}$$

式中，σ_k 为变形区中金属的变形抗力；σ_1 为作用在被拉金属出模口断面上的拉拔应力；σ_{sk} 为被拉金属出口端的屈服极限。

对有色金属来说，其屈服现象不明显，屈服极限确定困难，加之拉拔后发生加工硬化，其屈服极限值 σ_{sk} 接近于其抗拉强度 σ_b 值，故生产中常用 σ_b 代替 σ_{sk}，因此实现稳定拉拔过程的条件又可写为：

$$\sigma_k < \sigma_1 < \sigma_b$$

通常，把被拉金属出口端的抗拉强度 σ_b 与拉拔应力 σ_1 的比值称为拉拔过程的安全系数 K，即：

$$K = \frac{\sigma_b}{\sigma_1} \tag{3-10}$$

可见，金属要顺利完成拉拔变形，其安全系数 K 必须大于 1。这是金属实现拉拔变形的必要条件。

在实际生产中，安全系数 K 值一般为 1.40 ~ 2.00。例如，当 $K < 1.40$ 时，则表示拉拔应力 σ_1 过大，出模孔后的制品可能会继续变形，出现拉细或拉断现象，拉拔过程不稳定；当 K 大于 2.00 时，则表明拉拔应力不够大，道次加工率过小，金属塑性未能得到充分的利用。安全系数与被拉金属的直径、状态及变形条件等有关。变形程度、拉模模角、拉拔速度、金属温度等对安全系数都有影响。表 3-1 为不同拉拔过程中安全系数 K 的参考值。

表 3-1　有色金属拉拔时的安全系数 K

拉拔制品品种和规格	厚壁管材型材和棒材	薄壁管材和型材	不同直径的线材/mm				
			>1.0	1.0~0.4	0.4~0.1	0.1~0.05	<0.05
安全系数 K	>1.35~1.4	1.6	≥1.4	≥1.5	≥1.6	≥1.8	≥2.0

3.2.3　拉拔的应力与应变

这里以拉拔圆棒为例进行介绍。

3.2.3.1　应力状态与变形状态

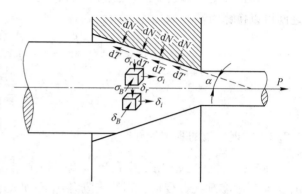

如图 3-4 所示，拉拔圆棒时金属所受的外力有拉拔力 P、模孔壁给予的正压力 N 和摩擦力 T（在衬拉管材时，内表面有芯头给予的相应的压力和摩擦力）。在上述外力的作用下，金属内部产生相应的内力有轴向的拉应力、径向和周向的压应力。因此，拉拔时变形区内的金属处于一向拉应力和两向压应力的应力状态，而变形状态是一向延伸二向压缩。

图 3-4　拉拔时的外力和应力状态

作用力是拉力和变形时金属处于一向拉和两向压的应力状态是拉拔过程基本的力学特征，这种力学特征决定了拉拔方法可使金属变形抗力降低，易变形，但不适于低塑性金属或因加工硬化而降低了塑性的金属的加工。

3.2.3.2　金属在变形区中的流动特点

为了研究拉拔时金属在锥形模孔中的变形与流动规律，通常采用网格法。图 3-5 所示为用网格法得到的在锥形模孔内拉拔圆断面棒材子午面上的坐标网格变化情况。通过分析坐标网格在拉拔前后的变化情况，可以得出如下结论。

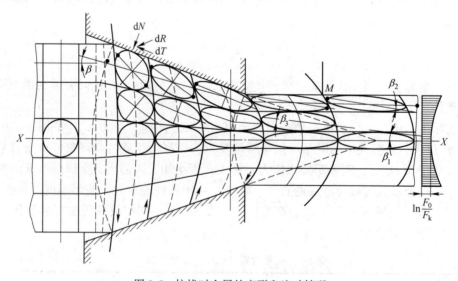

图 3-5　拉拔时金属的变形和流动情况

（1）网格纵向线在进、出模孔处发生两次弯折，把各纵向线的弯折点连接起来就形成两个球面。一般认为，两个球面与拉模锥面围成的区域是塑性变形区，其两端为弹性变形区。

（2）拉拔前网格横线是直线，进入变形区后变成向拉拔方向凸起的弧线，而且这些弧线的曲率从入口端到出口端逐渐增大，到出口端后不再变化。这说明拉拔过程中周边层金属的流动速度小于中心层的，并且随模角、摩擦力的增大，这种不均匀流动更明显。拉拔后的棒材后端出现的凹坑，就是周边层和中心层金属速度差造成的结果。

（3）拉拔前在中心轴线上的正方形格子 A 拉拔后变成矩形，内切圆变成了正椭圆，其长轴和拉拔方向一致。这说明，轴线上的金属变形是沿轴向延伸，沿径向和周向压缩。

而拉拔前在周边层的正方形格子 B 拉拔后变成平行四边形，在纵向被拉长，径向被压缩，方格直角变成锐角或钝角。其内切圆变成斜椭圆，它的长轴与拉拔轴相交成 β 角，β 角由入口端向出口端逐渐减小。这说明，周边层的金属除受到轴向拉长、径向和周向压缩外，还发生了剪切变形。产生剪切变形的原因是金属在变形区中受到正压力和摩擦力的作用，在它们合力方向上产生剪切变形。

（4）由网格还可以看出，在同一横断面上，椭圆长轴与拉拔轴线相交而成的 β 角从中心层向周边层逐渐增大，这说明在同一横断面上，周边层的剪切变形大于中心层。

综上所述。拉拔圆棒时，由于受拉模模壁上的正压力和摩擦力的作用，中心层金属的流速大于周边层金属，这导致周边层金属受到的剪切变形大于中心层，从而使周边层金属的实际变形大于中心层，变形是不均匀的。

3.2.4 拉拔力

拉拔力是拉拔过程中，为克服金属在变形区内的变形抗力和金属与模壁之间的摩擦力作用而施加于金属前端的作用力，其大小可以反映拉模的质量、拉拔时的润滑效果。拉拔力是拉拔过程的基本工艺参数，是确定拉拔机的部件尺寸、电动机的功率、检验与制定合理拉拔工艺的重要依据。影响拉拔力的因素如下。

（1）被拉金属的性质。拉拔力与被拉金属的抗拉强度呈线性关系，抗拉强度越高，拉拔力越大。

（2）变形程度。拉拔应力与变形程度之间存在正比关系，随着变形程度的增加，拉拔应力增大。

（3）拉模形状。拉模形状对拉拔力的大小有影响。实验证明：拉模模角 α 存在一最佳角度范围，在此范围内拉拔力最小。生产中，最佳模角范围为 12° ~ 14°。拉模的最佳模角随着变形程度的增大逐渐增大。

定径带的宽度对拉拔力也有一定的影响。定径带越宽，产生的摩擦阻力越大，拉拔力越大。使用弧形模时，由于入口部分的锥角很小，圆弧段只有部分锥角属于最佳锥角范围，而且定径带宽度较大，所以在其他条件相同时，弧形模的拉拔力比锥形模的大。

（4）拉拔速度。拉拔速度对拉拔力的影响是：在低速拉拔时（小于 5 m/min），拉拔应力随拉拔速度的增加有所增加；当拉拔速度增加到 6 ~ 50 m/min 时，拉拔应力下降，继续增加拉拔速度拉拔应力变化不大。

在开动设备的瞬间，由于产生冲击，拉拔力显著增大。

（5）摩擦条件。拉拔过程中，金属和工具之间的摩擦系数大小对拉拔力有着很大的影响。润滑剂的性质、润滑方式、模具材料、模具和被拉金属的表面状态对金属和工具间的摩擦均有影响，故对拉拔力的大小也有影响。

表 3-2 为不同润滑剂和模子材料对拉拔力的影响。在其他拉拔条件相同的情况下，使用金刚石膜的拉拔力最小，硬质合金模次之，钢模最大。这是因为模具材料越硬，表面越光滑，金属就越不容易黏结工具，摩擦力就越小。

表 3-2　润滑和模子材料对拉拔力的影响

金属和合金	坯料直径/mm	加工率/%	模子材料	润滑剂	拉拔力/N
铝	2.0	23.4	碳化钨	固体肥皂	127.5
	2.0	23.4	钢	固体肥皂	235.4
黄铜	2.0	20.1	碳化钨	固体肥皂	196.1
	2.0	20.1	钢	固体肥皂	313.8
磷青铜	0.65	18.5	碳化钨	固体肥皂	147
	0.65	18.5	碳化钨	植物油	255.0
B20	1.12	20	碳化钨	固体肥皂	156.9
			碳化钨	植物油	196.1
			钻石	固体肥皂	147.1
			钻石	植物油	156.9

（6）反拉力。实验证明，带有反拉力的拉拔可以在不增大拉拔力和不减小道次加工率的情况下减小模子模壁的磨损，延长模子的使用寿命。

（7）振动。在拉拔时对拉拔工具（模子或芯头）施以振动可以显著的降低拉拔力，提高道次加工率，从而达到延长模子寿命，改善制品质量，提高生产率的目的。振动所用的频率分声波（25～500 Hz）与超声波（16～800 kHz）两种，振动方式有轴向、径向和周向（图 3-6）。

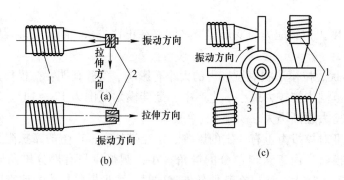

图 3-6　拉拔时的振动方式

（a）径向振动；（b）轴向振动；（c）周向振动

1—振子；2—模子；3—带外套的模子

复习思考题

3.2-1　拉拔时常用的变形指数有哪些？

3.2-2　什么是延伸系数和加工率,两者有何关系?

3.2-3　总延伸系数和各道次延伸系数的关系是什么?

3.2-4　实现拉拔变形的条件是什么,安全系数过大或过小有何不妥?

3.2-5　拉拔变形的应力状态和变形状态是什么?

3.2-6　影响拉拔力的主要因素有哪些?

任务3.3　拉　拔　工　具

拉拔所使用的工具主要是拉模和芯头,它们在拉拔时直接和被拉金属接触,使之发生塑性变形。此外,尚有固定拉模和芯头用的模套、芯头螺钉、连接杆及拉杆等附属工具。本章主要介绍拉模和芯头。

拉拔时模具直接对制品进行加工,它们对拉拔生产的产量、质量、消耗和成本等有很大的影响。拉拔工具应满足以下要求:

(1) 孔型设计合理,能满足变形的需要;拉拔力小,拉拔过程稳定,变形均匀和磨损均匀。

(2) 几何形状和尺寸精确。

(3) 工作表面光洁,无缺陷。

(4) 工作表面有足够的硬度和耐磨性。

(5) 模具有足够的强度,避免在使用时因强度不足而损坏,或产生过大的弹性变形。此外,模具还应具有一定的耐冲击能力和便于加工。

3.3.1　拉拔模

3.3.1.1　普通拉模

图3-7为目前拉拔生产中使用的普通拉模的两种结构形式。一般弧形拉模只用于细线的拉拔,而管、棒、型材及粗线的拉拔普遍采用锥形拉模。按拉拔时所起作用的不同,普通拉模的模孔通常分为四部分 [图3-7 (a)]:入口锥、工作锥、定径带和出口锥。

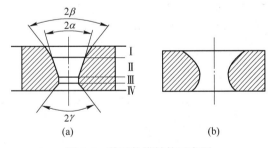

图3-7　普通拉模结构示意图
(a) 锥形拉模;(b) 弧形拉模
Ⅰ—入口锥;Ⅱ—工作锥;Ⅲ—定径带;Ⅳ—出口锥

A　入口锥

入口锥又称润滑锥,其作用是拉拔时便于润滑剂进入模孔,减小拉拔过程中的摩擦,带走金属变形和摩擦产生的部分热量,还可以防止划伤坯料。此外,入口锥还为模子磨损后的修模扩孔留下了一定的加工余量。

入口锥的主要参数是入口锥角 β 和长度 l_r。入口锥角 β 的大小要适当,角度过大润滑剂不易储存,易造成润滑不良;角度过小,则拉拔时产生的金属屑、粉末等不易随润滑剂流走,堆积于模孔中,造成制品夹灰、划伤、拉断等缺陷。在实际生产中,入口锥角 β 的大小一般为:硬质合金模为40°;钢模为50°~60°。

入口锥长度 l_r 一般取制品直径的 1.1~1.5 倍。管、棒拉模的入口锥常用半径为 4~

8 mm 的圆弧代替。

B　工作锥

工作锥又称压缩锥，其作用是使金属产生塑性变形，获得所需要的形状和尺寸。

工作锥的形状有锥形和弧线形两种。弧线形工作锥对大变形率（大于 35%）和小变形率（小于 10%）都适合，而锥形工作锥只适合于大变形率，因为当采用小变形率时，锥形工作锥会因金属和拉模壁的接触面积不够大，导致模孔壁很快地被磨损。

虽然弧线形工作锥具有以上优点，但对于大型和中型拉模，由于其变形区较长，制成弧线形困难，故多采用锥形。只有对于拉细线用的模孔，由于在磨光和抛光时很容易得到弧线形，弧线形工作锥主要用于直径小于 1.0 mm 的线材拉拔。

工作锥的参数有长度 l_g 和锥角 α。为了避免由于制品与模孔不同心而在工作锥以外变形，工作锥的长度 l_g 应大于拉拔时变形区的长度 l_b，其长度 l_g 一般用下式确定。

$$l_g = al_b = a \times 0.5(D_{0,\,max} - D_1)\cot\alpha \tag{3-11}$$

式中，$D_{0,\,max}$ 为坯料可能最大的直径，mm；D_1 为制品直径，mm；a 为不同心系数，其值为 1.05~1.30，细制品取上限；α 为拉模模角。

工作锥的锥角 α 称为拉模模角，它对拉拔力、模子磨损、拉拔制品的质量等都有影响。实践证明：工作锥锥角 α 存在着一最佳范围（6°~9°），在此范围内拉拔力最小。需要说明的是：随着拉拔条件的改变，模角的最佳范围会发生改变。变形程度、摩擦系数增加，均会导致最佳模角增大。在实际生产中，拉模模角通常按减面率大时取较大值、金属强度高时取较小值、湿拉时取较大值的原则选择确定。表 3-3 所列数据为采用硬质合金碳化钨模以不同的道次加工率拉拔棒、线材时，最佳模角的变化情况。

表 3-3　拉拔不同材料时最佳模角与道次加工率的关系

道次加工率/%	$2\alpha/(°)$					
	纯　铁	软　钢	硬　钢	铝	铜	黄　铜
10	5	3	2	7	5	4
15	7	5	4	11	8	6
20	9	7	6	16	11	9
25	12	9	8	21	15	12
30	15	12	10	26	18	15
35	19	15	12	32	22	18
40	23	18	15			

在实际生产中，拉模模角的选择除了考虑上述因素外，还要考虑拉拔时应有利于坯料轴线与模孔轴线重合，使拉拔力的作用方向正确以及尽可能地增加模子的强度，因此实际所采用的模角多为最佳模角值的下限。特别是在发现小模角（$\alpha = 2°~3°$）有利于建立流体动力润滑条件之后，生产中已开始采用小模角的拉模。

C　定径带

定径带的作用是使制品进一步获得稳定而精确的形状与尺寸。

定径带的合理形状是圆柱形。但对拉拔细线用的拉模，由于在打磨模孔时，使用的是带 $0.5° \sim 2°$ 锥度的模具，故其定径带具有与此相同的锥度。

定径带的直径 D_1 是拉模的基本参数，大小取决于拉拔制品的直径。由于制品出模孔后弹性变形消失，使其尺寸增大，实际定径带的直径比所拉制品的实际直径略小。

定径带的长度 l_d 对拉模的使用寿命、拉拔力有影响。由于被拉金属与定径带之间存在摩擦，l_d 越大，摩擦力越大，拉拔力也越大，易造成断线；l_d 越小，则拉拔力越小，但定径带易磨损而难于保持本身的形状，因而会降低其使用寿命。在实际生产中，不同制品定径带长度 l_d 的范围如下：

$$l_d = \begin{cases} (0.5 \sim 0.25)D_1, & 线材 \\ (0.15 \sim 0.25)D_1, & 棒材 \\ (0.25 \sim 0.5)D_1, & 空拉管材 \\ (0.1 \sim 0.2)D_1, & 衬拉管材 \end{cases} \tag{3-12}$$

也可参考表 3-4 所列数据。

表 3-4 拉模定径带长度范围 （mm）

棒材拉模	模孔直径 D_1	$5 \sim 15$	$15.1 \sim 25$	$25.1 \sim 40$	$40.1 \sim 60$	
	定径带长度 l_d	$3.5 \sim 5$	$4.5 \sim 6.5$	$6 \sim 8$	10	
管材拉模	模孔直径 D_1	$3 \sim 20$	$20.1 \sim 40$	$40.1 \sim 60$	$60.1 \sim 100$	$101 \sim 400$
	定径带长度 l_d	$1 \sim 1.5$	$1.5 \sim 2$	$2 \sim 3$	$3 \sim 4$	$5 \sim 6$

D 出口锥

出口锥不参与金属的变形，其作用是防止金属出模孔时被划伤和定径带出口端因受力而引起剥落，同时便于润滑剂的排出和模芯的散热。

出口锥的锥角 2γ 一般为 $60° \sim 90°$，对拉制细线用的模子，有时将出口部分做成凹球面的。出口锥长度 l_{ch} 为定径带直径的 $0.2 \sim 0.5$ 倍。

E 拉模的外形尺寸

拉模的外形尺寸是拉模的外圆直径 D 和厚度 H，其外径 D 应满足强度需要，而厚度 H 应保证变形的需要。目前生产中所用拉模的外径 D 与模孔直径 D_1 之间大致有如下的关系：

$$D \geqslant 2D_1 \tag{3-13}$$

为了减少拉模的种类，实际上拉模的外形尺寸按模孔直径定为几种。

为了保证拉模在拉拔时位置容易自动找正，实际生产中常把拉模的外形做成锥形（即入口一侧的外圆直径小于出口一侧的外圆直径），它和内壁带锥度的模套相配合装在拉模支架上。拉模外表面的锥角一般取为 $5°$，如图 3-8 所示。

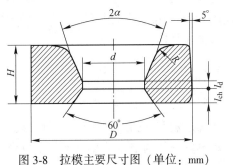

图 3-8 拉模主要尺寸图（单位：mm）

3.3.1.2 特殊拉模

A 辊式拉模

为了减小拉模与被拉金属间的摩擦和拉拔力，增大道次加工率，实现高速拉拔，研制了辊式模拉拔（图3-9）。其结构类似于一架带有立辊的小型轧钢机，两对辊子上都有相应的孔型，但均是被动转动的。目前，此种拉模只限于拉拔直径$\phi2\sim20$ mm的线材。$\phi2$ mm以下的线材，因为在模子制造上两对孔槽对正困难，以及线材的精度问题不易解决，故而未用。

除上述结构形式外，还有一种模孔表面由若干个自由旋转辊所构成的辊式模（图3-10），可由3个、4个或6个辊子组合起来，构成孔型。这种模子主要是用来拉拔型材。

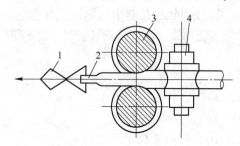
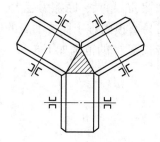

图 3-9　辊式模拉拔　　　　　　图 3-10　用于生产型材的辊式模
1—拉拔小车夹钳；2—制品；3—辊式拉模水平辊；4—辊式拉模立辊

辊式拉模与普通拉模相比，具有以下优点。

（1）模具制造加工容易，模孔通用性强，可一模多用。因此，辊式拉模又称万能拉模，既可单模使用，也可多模组合连续拉拔。

（2）道次变形量大，一般道次压缩率可达30%~40%。

（3）拉拔力小，动力消耗低，工具寿命长。

（4）在拉拔过程中能改变辊子间的距离，获得变断面型材。

（5）在现有的拉拔机上，可以实现更高的拉拔速度。

辊式模拉拔调整模孔及保证制品精度较困难，因此，尚未广泛地应用，只用于方形、矩形、三角形、六角形以及其他异断面型材的拉拔。

B　旋转模

图3-11所示为旋转模的示意图。模子的内套中放有模子，外套与内套之间有滚动轴承，通过蜗轮机构带动内套和模子旋转。采用旋转模拉拔，可以使模壁压力分布均匀，模孔磨损均匀，又可使沿拉拔方向上的摩擦力减小，延长模子使用寿命。其次，可以减小线材的椭圆度，故多用在连续拉线机的成品模上。

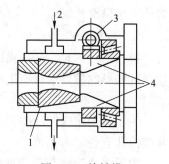

图 3-11　旋转模
1—模子；2—冷却水；
3—旋转装置；4—旋转部分

3.3.2　芯头

3.3.2.1　固定短芯头

固定短芯头的外形一般是圆柱形，也可以带有0.1~0.3 mm的锥度。带锥度的优点是可以调整管子的壁厚精度，还可以减少管子内壁与芯头之间的摩擦。芯头与芯杆一般采用螺纹连接。固定短芯头分为空心和实心两种。通常拉拔内径大于30~60 mm的管子时，采用空心芯头，而拉拔内径小于30~60 mm的管子时，采用实心芯头。在拉拔直径小于5 mm的管材时，采用钢丝代替芯头。

A 空心短芯头

如图 3-12 所示，空心圆柱芯头的主要尺寸是外径 D、长度 L、端部倒角和内孔直径 d。内孔直径 d 根据芯杆螺丝的直径选定。芯头的外径 D 约等于拉拔后管材的内径，其长度 L 与外径 D 大致有如下的关系：

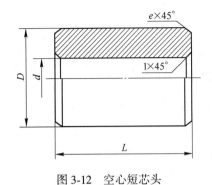

图 3-12 空心短芯头

$$\frac{L}{D} = 1 \sim 1.5 \qquad (3\text{-}14)$$

D 大时比值 L/D 较小，D 小时比值 L/D 较大，这是为了保证芯头的强度。生产中所用空心圆柱芯头的长度，当芯头外径 $D = 28 \sim 70$ mm 时，一般为 35 ~ 50 mm。

为了保证开始拉拔时芯头能顺利地被管材带入变形区，芯头端面一般倒成 45°。

实际生产中，采用的空心圆柱芯头的具体尺寸如表 3-5 所示。

表 3-5 空芯圆柱芯头结构尺寸 （mm）

D	d	L	l	e	D	d	L	l	e
12 ~ 14	8	25	1	1.5	45.1 ~ 50	30	45	2	3
14.1 ~ 16.0	9	25	1	1.5	50.1 ~ 55	30	45	2	3.5
16.1 ~ 20	10	30	1	1.5	55.1 ~ 60	30	50	2.5	3.5
20.1 ~ 25	12	30	1.5	2	60.1 ~ 100	33	60	2.5	3.5
25.1 ~ 30	16	35	1.5	2	100.1 ~ 155	46	110	5	4
30.1 ~ 35	18	35	1.5	2.5	155.1 ~ 200	60	150	10	6
35.1 ~ 40	22	40	1.5	2.5	200.1 ~ 250	60	170	15	8
40.1 ~ 45	24	40	2	3					

空心圆柱短芯头加工方便，可以两头使用，比较经济。使用中，空心圆柱短头与芯杆的连接方式，如图 3-13 所示。

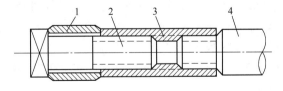

图 3-13 空心芯头与拉杆的连接
1—芯头；2—芯头螺钉；3—连接套；4—拉杆

B 实心短芯头

实心圆柱芯头有两种结构形式，一种为带内丝扣的实心芯头 [图 3-14（a）]，另一种为带凸尾螺钉的实心芯头 [图 3-14（b）]。带内丝扣的实心芯头和芯杆的连接方式，如

图 3-15 所示，凸尾实心芯头和芯杆连接时，利用凸尾螺丝直接装在芯杆前面的连接套上。实心固定短芯头只可使用一端，不能调转 180° 再使用另一端。实际生产中采用的实心固定短芯头的具体尺寸见表 3-6。

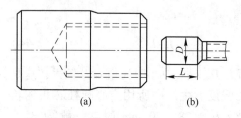

图 3-14　实心短芯头

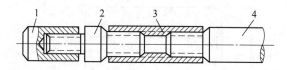

图 3-15　带内丝扣的实心芯头与拉杆的连接
1—芯头；2—接手；3—连接套；4—拉杆

表 3-6　实心固定短芯头尺寸　　　　　　　　　　　　　　　（mm）

芯头名义直径 D	D_1	d	L_1	L_2	L_3	L_4	L	r	标准螺纹
8~10	D-0.05	6	5	30	32	1.5	1.5	1.5	M4×0.75
10.1~13	D-0.05	8	5	30	32	1.5	1.5	1.5	M8×1.0
13.1~18	D-0.05	10	5	30	32	1.5	1.5	1.5	M10×1.0
18.1~24	D-0.05	14	5	35	40	1.5	1.5	1.5	M14×1.5
24.1~32	D-0.05	18	5	35	40	1.5	1.5	1.5	M18×1.5
32.1~41	D-0.05	24	7	35	49	2.0	2.0	2.0	M24×2.0

注：D_1 表示镀铬后芯头的直径，镀铬层厚度 0.025~0.035 mm。

3.3.2.2　游动芯头

游动芯头的形状，如图 3-16 所示，它是由大圆柱段 l_2、定径圆柱段 l 和中间的圆锥体三部分组成。芯头的尺寸包括芯头锥角、芯头各段的长度和直径。

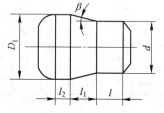

图 3-16　游动芯头

A　芯头锥角 β

游动芯头拉拔时，为了实现稳定的拉拔过程，芯头锥角 β 应满足两个条件。条件一：芯头锥角 β 大于摩擦角 ρ，而小于拉模模角 α，即 $\alpha > \beta > \rho$，这是游动芯头在拉拔变形区稳定的必要条件。条件二：芯头锥角 β 与拉模锥角 α 之间存在 1°~3° 的角度差，即 $\alpha - \beta = 1° \sim 3°$，这是游动芯头拉拔时得到良好稳定的流体润滑的基本条件。

当拉模模角 α = 11°~15° 时，拉拔力最小。因此在实际生产中，为了使拉模具有通用性，一般取 α = 12°，β = 9°。

B　芯头定径圆柱段

芯头定径圆柱段的直径 d 是拉拔后管子的内径，其长度 l 可在较大的范围内波动而对拉拔力和拉拔过程的稳定性影响不大。实际生产中使用的芯头在定径圆柱段上往往带有很小的锥度（直径差 0.1 mm），因此其影响更不明显。定径圆柱段长度 l 可用下式确定：

$$l = l_y + l_d + \Delta \tag{3-15}$$

式中，l_y 为芯头轴向移动的范围，mm；l_d 为模孔定径带长度，mm；Δ 为芯头在后极限位置时，伸出模孔定径带的长度，一般为 2~5 mm。

C　芯头圆锥段

芯头圆锥段的长度 l_1 与 β、D_1 和 d 存在的关系为：

$$l_1 = \frac{D_1 - d}{2\tan\beta} \tag{3-16}$$

式中，D_1 为芯头大圆柱段直径，mm；d 为芯头定径圆柱段直径，mm；β 为芯头锥角。

D　芯头大圆柱段

为了方便装入芯头，芯头大圆柱段的直径 D_1 应小于拉拔前的管坯内径 d_0。对于盘管和中等规格的冷硬直管，$d_0 - D_1 \geqslant 0.4$ mm；退火后直管 $d_0 - D_1 \geqslant 0.8$ mm；毛细管 $d_0 - D_1 \geqslant 0.1$ mm。

大圆柱段主要对管坯起导向作用，其长度 l_2 不宜过长，一般等于 $(0.4 \sim 0.7) d_0$。

生产中常用游动芯头形状，如图 3-17 所示。其中，芯头图 3-17（a）和（b）用于直线管材拉拔，图 3-17（b）所示为双向游动芯头，可换向使用，这种芯头不适用于大直径管材和成盘拉拔；芯头图 3-17（c）~（e）主要用于盘管拉拔，其长度较短，尾部倒成圆或球形。

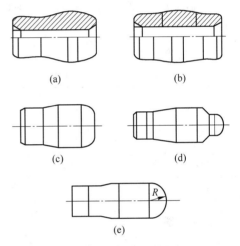

图 3-17　常用游动芯头形状

3.3.3　模具材料及提高模具使用寿命的途径

3.3.3.1　模具材料

在拉拔过程中，模具受到很大的摩擦，尤其在拉线时，拉拔速度很高，模具的磨损很快。因此，模具材料应具有高的硬度、高抗磨性和足够的强度。常用来制造模具的材料有金刚石、硬质合金和钢。

A　金刚石

金刚石是目前世界上已知物质中硬度最高的材料，耐磨耐蚀耐高温，是优良的制模材料。尤其在高速拉制细线时，金刚石模可以保证制品的精度与形状。但金刚石非常脆，不能承受拉拔粗线时产生的较大的压力，并且价格昂贵，加工困难，因此一般只有在线径小于 0.5 mm 时才使用。

目前，制造拉模的金刚石有天然金刚石和人造金刚石两种。所谓人造金刚石，就是将钻石粉在高温高压下进行烧结而制成的钻石。它具有多晶结构，性质较天然金刚石均匀，耐磨性能比天然的高，而且价格比天然的低。另外，人造金刚石模磨损后还可以更改尺寸后再用。目前，我国已采用人造金刚石生产 $\phi 6.0$ mm 的模芯。人造金刚石的缺点是晶粒较粗，抛光性能较差，尚不能用来制作成品模。加工好的金刚石模镶入钢制模套中使用，如图 3-18 所示。

B 硬质合金

天然金刚石昂贵稀缺，块径小，因此在拉制 $\phi 0.5$ mm 以上，$\phi 25\sim 40$ mm 以下的制品时，拉模多用硬质合金制造。硬质合金的硬度仅次于金刚石，具有较高的耐磨、耐蚀性，使用寿命比钢模高达百倍以上，而且价格也较便宜。目前，拉拔 $\phi 45\sim 100$ mm 的制品也在逐步采用硬质合金模。加工好的硬质合金模镶入钢制模套中使用，如图 3-19 所示。

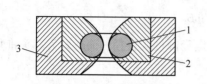
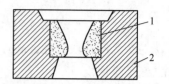

图 3-18 金刚石模   图 3-19 硬质合金模

1—金刚石；2—模框；3—模套   1—硬质合金；2—模套

目前国内拉模所用的硬质合金以碳化钨为基体，用钴作为黏结剂在高温下压制和烧结而成，其化学成分及物理性能如表 3-7 所示。为了提高硬质合金的使用性能，有时还在碳化钨硬质合金中加一定量的铝、铌和钛等元素。

表 3-7 硬质合金的牌号、成分、性能

牌　号	成分/%		密度/g·cm^{-3}	硬度 HRC	抗弯强度/MPa
	WC	Co			
YG3	97	3	15.0~15.3	91.5	1100
YG6	94	6	14.6~15.0	89.5	1450
YG8	92	8	14.5~14.9	89.0	1500
YG11	89	11	14.0~14.4	86.5	1800
YG15	85	15	13.4~13.8	87.0	2100

制作拉模用的硬质合金多选用 YG6 与 YG8，其中型材模用 YG8 与 YG10。根据不同的工作条件选用硬质合金的牌号时，主要考虑其强度与韧性，所选牌号应保证拉模受力后不能破碎。硬质合金芯头一般用 YG15 制作。

C 钢

对于拉拔大、中规格制品的钢质拉模常用 T8A 与 T1OA 优质工具钢等制作。钢质芯头用 35 钢、45 钢及 30CrMnSi 钢等制作。在国内，生产中通常用 45 钢制作钢质拉模和芯头。为了提高拉模的耐磨性和减少黏结金属，钢质模具要进行热处理，处理后的硬度为 HRC58~65。除此以外，还可在工具表面镀铬，以增强耐磨性。镀铬厚度为 0.02 ~ 0.05 mm，镀铬的拉模可提高其使用寿命 4~5 倍。

除上述三种材料外，有时也用铸铁和刚玉陶瓷制作拉模。铸铁制模容易，价格低，但拉模的硬度、耐磨性差，只适合于拉拔大规格、小批量的制品。刚玉陶瓷的硬度和耐磨性较高，可代替硬质合金模做 $\phi 0.37\sim 2.0$ mm 的线材拉模，但质脆、易碎裂。

3.3.3.2 拉拔前模具的安装

拉拔前拉模和芯头安装是否正确，直接影响到拉拔过程的进行、拉拔后产品的质量及

模具的消耗。

A　拉模安装

为了避免拉拔时制品产生弯曲，拉模应非常垂直地安装在中心架的模座内，拉模的中心线应和拔制的中心线一致。图 3-20 所示为几种拉模安装不正确的情况，在生产中应避免。

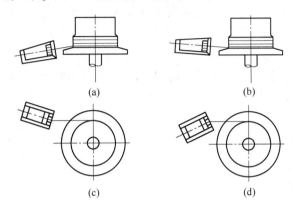

图 3-20　拉模位置不正

（a）侧视位置不正；（b）侧视位置不正；（c）俯视位置不正；（d）俯视位置不正

B　芯头的安装

拉管时，芯头的位置很重要。芯头只有进入拉模的定径带，并与拉模的模孔形成一个环形的孔型时（图 3-21），拉出的管材才符合质量要求。

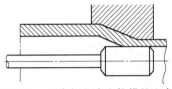

图 3-21　固定短芯头和拉模的配合

为了保证拉拔时芯头处于合适的位置，固定短芯头拉拔前，一般先把芯头工作表面的前端和拉模定径带靠出口锥一侧的端面对齐（图 3-22 中 A—A 线），然后根据试拔后芯头上与管材内壁接触的印迹判断其位置是否正确并进行调整。

游动芯头拉管时，芯头与拉模的相对位置应保证当芯头处于最后位置时，其前端仍能进入拉模定径带内，如图 3-23 所示。固定螺母与芯头前端面之间的距离 A 应保证当芯头处于前极限位置时芯杆不受拉力。

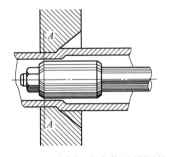
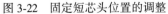

图 3-22　固定短芯头位置的调整

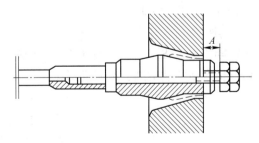

图 3-23　游动芯头在拉模中的位置

在拉杆上固定空心芯头时，芯头螺丝要拧紧，否则它们之间的间隙会影响拉拔时芯头的实际位置。

C　空拔头

固定短芯头拉拔前，管子需要锤头以便穿过模孔。由于在锤头附近管子内径变小，拉拔前芯头不可能预先进入拉模的定径带，所以它不会处于拉拔过程中它应在的位置。因此，在刚开始拉拔，芯头被管子带入变形区之前，实际上进行的是无芯头拔制，锤头附近的一段管子的管壁在拔制过程中不但没有得到减薄，反而增厚了。这部分厚壁管段一般称为空拔头（见图 3-24），形成了空拔头以后的管材，若在下一道次短芯头拔制时，误把芯头送入空拔头，这使该部分的管壁受到很大的压缩，导致拉拔力急剧增加甚至管材被拔断。为了避免上述现象的产生，拔制时，在芯棒前面装有定位器，定位器的直径小于芯头的直径。这样当芯棒向前送进时，定位器进入空拔头处而芯头留在空拔头后面，从而避免拔断，如图 3-25 所示。生产中有时采用芯头螺丝的头部起定位器的作用，这时，芯头螺丝头部的厚度应根据上道次所形成的空拔头的长度选取。

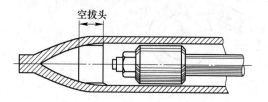

图 3-24　固定短芯头拉拔时的空拔头

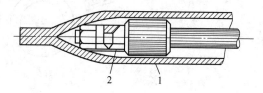

图 3-25　定位器的使用
1—芯头；2—定位器

空拔头的长度，一般规定不超过 50 mm，超过了这个长度应将它切除。

3.3.3.3　提高模具使用寿命的途径

拉拔生产实践表明，拉拔模具的消耗在整个拉拔生产成本中占有相当的比例（5%~10%）。因此，在拉拔生产中提高模具的使用寿命、降低其消耗，对于降低拉拔制品的成本是很有意义的。

拉拔工具的使用寿命，通常以通过模孔拉出质量合格的产品数量来表示。在一定的拉拔条件下，影响拉拔工具寿命的因素主要是工具材质、润滑效果和反拉力的大小等。在实际生产中，通常从以下几个方面来提高工具的使用寿命：

（1）提高坯料及模具的表面质量，减小摩擦，减少磨损；

（2）严格控制拉拔过程中工艺参数的稳定性；

（3）合理安装拉拔工具；

（4）定期检修与合理维护拉拔设备；

（5）定期检查拉拔工具，发现缺陷及时修理；

（6）选择合适的润滑剂，改善润滑条件。

复习思考题

3.3-1　普通拉拔模孔通常由几部分组成，各部分有何作用，各部分有哪些参数？

3.3-2　固定短芯头有几种结构形式，分别用在什么场合？

3.3-3　制造拉模的材料有哪几种？

3.3-4　游动芯头由哪三部分组成，游动芯头拉管时，芯头锥角应满足什么条件？

3.3-5　如何提高拉拔工具的使用寿命？

3.3-6　拉模安装的基本要求是什么？

3.3-7　固定短芯头安装时应安装在哪个位置？

3.3-8　游动芯头拉管时的安装位置如何？

任务 3.4　拉 拔 设 备

3.4.1　管棒型材拉拔机

管棒型材拉拔机形式多样，这里仅介绍常见的几种。

3.4.1.1　链式拉拔机

链式拉拔机是指拉拔时夹住金属头部进行拉拔的拉拔小车是由链轮链条系统传动的拉拔机。链式拉拔机的结构和操作简单，适应性强，管、棒、型材皆可在同一台设备上拔制，它是目前管棒材拉拔生产中应用得最为普遍的设备。链式拉拔机根据链数的不同，可分为单链拉拔机（图 3-26）和双链拉拔机（图 3-27）两种类型。单链拉拔机的主传动只传动一根链条带动一台拉拔小车。双链拉拔机的主传动同时传转两根链条，两根链条共同带动一台拉拔小车。

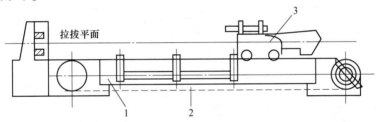

图 3-26　单链式管棒拉拔机

1—带模座的工作台；2—拉拔链；3—拉拔小车

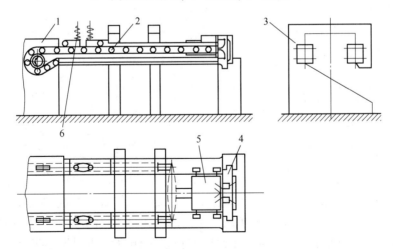

图 3-27　双链式拉拔机

1—主传动；2—拉拔链；3—C 形架；4—模座；5—拉拔小车；6—闭锁装置

链式拉拔机的拉拔力目前最大已达 400 t 以上，机身长度一般可达 50~60 m，个别的达到 120 m，拉拔速度通常是 120 m/min，最高的已达 180 m/min，拉拔小车返回速度已达

360 m/min。为了提高拉拔机的生产能力，目前拉拔机正沿着多线、高速、自动化的方向发展。表 3-8 为目前采用的高速双链式拉管机的性能情况。表 3-9 为常用的单链式拉拔机的性能。

表 3-8　高速双链式拉管机基本参数

项　目	额定拉拔机能力/MN					
	0.20	0.30	0.50	0.75	1.00	1.50
额定拉拔速度/m·min⁻¹	60	60	60	60	60	60
拉拔速度范围/m·min⁻¹	3~120	3~120	3~120	3~120	3~100	3~100
小车返回速度/m·min⁻¹	120	120	120	120	120	120
拉拔最大直径/mm	40	50	60	75	85	100
拉拔最大长度/m	30	30	25	25	20	20
拉拔根数	3	3	3	3	3	3
主电机功率/kW	125×3	200×2	400×2	400×2	400×2	630×2

表 3-9　常用的单链式拉拔机的性能

种类	拉拔性能	拉拔机能力/MN								
		0.02	0.05	0.10	0.20	0.30	0.50	0.75	1.00	1.50
管材拉拔机	拉拔速度范围/m·min⁻¹	6~48	6~48	6~48	6~48	6~25	6~15	6~12	6~12	6~9
	额定拉拔速度/m·min⁻¹	40	40	40	40	40	20	12	9	6
	拉拔最大直径/mm	20	30	55	80	130	150	175	200	300
	拉拔最大长度/m	9	9	9	9	9/12	9	9	9	9
	小车返回速度/m·min⁻¹	60	60	60	60	60	60	60	60	60
	主电机功率/kW	21	55	100	160	250	200	200	200	200
棒材拉拔机	拉拔速度范围/m·min⁻¹			6~35	6~35	6~35	6~35	6~35		
	额定拉拔速度/m·min⁻¹			25	25	25	25	15		
	拉拔最大直径/mm			35	65	80	80	110		
	拉拔最大长度/m			9	9	9	9	9		
	小车返回速度/m·min⁻¹			60	60	60	60	60		
	主电机功率/kW			55	100	160	160	160		

　　链式拉拔机一般由模座（中心架）、工作机架、拉拔链、主传动、拉拔小车、拉拔小车返回机构、受料分料装置、成品收集槽等组成。对于拉拔管材的链式拉拔机，尚有上芯杆机构以及移动、固定、更换芯杆的机构。下面对链式拉拔机的本体结构作简单介绍。

　　（1）工作机架。如图 3-26 所示，单链式拉拔机工作台的两侧为工字梁，工字梁安装在底座上并用横梁联结在一起。工字梁的一端固定在减速机的机座内，另一端固定在模座的机座内，两个工字之间的横梁上放置着供拉拔链移动用的导槽，导槽用槽钢制成。底座间安装着防止拉拔链下坠的托辊。拉拔小车的轮子沿着工字梁上的导轨运动。

　　双链式拉拔机的工作机架由许多 C 形架组成，如图 3-28 所示。C 形架内装有两条水平横梁，其底面支承拉链和小车，侧面装有小车导轨。两根链条从两侧连接到小车上。C 行架之间的下部安装有滑料架。C 形架使拉拔机的工作横梁具有良好的横向抗弯能力，适合于多根拉伸，但 C 形架使操作者无法观察远离拉模座的小车运行情况。

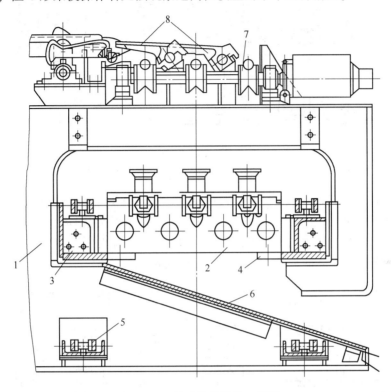

图 3-28　双链式拉拔机的 C 形架

1—C 形架；2—拉拔小车；3—支撑梁；4—导轮；5—链条导轮；6—滑板；7—滚轮；8—分料器

（2）模座。模座主要用来安放拉拔模，同时也是连接前后机座的支持部分。如图 3-29 所示，模座 1 上部凸出部分的圆形孔用来安放拉拔模 2（一般拉拔模放于装在圆形孔中的模套内）。模座的一端用螺栓固定在前机座的工字梁 6 上，另一端与后机座的钢梁 3 相连。拉拔链的松紧借助通过模座的调整（拉紧）螺杆 4 来调整。螺杆 4 的一端与从动链轮轴上的叉子 5 相连接，另一端用螺母拧紧，当转动螺母时，螺杆便和从动链轮一起做纵向移动，因而可用来调整拉拔链的松紧。

（3）拉拔链和链轮。拉拔链和链轮组成了链式拉拔机的链传动。它带动夹住制品的拉拔小车，进行拉拔。在单链拉拔机上，拉拔链是闭路的环链，工作时沿同一个方向连续运行。拉拔时拉拔小车的挂钩挂在链条上。当链条运行时，拉拔小车即被带动，从而进行拉拔。双链拉拔机的拉拔小车直接固接在拉拔链上，链条和拉拔小车共同组成闭环。链条和小车的运动是可逆的：拉拔时链条和小车同时沿拉拔方向运行；小车返回时，链条和小车一起反向运行。由于上下层运行的链条交替地处于主动状态，都需要拧紧，因此装有链条拉紧装置。链条拉紧装置由管形连接器和两根分别具有左和右螺纹的拉杆组成，拉杆的一端和连接器相接，另一端与链条相接，拧动连接器就可实现链条的拉紧。拉紧后的链条用止动螺钉固定。

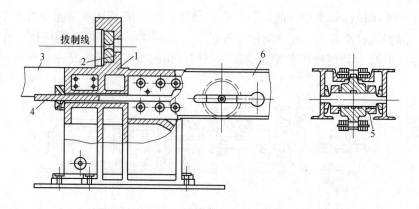

图 3-29　模座

1—模座；2—拉拔模；3—后机座钢梁；4—调整螺杆；5—叉子；6—工字梁

（4）主传动。链式拉拔机的主传动由电动机、减速箱及主动链轮装置组成，如图 3-30所示。主电动机为交流或直流。现代化的拉拔机广泛采用直流电动机，其优点是拉拔速度可根据需要在比较宽的范围内进行平滑调整，并可实行低速咬头、快速拉拔的工作制度，这样既可减少开拔时制品的拔断，又可提高拉拔机的生产率。

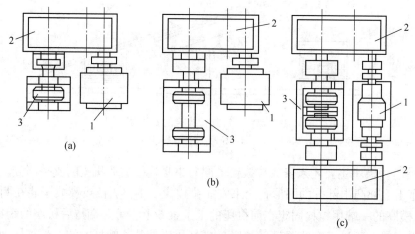

图 3-30　主传动

（a）单链；（b）双链；（c）双链（两台电动机）

1—电动机；2—减速箱；3—主动链轮装置

（5）拉拔小车。拉拔小车是用来夹住制品的锤头部分并带动制品沿拉拔方向移动，使拉拔过程得以实现的机构。拉拔时，拉拔小车对制品锤头的夹持必须是强有力和可靠的。对于用挂钩和拉拔链连接的拉拔小车还必须在拉拔前能进行自动夹头和挂钩，在拉拔终了时能保证自动脱钩。

（6）小车返回机构。为了缩短拉拔周期，提高拉拔机的生产率，拉拔小车设有快速返回机构。单链式拉拔机的小车返回机构单独传动，而大多数双链式拉拔机拉拔小车的快速返回借助主电动机的逆转来实现。

3.4.1.2　圆盘拉拔机

圆盘拉拔机具有很高的生产效率，能充分地发挥游动芯头拉拔新工艺的优越性。专供游动芯头拉管使用的圆盘拉拔机必须严格防止拉拔后的管材缠绕在卷筒上时可能变椭圆，因此卷筒直径较大，结构也较复杂，并往往配备其他专用设备组成一个完整的机列，以实现操作的自动化和机械化。目前，圆盘游动芯头拉拔的毛细管可长达数千米，拉拔速度高达 2400 m/min，管材卷重 700 kg 左右。

圆盘拉拔机一般用绞盘（卷筒）的直径来表示其能力的大小，绞盘的直径范围为 550~2900 mm，最大达 3500 mm。拉拔力一般为 8.8~17.8 kN。

圆盘拉拔机一般按卷筒的布置方式可分为卧式和立式两大类，卷筒水平布置的称卧式，卷筒垂直布置的称立式。各类圆盘拉拔机示意图如图 3-31 所示。

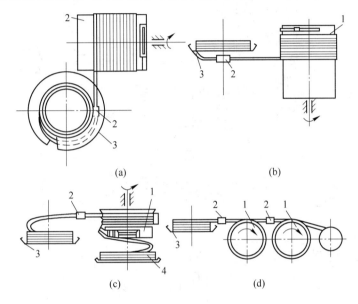

图 3-31　各类圆盘拉拔机示意图
（a）卧式；（b）正立式；（c）倒立式；（d）多卷筒
1—卷筒；2—拉模；3—放线架；4—收料盘

圆盘拉拔机最适合于拉拔紫铜和铝等塑性良好的管材。因管子很长，内表面的处理较困难，圆盘拉拔机对需经常退火、酸洗的高锌黄铜管不太适用。近年来，圆盘拉拔机在各国得到了迅速的发展，尤其倒立式圆盘拉拔机的应用更为广泛。

（1）立式圆盘拉拔机。主传动装置安装在卷筒下部的立式圆盘拉拔机称为正立式圆盘拉拔机，如图 3-31（b）所示，其结构简单。由于正立式圆盘拉拔机的卸料必须在整根管子拉完后才能进行，生产率较低，故目前只有一些大吨位的圆盘拉拔机仍采用此种结构。主传动装置配置在卷筒上部的立式圆盘拉拔机称为倒立式圆盘拉拔机，如图 3-31（c）所示。拉拔后的盘卷可依靠自身重力从卷筒上自动落下，故不需要专门的卸料装置。倒立式圆盘拉拔机有非连续卸料式和连续卸料式两种，前者只有在整根管子拉完之后才能卸料，后者则可边拉边卸，能拉拔长度很长的管材。由于卷筒上部空间配置能力很大的传动装置不方便，故这类拉拔机的能力较小。

连续卸料倒立式圆盘拉拔机如图 3-32 所示，其由卷筒、拉模座、放线架及主传动装置组成。卷筒的外形为圆柱形，其有效高度为其直径的一半。卷筒安装在有 4 个支柱的平台上或悬臂吊挂。卷筒一般不直接安装在主轴上，而是与高强度的机座连接在一起的。卷筒下部有一个与之同速转动的受料盘，故可一边拉拔一边卸料，拉拔管材的长度不受卷筒尺寸限制。卷筒底部的凹槽内装有铰接的钢臂夹钳。拉拔时为了使夹钳紧贴卷筒，设有锁紧装置，该装置的锁位于夹钳底部，其动作由液压缸控制。液压剪安装在夹钳附近，当拉拔后的管材通过两片张开的剪刀时，在液压缸的带动下，两片剪刀同时动作剪断管头。

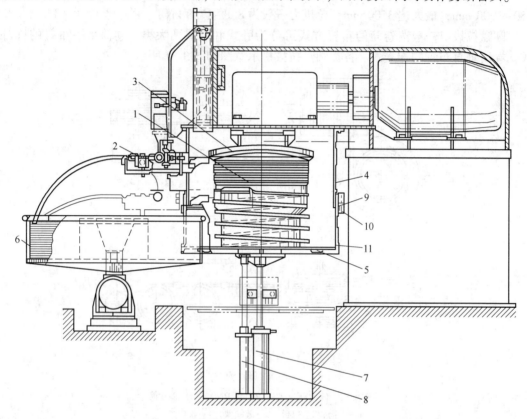

图 3-32　倒立式圆盘拉拔机

1—卷筒；2—拉模座；3—推料器；4—护板；5—收料盘；6—放线架；

7，8—液压缸；9，10—上、下护板的凹、凸圆环；11—耐磨圆环

（2）多次拉拔机。这类拉拔机一般有两个或 3 个卷筒。如图 3-33 所示，管材在前一个卷筒上拉拔后，管材头由夹送器 2 推入第二个拉模，咬夹后第二个卷筒开始拉拔。拉拔时采用压出法排管，夹钳在卷筒的凹槽内移动，一个卷筒拉拔后取下夹钳装到另一个卷筒上。有的多次拉拔机管材缠绕在线轴辘上，每一个轴辘均有咬夹管头的专用夹钳，线轴辘由单独的传动装置带动，管材在其上可以缠绕好几层。多次拉拔机一般用来拉拔外径小于5 mm 的小管和毛细管。其主要特点是：管材长度不受卷筒尺寸的限制，拉拔速度可达20 m/s，生产率高，拉拔后的盘卷卸下容易，各圈不会搅乱，并可实现反拉力拉拔。结构复杂，造价高昂，高速拉拔拉断时各圈极易搅乱，重新拉拔必须换下原来的线轴辘（此时夹钳埋在管卷层的下面）。

3.4.1.3　联合拉拔机列

联合拉拔机列是将锤头、拉拔、矫直、切断、抛光和探伤等设备组成在一起而形成的

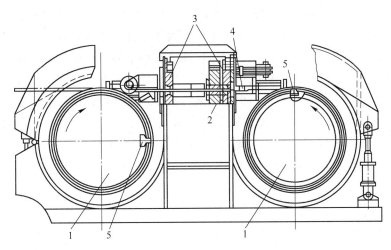

图 3-33　多次拉拔机

1—卷筒；2—夹送器；3—拉模座；4—夹钳；5—凹槽

一个机列。它具有机械化、自动化程度高、产品质量好、设备结构紧凑、占地面积小等优点，适合于 $\phi4\sim95$ mm 的管材、$\phi3\sim40$ mm 的棒材和型材的生产。下面仅就棒材联合拉拔机列加以叙述。

棒材联合拉拔机列由轧尖、预矫直、拉拔、矫直、剪切和抛光等部分组成。其结构如图 3-34 所示。

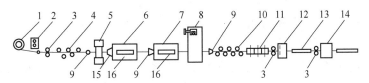

图 3-34　DC-SP-1 型联合拉拔机列

1—放线架；2—轧头机；3—导轮；4—预矫直辊；5—模座；6，7—拉拔小车；
8—主电动机和减速机；9—导路；10—水平矫直辊；11—垂直矫直辊；
12—剪切装置；13—料槽；14—抛光机；15—小车钳口；16—小车中间夹板

（1）轧头机。轧头机由具有相同辊径并带有一系列变断面轧槽的两对辊子组成。两对辊子分别水平和垂直地安装在同一个机架上。制作夹头时，将棒料头部依次在两对辊子中轧细，以便于穿模。

（2）预矫直装置。预矫直的目的是棒料进入拉拔机列之前变直。机座上面装有三个固定辊和两个可移动辊，能适应各种规格棒料的矫直。

（3）拉拔机构。拉拔机构，如图 3-35 所示。在减速机的主轴上，设有两个端面凸轮（相同的凸轮，位置上相互差 180°）。当凸轮位于图 3-35（a）的位置时，小车 I 的钳口靠近床头、对准拉模。当主轴开始转动，带动两个凸轮转动。小车 I 由凸轮带动并夹住棒材沿凸轮曲线向后运动。同时，小车 II 借助于弹簧沿凸轮 II 的曲线向前返回。当主轴转到 180°时，凸轮小车位于图 3-35（b）的位置。在继续转动时，小车 I 借助于弹簧沿凸轮 I 的曲线向前返回，同时小车 I 由凸轮 II 带动沿其曲线向后运动。当主轴转到 360°时，小车和凸轮又恢复到图 3-35（a）的位置。凸轮转动一圈，小车往返一个行程，其距离等于 S。

拉拔小车中间各装有一对夹板，小车 I 的前面还带有一个装有板牙的钳口，小车 II 前面装有一个喇叭形的导路。棒材的夹头通过拉模进入小车的钳口中。当设备启动，小车 I 的钳口夹住棒材向右运动，达到后面的极限位置后开始向前返回，这时钳口松开，被拔出的一段棒材进入小车 I 的夹板中。当小车 I 第二次往后运动时，钳口不起作用，因为夹板套是带斜度的，如图 3-36 所示。夹板靠摩擦力夹住棒材向后运动，小车开始返回时，夹板松开。小车 I 可以从棒材上自由地通过。当小车 I 拉出的棒材进入小车 II 的夹板中以后，就形成了连续拉拔过程。

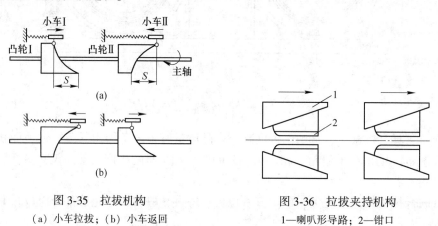

图 3-35　拉拔机构　　　　　　　　　图 3-36　拉拔夹持机构
（a）小车拉拔；（b）小车返回　　　　1—喇叭形导路；2—钳口

（4）矫直与剪切机构。矫直机由 7 个水平辊和 6 个垂直辊组成，对拉拔后的棒材矫直。矫直后的棒材用剪切装置切断。

（5）抛光机。图 3-37 所示为抛光机工作示意图，其中 4、7 为固定抛光盘，5、8 为可调整抛光盘。棒材通过导向板 3 进入第一对抛光盘，然后通过 3 个矫直喇叭筒，再进入第二对抛光盘。抛光盘带有一定的角度，使棒材旋转前进。为防止料槽积料，抛光速度必须大于拉拔速度和矫直速度，一般抛光速度为拉拔速度的 1.4 倍。

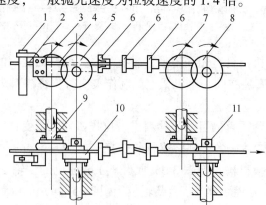

图 3-37　抛光机工作
1—立柱；2—夹板；3—导板；4，7—固定抛光盘；5，8—调整抛光盘；6—矫直喇叭筒；
9—轴；10—棒材；11—导向板

抛光盘的粗糙度和硬度以及导向板的质量是保证棒材质量的重要因素，一般采用合金钢或硬质合金制成。

我国引进的部分联合拉拔机列的主要技术性能见表 3-10。

表 3-10 联合拉拔机的主要技术性能

技 术 性 能	DC-SP-Ⅰ型	DC-SP-Ⅱ型	DC-SP-Ⅲ型
圆盘外形尺寸/mm	外径 1000，内径 950	外径 1200，内径 950	
材质	高合金钢	高合金钢	
盘料最大质量/kg	400	400	
原材料抗拉强度/MPa	<980	<980	
硬度 RC	30~20	30~20	
成品尺寸/mm	$\phi5.5~12$	$\phi9~25$	
直径误差/mm	<0.1	<0.1	与 DC-SP-Ⅰ型相同
成品剪切长度/m	3.3~6	2.3~6	
成品剪切长度误差/m	±15	±15	
拉拔速度/m·min^{-1}	高速 40，低速 32	高速 30，低速 22.5	
拉拔力/N	高速 29.4，低速 34.3	高速 76.4，低速 98	
夹持能力/kN		196.1	
夹持规格/mm		$\phi9~25$	
夹持行程/mm		最大 60	

3.4.2 拉线机

拉线机按工作制度可以分为单次拉线机和连续拉线机。

3.4.2.1 单次拉线机

拉拔时线坯只通过一个模子，进行一个道次拉拔的拉线机，称为单次拉线机，也称单模拉线机。根据其收线卷筒的布置方式又可分为立式和卧式两类，其中以立式应用较多，图 3-38 和图 3-39 分别为正立式和倒立式单次拉线机示意图。单次拉线机的特点是结构简单，灵活性大，设备改装方便，但拉拔速度低，一般为 0.1~3 m/s，生产率低，且

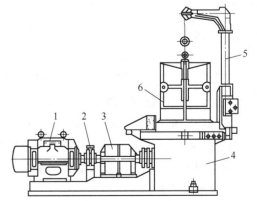

图 3-38 正立式单次拉线机
1—电动机；2—包闸；3—减速机；
4—齿轮箱；5—悬臂吊；6—卷筒

设备占地面积较大。这种拉线机多用于大直径的圆线、型线和短线的拉拔。表 3-11 为典型的单次拉线机的技术性能值。

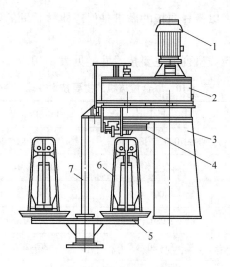

图 3-39　倒立式单次拉线机

1—电动机；2—齿轮箱；3—机座；4—卷筒；5—旋转台；6—收线架；7—立柱

表 3-11　典型的单次拉线机的技术性能

技术性能	1/750 拉线机	1/650 拉线机	1/550 拉线机
模子数/个	1	1	1
绞盘数/个	1	1	1
绞盘直径/mm	750	650	550
线坯直径/mm	20~12	12~7.2	8~3
成品直径/mm	17~10	10~6	7~2
最大拉拔力/kN	73.5	53.9	19.2
拉拔速度/m·s^{-1}	1.0	0.9	1.2~1.4
Ⅰ	2.0	1.7	1.8~2.2
Ⅱ	—	2.4	2.7~3.2
Ⅲ	—	—	4.1~4.9
Ⅳ	2.45	2.45	1.47

3.4.2.2　连续拉线机

连续拉线机又称为多次拉线机、多模拉线机。在这种拉线机上，线材在拉拔时连续同时通过多个模子，每两个模子之间有拉拔卷筒（或称绞盘），线材以一定的圈数缠绕于其上，以此建立起拉拔力。根据拉拔时线与绞盘的运动速度关系，连续拉线机可分为滑动式和非滑动式两大类。

A　滑动式

滑动式连续拉线机的特点是，除最后的收线绞盘外，绞盘的旋转线速度大于缠绕在其上的线材速度，两者之间存在相对滑动，故称滑动式。这种拉线机可用于粗拉、中拉、细拉和微拉，用于粗拉的连续拉线机的模子数一般是 5 个、7 个、9 个、11 个、13 个和 15 个，用于中拉、细拉和微拉的模子数一般是 9~21 个。根据绞盘的结构和布置方式，滑动式连续拉线机分为下列几种。

（1）立式圆柱形绞盘滑动式连续拉线机。图 3-40 所示为立式圆柱形拉拔绞盘连续拉线机的俯视图，其绞盘轴垂直安装。拉线时模子、绞盘和线均浸在润滑剂中，可以得到充分的润滑和冷却，但由于运动的线材和绞盘不断地搅动润滑剂，其中的金属尘屑悬浮，容易堵塞和磨损模孔，影响线材表面质量。另外，由于绞盘垂直放置，拉线速度受到限制，拉拔速度一般在 2.8 ~ 5.5 m/s。

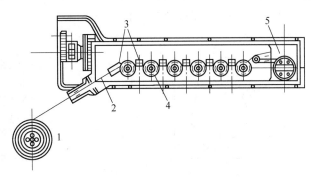

图 3-40　立式圆柱形绞盘连续多模拉线机
1—坯料卷；2—线；3—模盒；4—绞盘；5—卷筒

（2）卧式圆柱绞盘滑动式连续拉线机。这种拉线机的结构，如图 3-41 所示，其绞盘轴线水平布置。拉线时绞盘的下部浸在润滑液中，而模子由绕在绞盘上的线所携带的润滑剂进行润滑，但模子冷却不足，易发热，目前大多采用向模子喷洒润滑剂的方法冷却模子。这种拉线机穿模方便，停车后可测量各道次的线材尺寸，多用于粗线和异形线的拉拔。

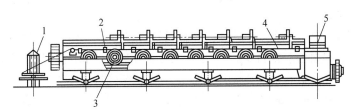

图 3-41　卧式圆柱形绞盘连续多模拉线机
1—坯料盘；2—模盒；3—绞盘；4—线；5—卷筒

以上两种圆柱形绞盘连续拉线机机身长，为了克服此缺点有的拉拔机将绞盘分成两层或圆形布置。图 3-42 所示为一拉制细线的绞盘圆形布置的 12 模连续拉线机。为了提高生产率，有时还在一个轴上同时安装同一直径的数个绞盘，把几根轴水平排列，实现几根线的同时拉拔。

（3）卧式塔形绞盘连续拉线机。它是滑动式连续拉线机中应用最广泛的拉线机，主要用于拉细线，如图 3-43 所示。塔形绞盘可分两级和多级，绞盘有拉拔绞盘和导向绞盘之分。拉拔绞盘的作用是建立拉拔力，使线材通过模子进行拉拔，而导向绞盘是使线材正确地进入下一个模孔。在不同的设备中，有的两个绞盘都是拉拔绞盘；有的一个是导向绞盘，一个是拉拔绞盘；有的两个既作拉拔绞盘又作导向绞盘。

（4）立式塔形绞盘连续拉线机。其结构与卧式的相同，但它拉拔速度低，占地面积大，采用较少。

总之，滑动式连续拉线机具有以下特点：1）拉拔道次多，总延伸系数大。2）拉拔速度高，可达 20 m/s。3）机身结构紧凑，占地少，拉拔产品质量较好。4）易于实现机械化、自动化。5）绞盘有磨损。滑动式连续拉线机主要用于铜、铝线的拉拔，但在拉拔钢、不锈钢及铜合金细线时也常采用。

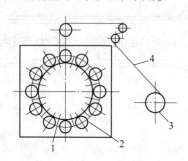

图 3-42　圆环形串联 12 模连续拉线机

1—拉模；2—绞盘；3—卷筒；4—线

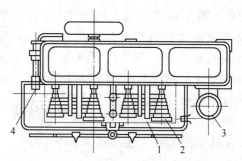

图 3-43　卧式塔形绞盘连续拉线机

1—拉模；2—绞盘；3—卷筒；4—线

B　无滑动式连续拉线机

拉拔时，线与绞盘之间没有相对滑动的连续拉线机称为无滑动连续拉线机。无滑动连续拉线机按其工作特点，分为积线式和非积线式两种。

a　积线式无滑动连续拉线机

积线式无滑动连续拉线机的每个绞盘上存储有若干圈数的线。在拉拔过程中，依靠绞盘上线圈数的自动增加或减少实现无滑动拉拔。目前，积线式无滑动拉线机有两种结构形式：滑轮式和双卷筒式。

（1）滑轮式拉丝机。滑轮式拉丝机是国内目前使用最广泛的拉线设备之一，与其他拉线机相比，具有结构简单、投资少、可使用普通电机、操作管理简单方便等优点。它的主要缺点是拉拔过程中线材容易产生轴向扭转，不适合高强度金属线的拉拔。

滑轮式连续拉线机主要由放线架、主机、积线调节装置和吊线架四部分组成，如图 3-44 所示。积线调节装置由滑轮及鼓顶两部分组成。滑轮部分的结构虽有几种形式，但原理相同。滑轮的形状有圆盘轮和凹弧轮两种，后者穿头时比较方便，滑轮上端有弹簧缓冲机构，进线口下端附有挡丝圆环，以防线跳动出轨。积线鼓顶部分也有导轮结构和拨线杆结构两种形式，后者比前者拨线更可靠，线更不易出轨。收线结构由收线卷筒、爪式卸线架和吊线机组成。吊线机有液压、气动、机械传动等形式，国内目前大都使用机械卷扬吊线机。

目前，滑轮式连续拉线机的每个卷筒皆采用单独传动，并带有自动控制装置，故能够在任一个卷筒停止工作时，同时停止其前面的所有卷筒，而其后面的所有卷筒及收线卷筒继续工作。滑轮式连续拉线机对电机的调速能力要求不高，一般采用交流电机。滑轮式连续拉线机的线材行程复杂，拉拔速度较低，不适于细线、特细线及型线的拉拔。通常，积线式滑动连续拉线机被用来拉拔钢线及铝线。

（2）双卷筒式积线连续拉线机，如图 3-45 所示，双卷筒式积线连续拉线机由滑轮式拉线机发展而来，它通过与下卷筒装在同一主轴上的浮动的上卷筒来实现卷筒上积线的调节。双卷筒式积线拉线机解决了滑轮式拉线机的线材扭转及走线不稳的问题。同时，由于采用双卷筒代替了上滑轮机构，增加了卷筒的储线量，进一步提高了线材的冷却能力，使得双卷筒式拉线机的拉拔速度大大高于滑轮式拉线机，更符合现代生产高速化的需要。但

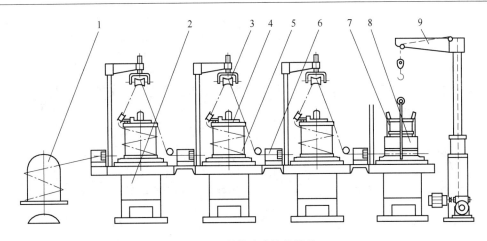

图 3-44 滑轮式连续拉线机

1—放线架；2—箱体；3—滑轮；4—积线调节装置；5—中间卷筒；6—模盒；

7—卸线架；8—收线卷筒；9—吊线机

是，因为导轮增多，尤其是在中间滑轮处线材被反弯 180°，使得双卷筒拉线机不适于拉拔粗规格的制品，应用范围受到限制。

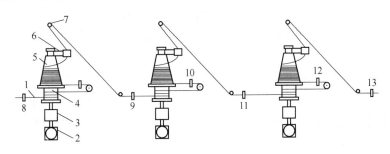

图 3-45 双卷筒拉线机

1—线坯；2—电动机；3—减速机；4—下绞盘；5—上绞盘；6—滑环；7—导轮；8~13—拉模

b 非储线式无滑动连续拉线机

非储线式无滑动连续拉线机的拉拔卷筒与线材之间无滑动，拉线机的各卷筒分别用单独的直流电动机带动，并有卷筒速度调节装置；拉拔过程中，两个中间拉拔卷筒上的线材不允许积累或减少。目前，非储线式无滑动连续拉拔机有活套式与直线式两种形式。

（1）活套式无滑动连续拉线机。图 3-46 所示为活套式无滑动连续拉线机。其相邻两卷筒之间设置一个活套臂，当金属秒体积流量不平衡时，活套臂收起或放出少量金属线，保证拉拔的顺利进行。活套式连续拉线机每一卷筒使用一只直流电机，通过变阻器实现无级变速。活套式连续拉线机简化了线坯的走线，使用范围广泛，能适应不同金属线品种规格的拉拔要求，但是其制造成本较高，管理操作维修水平要求较高。现代化的活套式连续拉线机还可以通过改进结构增大卷筒上的积线量，改善线坯的冷却效果。由于在活套式连续拉线机上，线坯走线仍要通过活套轮、导轮等，故对粗规格、高强度金属线的拉拔仍不方便，对其韧性也不利。

（2）直线式无滑动连续拉线机。直线式无滑动连续拉线机是目前世界上较先进的拉线

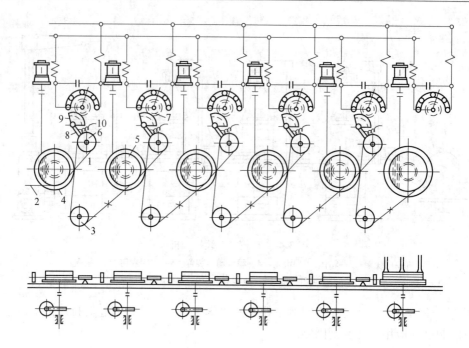

图 3-46　无滑动活套式连续拉线机

1—线坯；2—拉模；3—固定导轮；4，5—拉拔绞盘；6—张力轮；7—齿轮；
8—平衡杠杆；9—扇形齿轮；10—强力弹簧

设备，我国已有部分工厂使用。这种拉线机的特点是：线材由一个拉拔卷筒出来不经过任何张力轮和方向导轮立即进入下一个拉模，线材从一只卷筒到另一只卷筒几乎是直线进行的。直线拉线机的机械结构虽很普通（图3-47），但对电气设备要求较高。

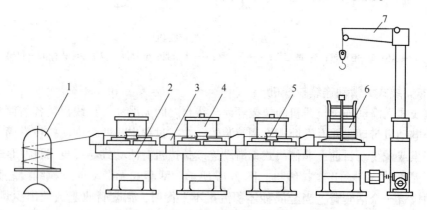

图 3-47　直线式无滑动连续拉线机

1—放线架；2—箱体；3—模盒；4—中间卷筒；5—导轮；6—收线卷筒；7—吊线机

　　直线式无滑动拉线机的拉线速度一般较快，因此冷却装置除了模子和卷筒的水冷以外，还在机台背侧装有小型通风机，风管引入水盘，风自卷筒下端吹向筒上卷绕的线材，可起到强制风冷的作用。

　　直线式无滑动多次拉线机拉拔时，每只卷筒绕有十多圈线，前后卷筒之间存在反拉力，延长了模子的寿命。拉拔过程中不存在急剧的弯曲和轴向扭转，因此拉出的线性能较好。

复习思考题

3.4-1 链式拉拔机本体包括哪几部分，各部分有何作用？

3.4-2 双链拉拔机的工作机架多采用 C 形架，其有何优缺点？

3.4-3 根据卷筒的布置方式，圆盘拉拔机有几种形式，各有何优缺点？

3.4-4 倒立式圆盘拉拔机的结构如何，它如何实现边拉边卸？

3.4-5 管、棒材联合拉拔机列有何优缺点？

3.4-6 单次拉线机和连续拉线机有何区别？

3.4-7 什么是滑动多模连续拉线机，其包括哪几种类型？

3.4-8 简要说明卧式塔形绞盘多模拉线机中的拉拔绞盘和导向绞盘的作用。

3.4-9 实现无滑动多模连续拉拔的方法有哪两种？

任务 3.5 拉 拔 工 艺

拉拔工艺涉及的内容有拉拔配模、拉拔润滑及为消除制品加工硬化需要进行的热处理和酸洗。

3.5.1 拉拔配模

为了获得一定形状尺寸、力学性能和表面质量优良的制品，一般要将坯料经过多次拉拔才能完成。拉拔配模又称拉拔道次计算，是根据拉拔设备的类型、参数、被拉金属的特性、成品的性能和尺寸要求等（有时还包括坯料尺寸）确定拉拔道次数、各道次所需的模孔形状及尺寸的工作。

3.5.1.1 拉拔配模的要求和分类

A 拉拔配模的要求

拉拔配模应满足以下几方面的要求：（1）合理的拉拔道次；（2）最少的拉断次数；（3）最佳的表面质量；（4）合格的力学性能；（5）与现有的设备参数、设备能力等相适应。

B 拉拔配模的分类

拉拔配模分为单模拉拔配模和多模连续拉拔配模。单模拉拔配模较简单，在满足保证产品质量和拉拔安全系数 K 的前提下，尽量采用大的加工率，提高生产率。单模拉拔配模主要用于管棒型材的拉拔。多模连续拉拔配模主要用于线材拉拔。多模连续拉拔时，线坯依次连续通过多个模子，线材直径逐渐减小，因要遵循秒流量相等定律，线材运动速度逐渐增大。因此，多模连续拉拔配模需考虑前后模子的相互影响、各个模子的秒流量及线材与绞盘的滑动特性等诸多问题，这使配模变得相当复杂。

3.5.1.2 拉拔配模的内容

拉拔配模的内容主要包括坯料尺寸的确定、拉拔过程中退火次数的确定、拉拔道次的确定、道次延伸系数的分配以及拉拔力的计算和道次安全系数的校核等问题。

A 圆形制品坯料尺寸的确定

在拉拔圆形制品（实心棒材、线材以及空心管材）时，如果能确定出总加工率，那么根据成品所要求的尺寸就可确定出坯料的尺寸。而在确定总加工率时应考虑如下几个方面：

（1）保证产品的性能。拉拔时，加工率对制品的力学性能和物理性能有很大的影响，拉拔时的总加工率（指退火后）直接决定着制品的性能。

对软制品来说，关于总加工率一般没有严格的要求，在实际生产中软制品的力学性能通过成品退火来控制。但为了使制品退火后不产生粗晶组织，应避免在临界变形程度附近进行加工。

对用拉拔控制性能的半硬制品和硬制品来说，应根据加工硬化曲线查出保证规定力学性能所需要的总加工率，并以此为依据，推算出坯料的尺寸。

（2）能够满足操作上的要求。这是管材拉拔时应考虑的问题，这是因为管材在拉拔时不仅有坯料直径的变化，而且还有壁厚的变化。

在衬拉（带芯头拔管）时，每道次拉拔必须既有减径量又有减壁量。只有减壁量无法装入芯头，拉拔不能进行。另一方面，如果总减壁量过大，以及总减径量过小的现象也不允许发生。这主要是因为经过几道次拉拔后可能管径已达到成品尺寸，而管壁仍大于成品尺寸，也使拉拔无法进行。因此，拉拔圆管时，坯料的尺寸应保证：减壁所需的道次小于或等于减径所需的道次。减径所需的道次大于减壁所需的道次不但允许而且在生产小直径管材时也是必需的。是因为当管壁厚度已达要求后，可采用空拉减径，而壁厚可基本保持不变。因而，一般在确定管坯尺寸时，总是先定出管壁厚的尺寸，根据坯料及成品壁厚计算出减壁所需的道次，然后再由此推算出与此相适应的管坯最小外径。

1）根据管坯壁厚及成品壁厚计算壁厚减小所需的道次数（n_S）有两种方法。

方法一：
$$n_S = \frac{\ln \dfrac{S_0}{S_k}}{\ln \overline{\lambda}_S} \tag{3-17}$$

方法二：
$$n_S = \frac{S_0 - S_k}{\overline{\Delta S}} \tag{3-18}$$

式中，n_S 为减壁所需的道次数；S_0、S_k 为坯料与成品的壁厚，mm；$\overline{\lambda}_S$ 为平均道次壁厚延伸系数；$\overline{\Delta S}$ 为平均道次减壁量，mm。

2）根据管坯外径及成品外径计算减径所需道次数经常用以下方法：
$$n_D = \frac{D_0 - D_k}{\overline{\Delta D}} \tag{3-19}$$

式中，n_D 为减径所需要的道次数；D_0、D_k 为坯料与成品的外径，mm；$\overline{\Delta D}$ 为平均道次减径量，mm。

（3）保证产品表面质量。由挤压或轧制供给的坯料，一般总会有些缺陷，如划伤、夹灰等。拉拔时，由于主应力与主变形方向一致，坯料中的一些缺陷可能随着拉拔道次的增多和总变形量的增加而逐渐暴露于制品的表面，并可及时予以除去，因此适当增大拉拔时的总变形量对保证制品的质量有好处。但对空拉而言，过多道次空拉会降低管子内表面质量，使表面变暗、粗糙，甚至出现裂纹，因此在制定拉拔工艺时应控制空拉道次及其总变形量。在生产对壁厚和内表面要求严格的小直径管材时，尽管操作困难、麻烦，也不得不采用各种衬拉。根据生产实践经验，各种金属管材所用管坯的壁厚应皆有一定的最小加工裕量，如表 3-12 所示。

表 3-12 管坯壁厚裕量

合金	管坯加工裕量 $(S_0 - S_k)$ /mm
紫铜	1~3.5
黄铜	1~2
青铜	1~2

（4）考虑供料情况及坯料管理。用挤压和轧制供给的坯料，由于受设备条件的限制，其规格总有一定的公差范围，而且为了便于坯料的管理，坯料规格数量也不能很多。因此，在确定坯料尺寸时，应考虑具体的生产条件，恰当地选取坯料的尺寸。另外，若管坯偏心严重，管坯的直径尺寸则应取大些，以适当的增加空拉道次，更好地纠正偏心。

综上所述，在保证产品质量的前提下，坯料的尺寸应尽可能取小些，以努力提高生产率。

关于坯料的长度选择，为了提高生产效率和成品率，根据设备条件和定尺要求应尽量取得长些，并可通过计算加以确定。

B 异型管材拉拔坯料尺寸的确定

等壁厚异型管的拉拔都用圆管做坯料，当管材拉拔到一定程度之后，进行 1~2 道过渡拉拔使其形状逐渐向成品形状过渡，最后进行一道成型拉拔出成品。过渡拉拔一般采用空拉；成品拉拔可以用空拉，也可以用衬拉。衬拉一般多用固定短芯头拉拔。

异型管原始坯料尺寸的确定，其原则与圆管的相似。等壁厚异型管材的一个特殊问题是必须确定出过渡拉拔前圆形管坯的直径及壁厚。由于过渡拉拔及成品拉拔的主要目的是成型，其加工率一般都很小，主要着重考虑成型正确的问题。

异型管材所用坯料的尺寸根据坯料与异型管材的外形轮廓长度来确定，为了使圆形管坯在异型拉模内能充满，一般管坯的外形尺寸等于或稍大于异型管材的外形尺寸。

部分异型管材所用圆形坯料（图 3-48）的直径，可按下列算式近似计算。

椭圆形管 $d_0 = (a + b)/2$；

六角形管 $d_0 = 6a/\pi = 1.91a$；

方形管 $d_0 = 4a/\pi = 1.27a$；

矩形管 $d_0 = 2(a + b)/\pi$。

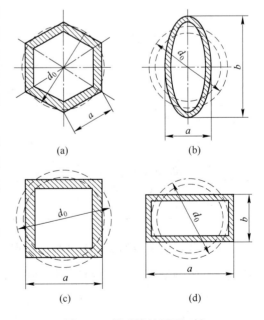

图 3-48 异型管材所用坯料
（a）六角形；（b）椭圆形；（c）正方形；（d）矩形

为了保证空拉成型时棱角能充满，实际上所用坯料直径要大于计算值的 3%~5%，根据异型管材断面的形状和尺寸不同，可进行一次拉拔或两次拉拔，也可以采用固定短芯头拉拔或者空拉。

C　实心型材拉拔坯料尺寸的确定

确定实心型材的坯料时，首先有一个坯料形状的问题。实心型材的坯料断面形状大多采用较简单的形状，如圆形、矩形、方形等。

在确定坯料尺寸时，除了考虑和圆棒相同的问题外，还应注意如下几方面：

（1）成品的外形轮廓包容于坯料的外形轮廓中。

（2）拉拔时，坯料的各部分尽可能受到相等的延伸变形。

（3）形状要逐渐过渡，并有一定的过渡道次。

D　中间退火次数的确定

拉拔多为冷变形。由于冷变形的加工硬化作用，拉拔金属的强度不断升高而塑性下降，甚至使塑性耗尽，而无法进行加工。因此在整个拉拔过程中需要进行中间退火，其目的是降低金属的强度，恢复金属的塑性，使拉拔进行下去。

中间退火次数 (n_1) 用下式确定：

$$n_1 = \frac{\ln\lambda_\Sigma}{\ln\overline{\lambda'}} \tag{3-20}$$

式中　λ_Σ——由坯料至成品的总延伸系数；

　　　$\overline{\lambda'}$——两次退火之间的平均延伸系数。

对于固定短芯头拉拔，中间退火次数 (n_1) 还可以由下式计算：

$$n_1 = \frac{n}{\overline{n}} - 1 \tag{3-21}$$

式中　n——总拉拔道次数；

　　　$\overline{n}$——两次退火之间的平均拉拔道次数，见表 3-13。

表 3-13　固定短芯头拔管时的 $\overline{n}$ 值

合　　金	两次退火间的平均拉拔道次数 $\overline{n}$
紫铜、H96	不限
H62	1~2（空拉管材除外）
H68HSn70-1	1~3（空拉管材除外）
QSn7-0.2；QSn6.5-0.1	3~4（空拉管材除外）
直径大于 100 mm 的铜管材	1~5

确定中间退火次数的关键是选择两次退火之间的平均延伸系数 $\overline{\lambda'}$ 值，$\overline{\lambda'}$ 太大或太小都会影响生产效率和成品率。若 $\overline{\lambda'}$ 太小，则金属塑性不能充分利用，会增加中间退火次数，使生产效率和成品率降低；反之，若 $\overline{\lambda'}$ 太大，则中间退火次数虽然减少了，但拉拔金属塑性不足，易造成拉拔制品出现裂纹、断头、拉断等。因此，$\overline{\lambda'}$ 值要根据生产实践经验确定，见表 3-14。

表 3-14 各类金属拉拔时 $\bar{\lambda}'$ 和 $\bar{\lambda}$ 的经验值

	合金	两次退火之间的平均拉拔道次 $\bar{n}$	道次平均延伸系数 $\bar{\lambda}$
游动芯头拉管	紫铜	不限	1.65~1.75
	HAl77-2	3	1.70
	H68、HSn70-1	2.5	1.65
	合金	两次退火之间的平均延伸系数 $\bar{\lambda}'$	道次平均延伸系数 $\bar{\lambda}$
棒材拉拔	紫铜、H96	不限	1.22~1.44
	H90~H80	1.67~6.67	1.25~1.44
	H68	1.43~3.31	1.11~1.82
	H62、HPb63-0.1、HMn58-2	1.25~1.82	1.19~1.43
	H59、HPb59-1、HSn62-1、HFe59-1	1.17~1.82	1.17~1.33
	HPb63-3	1.67~2.5	1.17~2.0
	锡磷青铜	1.67~3.31	1.19~1.54

E 拉拔道次的确定及道次延伸系数的分配

a 拉拔道次的确定

拉拔道次 n 是根据总延伸系 λ_Σ 和道次平均延伸系数 $\bar{\lambda}$（表 3-14）来确定：

$$n = \frac{\ln\lambda_\Sigma}{\ln\bar{\lambda}} \tag{3-22}$$

b 道次延伸系数的分配

道次延伸系数的分配通常采用以下两种方法。

（1）平均分配法。对于像铜、铝、镍和白铜那样塑性好、冷硬速率小的材料，除前后两道外，中间各道次均采用较大的延伸系数。第一道采用较小的延伸系数是由于开始拉拔时坯料存在着较大的尺寸偏差以及退火后的金属表面有残酸、氧化皮等。为了精确地控制成品的尺寸公差，最后一道一般也采用较小的延伸系数。

（2）逐道递减法（表 3-13）。对于像黄铜一类的合金，其冷硬速率很大，稍微冷变形后，强度就急剧上升使继续加工困难。因此，在退火后的第一道次尽可能采取较大的变形程度，随后逐渐减小，并在拉拔 2~3 道次后进行退火。

需要注意的是，在实际生产中，最后成品道次的延伸系数 λ_k 往往近似按下式选取：

$$\lambda_k \approx \sqrt{\bar{\lambda}} \tag{3-23}$$

而其余道次的延伸系数根据上述分配原则确定。

F 计算拉拔力及校核各道次的安全系数

对每一道次的拉拔力都要进行计算，从而确定出每一道次的安全系数。安全系数过大或过小都是不适宜的，必要时需要重新设计计算。

3.5.1.3　单模拉拔配模计算

A　圆棒拉拔配模计算

一般来说，圆棒拉拔配模的计算有三种情况：第一种是给定成品尺寸和坯料尺寸，计算各道次的尺寸；第二种是给定成品尺寸并成品具有一定的力学性能；第三种是只要求成品尺寸。对最后一种情况，在保证制品表面质量的前提下，坯料的尺寸应尽可能接近成品尺寸，以求通过最少的道次拉拔出成品。

B　型材拉拔配模计算

用拉拔方法可以生产大量各种形状的型材，如三角形、方形、矩形、六角形、梯形以及较复杂的对称和非对称型材。与挤压、轧制一样，拉拔型材时最主要的问题也是变形不均匀，因此型材拉拔配模的关键是尽量减小不均匀变形。

在实际生产中，为了减小不均匀变形，型材配模计算常常采用 B. B. 兹维列夫提出的"图解设计法"进行，具体步骤如下（见图 3-49）。

（1）选择形状尽可能接近成品形状而又简单的坯料，坯料的断面尺寸应满足成品的力学性能和表面质量的要求。

（2）参考与成品同种金属、断面积相等的圆断面制品的配模设计，初步确定拉拔道次、道次延伸系数以及各道次的断面积（F_1，F_2，F_3，…）。

（3）将坯料和成品断面的形状放大 10~20 倍，然后将成品的图形置于坯料的断面外形轮廓中，在使它们的重心尽可能重合的同时，力求坯料与型材轮廓之间的最短距离在各处相差不大，以便使变形均匀。

（4）根据型材断面的复杂程度，在坯料外形轮廓上分 30~60 个等距离的点。通过这些点作垂直于坯料与型材外形轮廓且长度最短的曲线。这些曲线应该就是金属在变形时的流线。在画金属流线时应注意到这样的特点：金属质点在向型材外形轮廓凸起部分流动时彼此逐渐靠近，而在向其凹陷部分流动时彼此逐渐散开（见图 3-49 中的 m 与 n 处）。

（5）按照 $\sqrt{F_0} - \sqrt{F_1}$，$\sqrt{F_1} - \sqrt{F_2}$，…，$\sqrt{F_{k-1}} - \sqrt{F_k}$ 值比例将各金属流线分段，然后将相同的段用曲线圆滑地连接起来，这就画出了各模子的定径区的断面形状。为了获得正确的正交网，在金属流线比较疏的部分可作补助的金属流线。

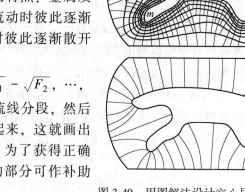

图 3-49　用图解法设计空心导线用的型材配模

（6）设计模孔，计算拉拔力和校核安全系数。

例 3-1　紫铜电车线（图 3-50）断面积为 85 mm²，断面积允许误差±2%，最低抗拉强度不小于 362.8 MPa。试进行配模计算。

解：

（1）电车线的抗拉强度用拉拔变形程度的大小来控制。查 $\sigma_b - \lambda$ 曲线（图 3-51）可知，为了保证最低抗拉强度 σ_b 不小于 362.8 MPa，最小延伸系数约为 2.0。根据电车线的偏差，其最大断面积为 86.7 mm²，故拉拔用坯料（线杆）的最小断面积应为：$86.7 \times 2.0 \approx 173.4$（mm²）。

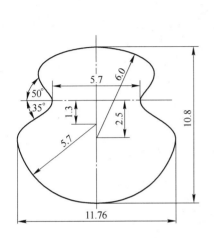

图 3-50　断面 85 mm² 电车线的形状和尺寸

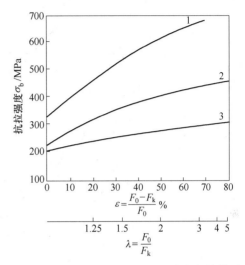

图 3-51　紫铜抗拉强度与变形程度之间的关系
1—H62；2—紫铜；3—LY12

根据电车线断面形状选用圆线杆最为适宜，则线杆最小直径约为 $\phi14.9$ mm。根据工厂供给的线杆规格，选用 $\phi16.5$ mm。考虑正偏差，线杆直径为 $\phi17$ mm，则线杆最大面积 $F_{0,\max} = 227$ mm²。

（2）考虑成品的负偏差，电车线的最小断面积为 $F_{k,\min} = 83.3$ mm²，故其可能的最大总延伸系数为：$\lambda_\Sigma = \dfrac{F_{0,\max}}{F_{k,\min}} = \dfrac{227}{83.3} = 2.73$。

由于线杆是多根焊接在一起进行拉拔的，为了避免拉拔时在焊头处断裂，平均道次延伸系数 $\bar{\lambda}$ 可取小一些，取 1.25，则拉拔道次数 n 为：$n = \dfrac{\ln\lambda_\Sigma}{\ln\bar{\lambda}} = \dfrac{\ln 2.73}{\ln 1.25} = 4.5$，取 5 道。

由于拉拔道次增加，故其实际平均道次延伸系数为：$\bar{\lambda} = \sqrt[n]{\lambda_\Sigma} = \sqrt[5]{2.73} = 1.222$。

（3）根据铜的加工性能，按道次延伸系数的分配原则，参照平均道次延伸系数，将各道次延伸系数分配为：$\lambda_1 = 1.245$，$\lambda_2 = 1.265$，$\lambda_3 = 1.25$，$\lambda_4 = 1.19$，$\lambda_5 = 1.17$。

（4）根据 $\lambda_i = \dfrac{F_{i-1}}{F_i} =$ 计算各道次拉拔后电车线的截面积，并计算 $\sqrt{F_{i-1}} - \sqrt{F_i}$：

$$F_1 = 183 \text{ mm}^2 , \quad F_2 = 145 \text{ mm}^2 , \quad F_3 = 116 \text{ mm}^2 , \quad F_4 = 97.5 \text{ mm}^2$$

$$F_5 = 83.3 \text{ mm}^2 , \quad \sqrt{F_0} - \sqrt{F_1} = 1.54 \text{ mm} , \quad \sqrt{F_1} - \sqrt{F_2} = 1.49 \text{ mm}$$

$$\sqrt{F_2} - \sqrt{F_3} = 1.27 \text{ mm} , \quad \sqrt{F_3} - \sqrt{F_4} = 0.90 \text{ mm} , \quad \sqrt{F_4} - \sqrt{F_5} = 0.74 \text{ mm}$$

（5）按照上面所得的各道次线段数值将所有金属流线按比例分段，将相同道次线段连线即构成各道次的断面形状（图 3-52）。

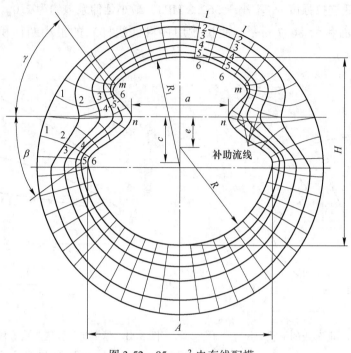

图 3-52　85 mm² 电车线配模

（6）确定各道次的模孔尺寸，计算拉拔力并校核安全系数（从略）。

上述配模的结果列于表 3-15。可见各道次的大、小扇形断面的延伸系数相差较小，故不致引起较大的不均匀变形，可以认为结果是合理的。

表 3-15　85 mm² 电车线各道次的断面系数

道次	线尺寸/mm							角度/(°)		断面积/mm²			延伸系数 λ		
	A	H	a	c	e	R	R_1	γ	β	总面积	大扇形	小扇形	总面积	大扇形	小扇形
1	15.6	15.6	12.1	2.5	2.5	7.8	7.25	78	53	183	131	52	1.24	1.22	29
2	14.0	13.9	9.6	2.5	2.3	7.0	7.15	68	46	145	105	40	1.26	1.25	1.0
3	12.8	12.6	7.8	2.5	2.1	6.5	6.65	62	43	116	84	32	1.25	1.25	1.25
4	12.0	11.5	6.8	2.5	1.7	6.2	6.28	57	41	97.5	70.5	27	1.19	1.195	1.1
5	11.7	10.8	5.7	2.5	1.3	6.0	6.0	50	35	83.3	60.7	22.6	1.17	1.16	1.19

C　固定短芯头圆管拉拔配模计算

固定短芯头拉拔圆管所用的坯料可以由挤压、冷轧或热轧供给。在拉拔时，因为既有模孔与管坯外表面的摩擦接触，又有芯头与管坯内表面的摩擦接触，故接触摩擦面较大，道次延伸系数较小。

对塑性良好的金属（如紫铜、铝和白铜等管材），道次延伸系数最大可达 1.7 左右，两次退火间的总延伸系数可达 10，一般来说，可以一直拉拔到成品而无须中间退火。但大直径管材（$\phi300\sim600$ mm）的道次延伸系数和两次退火间的延伸系数主要受拉拔设备能力的限制，通常拉拔 $2\sim5$ 道次后退火一次，道次延伸系数为 $1.10\sim1.30$。

对于冷硬速率快的金属（如 H62、H68、HSn70-1、硬铝等管材），道次延伸系数最大也可达到 1.7 左右，一般道次平均延伸系数为 $1.30\sim1.50$，在拉拔 $1\sim3$ 道次后需进行中间退火。表 3-16 为国内采用固定短芯头拉拔各种金属管材时常用的延伸系数。

表 3-16　固定短芯头拉管时采用的延伸系数

金属与合金	两次退火间的总延伸系数$\overline{\lambda'}$	道次延伸系数
T2、TU1、TUP、H96	不限	1.2~1.7
H68、HAl77-2	1.67~3.3	1.25~1.60
H62、HPb63-0.1	1.25~2.23	1.18~1.43
HSn70-1	1.67~2.23	1.25~1.67
HSn62-1	1.25~1.83	1.18~1.33
HPb59-1	1.13~1.54	1.18~1.25
QSn4-0.3	1.67~3.3	1.18~1.43
B30、BFe30-1-1、BFe5-1、BZn15-20	1.67~3.3	1.18~1.43
NCu28-2.5-1.5、NCu40-2-1	1.43~2.23	1.18~1.33
L2~L6	1.20~2.8	1.20~1.40
LD2、LF21	1.20~2.2	1.20~1.35
LF2	1.10~2.0	1.1~1.30
LY11	1.10~2.0	1.1~1.30
LY12	1.10~1.70	1.10~1.25

固定短芯头拉拔时，管子外径减缩量一般为 $2\sim8$ mm，其中小管用下限，大管用上限。只有对于 $\phi>200$ mm 的退火紫铜管，由于塑性相当好，减径量可达 $10\sim12$ mm。道次减径量不宜过大，以免形成过长的"空拉头"（即锤头的管子前端未与芯头接触的厚壁部分）；此外，还会使金属的塑性不能有效地用于减壁上。这是因为衬拉（带芯头拉拔）的目的主要是使管坯的壁厚变薄，也就是说，在衬拉配模时应遵循"少缩多薄"原则（减径量小而减壁量大）。"少缩多薄"也有利于减小不均匀变形，减少空拉时的壁厚增量并使芯头很好地对中，减少管子偏心。对于铝合金管，减径量过大还会降低其内表面质量。固定短芯头拉拔时不同金属的道次减壁量，如表 3-17 所示。

表 3-17　固定短芯头拉拔不同金属时的道次减壁量　　　　　　（mm）

管坯壁厚	紫铜、H96、铝、LF21	H68、H62、HSn70-1、HAl77-2、LY11、LY12		HPb59-1、HSn62-1、LF5、LF6、LF11、LF12		镍及镍合金	白铜	QSn4-0.3
		退火后第一道	第二道	退火后第一道	第二道			
<1.0	0.2	0.2	0.1	0.15		0.15	0.20	0.15

续表 3-17

管坯壁厚	紫铜、H96、铝、LF21	H68、H62、HSn70-1、HAl77-2、LY11、LY12		HPb59-1、HSn62-1、LF5、LF6、LF11、LF12		镍及镍合金	白铜	QSn4-0.3
		退火后第一道	第二道	退火后第一道	第二道			
1.0~1.5	0.4~0.5	0.3	0.15	0.20		0.20	0.30	0.30
1.5~2.0	0.5~0.7	0.4	0.20	0.20		0.30	0.40	0.40
2.0~3.0	0.6~0.8	0.5	0.25	0.25		0.40	0.50	0.50
3.0~5.0	0.8~1.0	0.6~0.8	0.2~0.3	0.30		0.50	0.55	0.60
5.0~7.0	1.0~1.4	0.8	0.3~0.4			0.65	0.70	0.70
>7.0	1.2~1.5							

在制定拉拔配模时，还应考虑以下几个问题。

（1）为了便于向管子中放入芯头，任一道次拉拔前管子内径 d_n 必须大于芯头直径 d_n'，差值一般为：

$$d_n - d_n' \geqslant a \tag{3-24}$$

式中，$a = 2 \sim 3$ mm。如果经过 n 道次拉拔，把管坯拉至成品，则管坯内径 d_0 与成品管材内径 d_k 差必须不小于 $n(2 \sim 3)$ mm，即：

$$d_0 - d_k \geqslant na \tag{3-25}$$

（2）管材的总延伸系数和道次平均延伸系数要遵循下列关系：

$$\lambda_\Sigma = \frac{F_0}{F_k} = \frac{\pi(D_0^2 - d_0^2)}{\pi(D_k^2 - d_k^2)} = \frac{\pi(D_0 - S_0)S_0}{\pi(D_k - S_k)S_k} = \frac{\overline{D_0}}{\overline{D_k}} \cdot \frac{S_0}{S_k} = \lambda_{\overline{D\Sigma}} \cdot \lambda_{S\Sigma} \tag{3-26}$$

$$\overline{\lambda} = \sqrt[n]{\lambda_\Sigma} = \sqrt[n]{\lambda_{\overline{D\Sigma}} \cdot \lambda_{S\Sigma}} = \overline{\lambda_{\overline{D}}} \cdot \overline{\lambda_{\overline{S}}} \tag{3-27}$$

式中　　$\lambda_{\overline{D\Sigma}}$，$\lambda_{S\Sigma}$ ——与总延伸系数对应的管子平均直径总延伸系数和壁厚总延伸系数；

　　　　$\overline{\lambda_{\overline{D}}}$，$\overline{\lambda_{\overline{S}}}$ ——管子的道次平均直径延伸系数和壁厚平均延伸系数。

式（3-26）说明，管子的总延伸系数等于平均直径总延伸系数与壁厚总延伸系数的乘积，管子的道次平均延伸系数等于道次平均直径平均延伸系数和道次壁厚平均延伸系数的乘积。表 3-18 给出了固定短芯头拉拔管材时的道次平均直径和壁厚延伸系数。

表 3-18　固定短芯头拉拔管材时的直径和壁厚道次延伸系数

金属和合金	管子拉拔前内径/mm	采用的道次延伸系数	
		$\lambda_{\overline{D}}$	$\lambda_{\overline{S}}$
紫铜	4~12	1.12~1.35	1.13~1.18
	13~30	1.35~1.30	1.15~1.13
	31~60	1.30~1.18	1.13~1.10
	61~100	1.18~1.03	1.10~1.03
	101 以上	1.03~1.02	1.03~1.02

金属和合金	管子拉拔前内径/mm	采用的道次延伸系数	
		$\lambda_{\bar{D}}$	$\lambda_{\bar{S}}$
黄铜	4~12	1.25~1.35	1.13~1.18
	13~30	1.30~1.25	1.16~1.15
	31~60	1.25~1.10	1.15~1.06
	61~100	1.10~1.08	1.06~1.02
铝及其合金	14~20	1.18~1.28	1.10~1.15
	21~30	1.18~1.13	1.14~1.08
	31~50	1.12~1.11	1.05~1.06
	51~80	1.10~1.09	1.01~1.02
	80~100	1.09~1.08	1.02~1.015
	100 以上	1.07~1.05	1.02~1.01

（3）为了保证管材的力学性能和内表面质量，在衬拉管材时必须既要有减径量，又要有减壁量。这要求管坯壁厚 S_0 必须大于成品管的壁厚。当 $S_k \leqslant 4.00$ mm 时，$S_0 \geqslant S_k + (1 \sim 2)$ mm；当 $S_k > 4.00$ mm 时，$S_0 \geqslant 1.5S_k$，也可用表 3-12 给出的数据。

例 3-2 拉拔外径为 (20 ± 0.1) mm、壁厚为 (0.5 ± 0.03) mm 的紫铜管的配模计算。技术条件：抗拉强度 $\sigma \geqslant 353.0$ MPa。

解：（1）确定坯料断面尺寸。考虑成品偏差，成品的最大、最小断面积为：

$$F_{k,max} = \pi(D_{kmax} - S_{kmax})S_{kmax} = \pi(20.1 - 0.53) \times 0.53 = 32.6 (mm^2)$$

$$F_{k,min} = \pi(D_{kmin} - S_{kmin})S_{kmin} = \pi(19.9 - 0.47) \times 0.47 = 28.6 (mm^2)$$

根据紫铜强度与延伸系数的关系曲线查得所需延伸系数为 1.65，则所需坯料的最小断面积为：$F_{0,min} = 1.65 \times 32.6 = 53.8 (mm^2)$。

根据工厂产品目录，选择挤压管坯尺寸为 $\phi(27 \pm 0.1)$ mm×(2 ± 0.05) mm，则所选管坯的最大断面积为：$F_{0,max} = \pi(27.1 - 2.05) \times 2.05 = 161.3 (mm^2)$。

最大的（计算）总延伸系数为：$\lambda_{\Sigma max} = F_{0,max}/F_{k,min} = 161.3/28.6 = 5.6$。

（2）查表 3-16，取平均道次延伸系数 $\bar{\lambda} = 1.5$，则拉拔道次数为：$n = \ln\lambda_{\Sigma max}/\ln\bar{\lambda} = \ln5.6/\ln1.5 = 4.25$，$n$ 取整数 5。

道次数增加，故实际平均道次延伸系数为：$\bar{\lambda} = \sqrt[5]{\lambda_{\Sigma max}} = \sqrt[5]{5.6} = 1.41$。

管子平均直径总延伸系数为：$\lambda_{\overline{D\Sigma}} = \overline{D_0}/\overline{D_k} = 25.05/19.43 = 1.29$。

管子道次平均直径延伸系数为：$\bar{\lambda_D} = \sqrt[5]{\lambda_{\overline{D\Sigma}}} = \sqrt[5]{1.29} = 1.05$。

管子壁厚总延伸系数为：$\lambda_{S\Sigma} = S_0/S_k = 2.05/0.47 = 4.35$。

管子壁厚平均延伸系数为：$\bar{\lambda_S} = \sqrt[5]{\lambda_{S\Sigma}} = \sqrt[5]{4.35} = 1.34$。

（3）根据铜的加工性能，按道次延伸系数的分配原则，参考壁厚平均延伸系数和直径平均系数值，将延伸系数分配如下：

各道次平均直径延伸系数按平均分配法分配，为：$\lambda_{\overline{D1}} = \lambda_{\overline{D2}} = \lambda_{\overline{D3}} = \lambda_{\overline{D4}} = \lambda_{\overline{D5}} = 1.05$。

各道次壁厚延伸系数按逐道次递减分配，为：$\lambda_{S1} = 1.44$；$\lambda_{S2} = 1.41$；$\lambda_{S3} = 1.38$；$\lambda_{S4} = 1.35$；$\lambda_{S5} = 1.15$。

各道次的延伸系数可按公式 $\lambda_j = \lambda_{\overline{D}j} \cdot \lambda_{Sj}$ 计算，计算结果为：$\lambda_1 = \lambda_{\overline{D1}} \cdot \lambda_{S1} = 1.44 \times 1.05 = 1.51$。同理可得：$\lambda_2 = 1.48$，$\lambda_3 = 1.45$，$\lambda_4 = 1.42$，$\lambda_5 = 1.21$。

（4）各道次制品尺寸的计算。

各道次管子的平均直径可按公式 $\overline{D}_j = \lambda_{\overline{D}} \cdot \overline{D}_{J+1}$ 计算，结果为：$\overline{D}_4 = \lambda_{\overline{D}} \cdot \overline{D}_5 = 1.05 \times 19.43 = 20.40$。同理可得：$\overline{D}_3 = 21.40$，$\overline{D}_2 = 22.50$，$\overline{D}_1 = 23.70$，$\overline{D}_0 = 25.05$。

表3-19列出的是 $\phi27 \text{ mm} \times 2 \text{ mm}$ 的管坯拉拔到 $\phi20 \text{ mm} \times 0.5 \text{ mm}$ 的管材，各道次的主要参数情况。

表 3-19　用固定短芯头拉拔时各道次的主要参数

参数	坯料	道次				
		1	2	3	4	5
$\lambda_{\overline{D}}$		1.05	1.05	1.05	1.05	1.05
$\overline{D}/\text{mm}$	25.05	23.70	22.50	21.40	20.40	19.43
S/mm	2.05	1.42	1.01	0.73	0.54	0.47
λ_S		1.44	1.41	1.38	1.35	1.15
D/mm	27.1	25.12	23.51	21.13	20.94	19.90
d/mm	23.00	22.28	21.49	20.67	19.86	18.96
a/mm		0.72	0.79	0.82	0.81	0.90
F/mm	161	105.72	71.39	49.07	34.60	28.69
λ		1.51	1.48	1.45	1.42	1.21

（5）验算各道次的拉拔力和安全系数（略）。

D　游动芯头拉管配模计算

游动芯头拉拔与固定芯头拉拔相比，具有许多的优点：它可以改善产品的质量，扩大产品品种；可以大大提高拉拔速度；道次加工率大，如对紫铜固定短芯头拉拔，延伸系数不超过1.5，用游动芯头可达1.9；工具的使用寿命长，如拉拔H68管材时比固定短芯头的大1~3倍，特别是对拉拔铝合金、HAl77-2、B30一类易黏结工具的材料效果更为显著；有利于实现生产过程的机械化和自动化。

游动芯头拉拔配模除应遵守项目3中所规定的原则外，还应注意，减壁量必须有相应的减径量配合，若不满足此要求，将导致管内壁在拉拔时与芯头大圆柱段接触，破坏力平衡条件，使拉拔不能正常进行。

当拉模模角 $\alpha = 12°$，芯头锥角 $\beta = 9°$，而芯头又处于模子定径带的前极限位置时，减径量与减壁量应满足下列关系：

$$D_1 - d \geqslant 6\Delta S \tag{3-28}$$

式中　D_1，d ——游动芯头大小圆柱直径，mm；

　　　ΔS ——道次减壁量，mm。

实际上，由于在正常拉拔时芯头往往不处于前极限位置，所以在 $D_1 - d \leqslant 6\Delta S$ 时仍可拉拔。$D_1 - d$ 与 ΔS 之间的具体关系取决于工艺条件，根据现场经验，在 $\alpha = 12°$、$\beta = 9°$，用乳液润滑拉拔铜及铜合金管材时，式（3-28）可改为：

$$D_1 - d \geqslant (3 \sim 4)\Delta S \tag{3-29}$$

由于配模时必须遵守上述条件，故与用其他衬拉方法相比较，游动芯头拉拔的应用受到一定的限制。游动芯头拉拔铜、铝及合金的延伸系数如表 3-20 和表 3-21 所示。

表 3-20　铜及其合金游动芯头直线拉拔的延伸系数

合金	道次最大延伸系数		平均道次延伸系数	两次退火间延伸系数
	第一道	第二道		
紫铜	1.72	1.90	1.65 ~ 1.75	不限
HAl77-2	1.92	1.58	1.70	3
H68、HSn0-1	1.80	1.50	1.65	2.5
H62	1.65	1.40	1.50	2.2

表 3-21　$\phi 20 \sim 30$ mm 铝管直线与盘管拉拔时的最佳延伸系数

道次	14.7 kN 链式拉拔机		$\phi 1525$ mm 圆盘拉拔机	
	道次延伸系数	总延伸系数	道次延伸系数	总延伸系数
1	1.92	—	1.71	—
2	1.83	4.51	1.67	2.85
3	1.76	6.20	1.61	4.60

例 3-3　拉拔 HAl77-2 铝黄铜 $\phi 30 \times 1.2$ mm，长 14 m 冷凝管的配模计算。

解：（1）选择坯料。根据工厂条件及成品管材长度要求，选择拉拔前坯料的规格为 $\phi 45 \times 3$ mm，它是由 $\phi 195 \times 300$ mm 铸锭经挤压（$\phi 65 \times 7.5$ mm）、冷轧（$\phi 45 \times 3$ mm）及退火工序而生产的。

（2）确定拉拔道次及中间退火数。查表 3-18 平均道次延伸系数取 $\overline{\lambda} = 1.7$，两次退火间的平均延伸系数 $\overline{\lambda'} = 3$，则拉拔道次数 n 和中间退火数 n_1 为：

$$\lambda_\Sigma = \frac{F_0}{F_k} = \frac{\pi(D_0 - S_0)S_0}{\pi(D_k - S_k)S_k} = \frac{(45 - 3) \times 3}{(30 - 1.2) \times 1.2} = 3.65$$

$$n_1 = \frac{\ln \lambda_\Sigma}{\ln \overline{\lambda'}} = \frac{\ln 3.65}{\ln 3} = 1.17$$

$$n = \frac{\ln \lambda_\Sigma}{\ln \overline{\lambda}} = \frac{\ln 3.65}{\ln 1.7} = 2.24$$

取拉拔道次数 n 和中间退火数 n_1 分别为 3 和 1，并将中间退火安排在第一道拉拔之后。

实际平均道次延伸系数 $\overline{\lambda}$ 为：

$$\overline{\lambda} = \sqrt[n]{\lambda_\Sigma} = \sqrt[3]{3.65} = 1.54$$

（3）确定各道次拉拔后管子的尺寸、芯头的小圆柱段和大圆柱段的直径。

1）各道次拉拔时的减壁量初步分配为：0.9 mm→中间退火→0.6 mm→0.3 mm。计算各道的壁厚，如表 3-22 所示。

2）选取拉模模角，确定游动芯头小圆柱段、大圆柱段直径 d、D_1。计算 $D_1 - d$，按表 3-22 进行检查，$D_1 - d$ 均符合各道拉拔时减壁量的要求，并符合芯头规格统一化要求。

3）游动芯头大圆柱段直径与管坯内径的间隙选为：0.8 mm→退火→1.0 mm→0.6 mm。从而可以计算各道次拉拔后管子的尺寸。

4）计算各道延伸系数，对各道次进行验算，检查其是否在允许范围内及其分配的合理性，并进行必要的调整。

表 3-22　游动芯头拉拔时各道次的参数计算

工序名称	拉拔后管子尺寸/mm			减壁量 ΔS/mm	间隙 a/mm	游动芯头直径/mm			延伸系数 λ	拉拔后管子长度/mm
	D	d	S			D_1	d	D_1-d		
坯料	45	39	3							4.3
第一道拉拔退火	38.4	34.2	2.1	0.9	0.8	38.2	34.2	4	1.65	6.9
第二道拉拔退火	33.2	30.2	1.5	0.6	1.0	33.2	30.2	3	1.615	10.7
第三道拉拔退火	30	27.6	1.2	0.3	0.6	29.6	27.6	2	1.38	14.8

3.5.1.4　多模连续拉拔配模计算

多模连续拉拔配模主要用于拉拔线材。与一般单模拉拔配模不同，多模连续拉拔配模的延伸系数分配与拉线机原始设计的绞盘速比有关。

由于连续拉线机分为滑动式和非滑动式两大类，多模连续拉拔配模也分为滑动式多模连续拉拔配模和无滑动式多模连续拉拔配模。对储线式无滑动拉线机，因为各绞盘上的线圈储存量可以调节拉拔过程，故对配模的要求不甚严格。就滑动式连续拉线机来说，若要进行 k 道次连续而稳定的拉拔，必须考虑下面几个问题。

（1）滑动式多模连续拉拔的拉拔力是靠绞盘与线材之间产生的摩擦力提供的。只有在绞盘旋转的线速度 u_n 大于缠绕在其上的线材的速度 v_n 的情况下，绞盘作用于线材的摩擦力（即拉拔力）方向才与线材速度方向一致。绞盘旋转的线速度大于缠绕在其上的线材的速度，这是实现滑动拉拔的必要条件，可表示为：

$$\frac{u_n}{v_n} > 1 \quad 或 \quad R_n = \frac{u_n - v_n}{u_n} > 0 \qquad (3-30)$$

式中　　R_n ——第 n 道次滑动率。

（2）在实际拉拔中，只满足必要条件，仍不能保证拉线稳定进行。例如，润滑剂黏度大时，会使线材和绞盘发生短时黏结，此时两者速度相同，很容易引起断线。为防止类似情况的断线，任一道次的延伸系数 λ_n 必须大于相邻两个绞盘的速比 γ_n，这是实现滑动连续拉拔的充分条件，可表示为：

$$\frac{F_{n-1}}{F_n} > \frac{u_n}{u_{n-1}} , \lambda_n > \gamma_n \quad \text{或} \quad \tau_n = \frac{\lambda_n}{\gamma_n} > 1 \tag{3-31}$$

式中 τ_n——第 n 道次滑动系数。

（3）道次滑动系数、道次滑动率分配。道次滑动系数在大于 1 的条件下，不宜选择过大，过大不仅会使能耗增加和绞盘过早磨损，而且容易划伤金属表面和增大金属损耗。一般，道次滑动系数在 1.04~1.15 内选定，拉拔粗线选择大一些，细线小一些。关于道次滑动率，应使其变化由第一个绞盘向最后一个绞盘逐渐减小。

（4）道次延伸系数的分配。道次延伸系数的分配有等值与递减两种。目前在大拉机上拉拔铜线均采用递减的延伸系数，拉拔铝线则用等值的延伸系数；在中、小、细和微拉机上采用等值延伸系数。道次延伸系数一般为 1.26。但是随着拉线速度的不断提高，为了减少断线次数，将道次延伸系数降至 1.24 左右。对大拉机，由于拉拔的线较粗，速度较低，故道次延伸系数可达 1.43 左右。为了控制出线尺寸的精度，一些拉线机，例如小拉与细拉机上最后一道的延伸系数很小，为 1.16~1.06。

线材多模连续拉拔配模的具体步骤是：

（1）根据所拉拔的线材和线坯直径选择拉线机，在正常情况下，拉线消耗的功率不应超过拉线机的功率。

（2）计算由线坯到成品总的延伸系数 λ_Σ，确定拉拔道次 n 并分配道次延伸系数。

（3）根据现有拉线机说明书查得各道次绞盘速比，并计算总速比 γ_Σ。其计算公式为：

$$\gamma_\Sigma = \frac{u_k}{u_1} = \frac{u_2}{u_1}\frac{u_3}{u_2}\cdots\frac{u_k}{u_{k-1}} = \gamma_2\gamma_3\cdots\gamma_k \tag{3-32}$$

（4）根据总延伸系数 λ_Σ 和总速比 γ_Σ 计算总滑动系数 τ_Σ。其计算公式为：

$$\tau_\Sigma = \frac{\lambda_\Sigma/\lambda_1}{\gamma_\Sigma} \tag{3-33}$$

（5）确定道次平均滑动系数 $\bar{\tau}$。其计算公式为：

$$\bar{\tau} = \sqrt[k-1]{\tau_\Sigma} \tag{3-34}$$

（6）根据 $\bar{\tau}$ 的大小按照道次延伸系数的分配原则分配各道次的滑动系数 τ_1，τ_2，…，τ_k 并根据 $\lambda_n = \tau_n\gamma_n$ 计算各道次的延伸系数 λ_1，λ_2，…，λ_n。

（7）根据 $F_n = \lambda_n F_{n-1}$，由后向前计算各道的线材直径及断面积。

（8）根据 $v_{n-1} = v_n/\lambda_n$ 计算各道的线速，求出各道次的滑动率。

（9）计算拉拔力，校核安全系数。或直接上机试用。

例 3-4 直径为 $\phi7.2$ mm 的紫铜热轧线坯，拉拔直径为 $\phi1.6$ mm 的铜丝配模计算。

解：

（1）根据所用线坯直径和成品尺寸，在 Ⅱ-9 模滑动式拉拔机上进行拉拔。

（2）根据线坯和成品的尺寸，计算总延伸系数及拉拔道次

$$\lambda_\Sigma = F_0/F_k = 7.2^2/1.6^2 = 20.25$$

取平均道次延伸系数 $\bar{\lambda}$ 为 1.43，则拉拔道次为：

$$n = \ln\lambda_\Sigma/\ln\bar{\lambda} = \ln20.25/\ln1.43 = 8.4，取 9 道次$$

（3）计算速比，Ⅱ-9 模拉拔机上有三级速度，如表 3-23 所示。

表 3-23　Ⅱ-9 模拉拔机上的三级速度

绞盘序号	1	2	3	4	5	6	7	8	9
一级速度	1.445	1.8	2.252	2.81	3.53	4.41	5.504	6.86	8.126
二级速度	1.82	2.271	2.833	3.538	4.447	5.543	6.925	8.633	10.244
三级速度	2.741	3.422	4.269	5.331	6.7	8.353	10.434	13.008	15.404

取二级速度时，第 6 道次的速比 $\gamma_6 = u_6/u_5 = 5.543/4.447 = 1.246$，其余道次同理计算。绞盘总速比 $\gamma_\Sigma = u_9/u_1 = 10.244/1.82 = 5.63$。

根据实际生产情况取 $\lambda_1 = 1.55$，则总滑动系数和道次平均滑动系数分别为：

$$\tau_\Sigma = \frac{\lambda_\Sigma/\lambda_1}{\gamma_\Sigma} = \frac{20.25/1.55}{5.63} = 2.32, \quad \bar{\tau} = \sqrt[k-1]{\tau_\Sigma} = \sqrt[8]{2.32} = 1.11$$

（4）分配各道次滑动系数，计算各道次延伸系数。

按递减规律分配各道次滑动系数 $\tau_2 = 1.15, \cdots, \tau_9 = 1.1$，结果见表 3-24。根据 $\lambda_n = \tau_n \cdot \gamma_n$ 计算各道次延伸系数，有：$\lambda_2 = \tau_2 \gamma_2 = 1.15 \times 1.248 = 1.44$，其他道次延伸系数同理计算，结果见表 3-24。

（5）计算各道次的断面积。

成品断面积已知，由公式 $F_{n-1} = F_n/\lambda_n$ 可计算出各道次的断面积，结果见表 3-24。

（6）计算线材速度。

第 9 个绞盘是收线绞盘，它旋转的线速度和其上的线材速度相同，即 $u_9 = v_9$。第 8 个绞盘上线材可根据公式 $v_{n-1} = v_n/\lambda_9$ 得：$v_8 = v_9/\lambda_9 = u_9/\lambda_9 = 10.244/1.29 = 7.94$。其余各绞盘的线材速度依次可以求出，结果见表 3-24。

（7）计算各道次滑动率。

各道次滑动率可按公式 $R = \dfrac{u_n - v_n}{u_n} \times 100\%$ 求出，结果列于表 3-24 中。

（8）计算拉拔力，校核安全系数（略）。

表 3-24　Ⅱ-9 模拉拔机上的配模计算结果

模子序号	绞盘圆周速度/m·s⁻¹	绞盘圆周速比 γ	滑动系数 τ	各道次延伸系数	线材断面积/mm²	线材直径/mm	线材速度/m·s⁻¹	滑动率 R
0	1.82				40.72	7.2		
1	2.271	1.248	1.15	1.55	26.24	5.78	0.776	57.36
2	2.833	1.247	1.12	1.44	18.25	4.82	1.117	50.81
3	3.538	1.249	1.12	1.4	13.07	4.08	1.564	47.62
4	4.447	1.257	1.115	1.4	9.348	3.45	2.19	38.1
5	5.543	1.246	1.115	1.4	6.697	2.92	3.067	31.03
6	6.925	1.249	1.1	1.39	4.831	2.48	4.263	23.09
7	8.633	1.247	1.1	1.37	3.53	2.12	5.84	15.67
8	10.244	1.187	1.1	1.36	2.602	1.82	7.94	8.03
9				1.29	2.011	1.6	10.244	

3.5.2 热处理和酸洗

3.5.2.1 热处理

A 热处理的目的及种类

由坯料拉拔到产品，需要进行多次热处理。生产中采用的热处理按其目的不同可分为：中间退火、成品退火、消除内应力退火和淬火等。

（1）中间退火。中间退火安排在拉拔过程中进行，目的是消除拉拔过程中线材产生的冷加工硬化而恢复其塑性，满足进一步拉拔的要求。中间退火时线材要发生再结晶，退火温度高于合金的再结晶温度。

（2）成品退火。成品退火是为了达到成品要求的性能标准和消除内应力所进行的退火，安排在拉拔结束后进行。在条件允许时，成品退火最好采用无氧化退火，这样可以免除酸洗，保持金属光泽。

（3）消除内应力退火。为消除制品在冷加工时产生的内应力，通常采用在再结晶温度以下的低温退火。退火后的制品没有消除加工硬化，仍能保持硬制品的力学性能。也可称为成品退火。

（4）淬火和时效。少数合金，为了改善其内部组织和提高硬度和强度，需要进行淬火和时效处理。淬火温度应选择在可使合金元素最大限度地溶入固溶体而不致使合金产生过热，即略低于共晶温度。

B 热处理的工艺要求

a 铜锌合金的退火要求

铜锌合金可在除去水蒸气、含氢 5%～10%（体积分数）的分解氨中或除去二氧化碳和水蒸气的发生炉煤气中进行光亮退火。

退火易脱锌的合金（如 H68、HSn70-1、HAl77-2 等），当采用煤气炉退火时，用焖炉退火，即把炉温升到高于退火温度，装料后，停止加热，保持正压。

对于含锌量（质量分数）大于 20% 的黄铜（如 H62、H68、HSn70-1、HSn62-1、HPb59-1、HAl77-2、HPb63-3、HPb3-0.1 硅青铜、锌白铜等）拉拔后要及时（一般不超过 24 h）退火，以防止应力破裂。

b 镍合金的退火要求

为了获得光亮的表面和避免因吸氧而发脆，可在离解的和未完全燃烧的氢气中进行，也可再经过干燥，并除去二氧化碳、水蒸气的发生炉煤气中进行。

c 退火时保护性气氛的选择

保护性气体的选择，原则上取决于被加热物体及其表面的要求。表 3-25 为一般常用的退火炉气氛。

表 3-25 一般常用的退火炉气氛

气体	成分/%							使用范围	说明
	CO_2	CO	H_2	N_2	NH_4	H_2O	其他		
氧化性							空气	用于没有条件使用保护性气氛的场合	

气体	成分/%							使用范围	说明
	CO_2	CO	H_2	N_2	NH_4	H_2O	其他		
水蒸气						H_2O		紫铜	有蒸气凝结
二氧化碳	CO_2							紫、黄、青铜	
氮气				99				紫、黄、青铜	
氢气			99.8~100					镍及镍合金	
氨气					NH_4			青铜淬火	
液氨分解				25				所有合金退火	紫、黄铜适用于低温退火
真空								所有合金退火	黄铜用低真空
抽真空—通保护气								所有合金退火	单独装置

　　d　接触退火的工艺要求

　　电阻系数较大的白铜、镍及镍合金、黄铜以及青铜均可用通电直接加热金属而达到退火的目的。

　　接触退火时的退火温度可通过金属加热时线膨胀量的变化或用光电控制器来控制，也可用电流的大小来控制。

　　3.5.2.2　酸洗

　　A　酸洗目的

　　热轧坯料或退火后的制品，表面形成一层氧化物，拉拔前一般用酸洗的方法去除。有些金属或合金的氧化皮，如镍及镍合金，则需在拉拔 1~2 个道次后再酸洗去除。

　　B　对酸洗液的要求

　　酸洗液应能很快溶解氧化物，而主要金属溶解很慢或完全不溶解，应不产生有毒性气体，并且应来源广泛，价格便宜。

　　C　酸洗工序

　　酸洗工序是：酸洗→水洗→中和→干燥。

　　首先把带有氧化皮的金属浸在一定化学组成及浓度的酸洗液中，经过一段时间取出来。为了从金属表面消除残酸及附在其上的金属粉末，要进行水洗。水洗是用高压水喷射刚酸洗后的金属。为了彻底去掉金属表面上的残酸，使之在拉拔前不致变色，水洗后的金属应浸入温度为 60~80 ℃、含 1%~2%（质量分数）肥皂水中停留一段时间，肥皂和残酸起中和作用，最后还需用热风或电炉来干燥。

　　重有色金属及其合金通常在硫酸溶液中进行酸洗。对于在氧化性气氛中进行退火的金属和合金，如铜镍合金、青铜、镍及镍合金，这些金属的氧化物很难溶解在稀酸溶液中，因而采用（质量分数）$50\%H_2SO_4 + 25\%HNO_3 + 25\%H_2O$ 或 $75\%H_2SO_4 + 25\%HNO_3$ 酸溶液进行浓酸洗。酸洗液的温度为 40~60 ℃。酸洗液温度过高及酸浓度过大，会使酸蒸气过多，妨碍健康；而在温度低于 30 ℃时酸洗，酸洗的速度显著降低。为了缩短酸洗时间，要经常搅动酸液。

为了使酸洗后的金属表面光洁和具有本来的颜色，经硫酸溶液酸洗后的金属有的还进行二段酸洗，此时在硫酸溶液中加入 2%~6%（质量分数）的重铬酸钾或重铬酸钠。

D　酸洗时的注意事项

（1）配制酸洗液的程序。应先往槽内注水，然后加酸，以防爆炸；

（2）严禁铁器进入酸洗槽中，以防制品表面镀铜；

（3）酸洗不同的金属要求不同的酸洗液，不同成分的金属不能混洗；

（4）为加速镍及镍合金酸洗速度和效果，允许在酸溶液中加入少量的氯化钠；

（5）酸洗不能过度，以免引起氢脆；

（6）定期检测酸洗液中的硫酸浓度和硫酸盐浓度，保证酸洗质量。

E　废酸洗液的处理

a　废酸洗液的利用

将废酸洗液抽到容器里，用加热蒸发的方法来回收硫酸铜。废酸溶液在蒸发槽内加热，其中水分蒸发直至废液成为硫酸铜的饱和溶液，然后溶液进入布置有许多狭长铅带的结晶器中。当冷却时，硫酸铜以铜钒（$CuSO_4 \cdot 5H_2O$）形式在铅带上析出，经过一段时间后，从槽内拿出铅带，取下铜钒。

b　废酸洗液电解再生

当大规模生产时，采用电解法将废液还原为铜及硫酸。这样在收回铜的同时，溶液可送回酸洗槽去继续使用，减少了酸的消耗。

所谓电解法，就是用酸泵将废液连续地吸入电解槽内，在铜阴极上析出电解铜，在不溶解的铅阳极板上析出氧，电解液中硫酸的浓度不断增加，铜含量逐渐减少。

3.5.3　拉拔润滑

在拉拔过程中，由于工具和制品之间有相对运动，因此存在着摩擦。摩擦的存在对拉拔过程是不利的，也是拉拔时进行润滑的直接原因。

3.5.3.1　拉拔时润滑剂的作用及其要求

A　拉拔时润滑剂的作用

拉拔时，所采用的润滑剂有以下几方面的作用：

（1）能良好地润滑被拉金属的表面及拉拔模孔，降低变形区的摩擦力。

（2）能使制品表面获得良好的光洁度，从而提高产品表面质量。

（3）能带走拉拔时产生的部分热量，有助于采用较大的加工率和高的拉拔速度。

B　对拉拔润滑剂的要求

拉拔时的拉拔方式、条件、产品品种不同，对润滑剂的要求也不尽相同。但是，拉拔润滑剂一般都应满足以下要求：

（1）对工具与变形金属表面有较强的黏附能力和耐压性能，在高压下能形成稳定的润滑膜。

（2）有适当的黏度，既能保证润滑层有一定的厚度和较小的流动阻力，又便于喷涂到工具和金属上，并保证使用与清理方便。

（3）对工具及变形金属有一定的化学稳定性。

（4）温度对润滑剂的性能影响小，且能有效地冷却模具与金属。

（5）对人体无害、环境污染最小。

（6）有适当的闪点及着火点。

（7）成本低，资源丰富。

总之，拉拔润滑剂应满足拉拔工艺、经济与环保等方面的要求。

3.5.3.2 拉拔润滑剂的种类

拉拔时所采用的润滑剂根据其作用的不同分为润滑涂层和润滑剂。

A 润滑涂层

a 采用润滑涂层的原因

有些金属表面形成润滑吸附层很慢，或者根本不形成润滑吸附层（如铝及铝合金、银、白金等），因此需要对金属表面进行预先处理（打底），在金属表面覆盖一层载体膜（涂层），以便润滑剂能够均匀而牢固地附着在润滑涂层表面，保证拉拔时的润滑效果。润滑涂层具有把润滑剂带入摩擦面的功能，因此从广义上来说，它也是一种润滑剂。

b 润滑涂层种类

（1）氧化涂层处理膜。把酸洗后除净表面污染膜的湿坯料，放置在室温潮湿的空气中进行氧化或采用阳极氧化法生成氧化膜，然后再浸涂某种涂料，反应生成的预处理膜。钛及钛合金拉拔时的润滑即采用此种方法。

（2）硼砂处理膜。在黄化处理的基础上，用 5%~30%（质量分数）的硼砂水溶液浸泡坯料，然后干燥，在坯料表面形成一层硼砂处理膜。硼砂处理膜的黏附性好，不易剥落。该法常用于碳钢和低合金钢丝的拉拔。

（3）水玻璃处理膜。即是用水玻璃溶液代替石灰水处理。这种处理可使拉拔后的金属免受大气腐蚀。此法可用于碳钢和低合金钢的拉拔，但不适用于使用液体润滑剂的不锈钢的拉拔，以及随后要热镀和涂敷橡胶的线材。

（4）磷酸盐处理膜。此法即是将经过除油清洗，表面洁净的坯料置于磷酸锌、磷酸锰、磷酸铁或磷酸二氢锌溶液中，使金属表面形成紧密黏附的磷酸锌薄膜。

（5）氟磷酸盐处理膜。该方法是将除净表面污染膜的金属放入氟磷酸盐溶液中进行处理。

（6）草酸盐处理膜。在镍合金制品的拉拔中，采用此种表面预处理。

（7）金属镀膜。该方法一般用于总变形量较大的制品拉拔。金属镀膜有化学法和电镀法两种，在拉拔不锈钢时一般用电镀。在拉拔有黏附倾向的金属（如钛、钽、锆）时，常采用盐类电解液电镀一层厚度在 0.1 mm 以下的锌、锡、铜或镉，并且随后进行磷酸盐处理，作为预处理表面膜。

（8）树脂膜。该法可克服草酸盐膜变形程度有限以及金属镀层难以去除等问题。近年来，使用较多的是用于奥氏体不锈钢中丝和细丝拉拔及弹簧钢丝自动覆膜的氯化树脂及氟化树脂膜。

B 润滑剂

润滑剂按其形态分为湿式润滑剂和干式润滑剂。

a　湿式润滑剂

湿式润滑剂使用得比较广泛，按其化学成分，分为以下几种。

（1）矿物油。它属于非极性烃类，通式为 C_nH_{2n+2}。常用的矿物油有锭子油、机械油、汽缸油、变压器油以及工业齿轮油等。

矿物油与金属表面接触时只发生非极性分子与金属表面瞬时偶极的互相吸引，在金属表面形成的油膜纯属物理吸附，吸附作用很弱，不耐高压与高温，油膜极易破坏。因此，纯矿物油只适合有色金属细线的拉拔。

矿物油的润滑性质可以通过添加剂改变，扩大其应用范围。

（2）脂肪酸、脂肪酸皂、动植物油脂、高级醇类和松香。它们是含有氧元素的有机化合物，在其分子内部，一端为非极性的烃基，另一端则是极性基。这些化合物的分子中极性端与金属表面吸引，非极性端朝外，定向地排列在金属表面上。由于极性分子间的相互吸引，而形成几个定向层，组成润滑膜。润滑膜在金属表面上的黏附较牢固，润滑能力较矿物油强。因此，在金属拉拔时，可作为油性良好的添加剂添加到矿物油中，增强矿物油的润滑能力。

（3）乳化液。乳化液通常由水、矿物油和乳化剂所组成，其中水主要起冷却作用，矿物油起润滑作用，乳化剂使油水乳化，并在一定程度上增加润滑性能。

目前有色金属拉拔所使用的乳液是由 80%～85%（质量分数）机油或变压器油、10%～15%（质量分数）油酸、5%（质量分数）的三乙醇胺配制成乳剂之后，再用 90%～97%（质量分数）的水搅拌成乳化液供生产使用。

b　干式润滑剂

与湿式润滑剂相比，干式润滑剂具有承载能力强、使用温度范围宽的优点，并且在低速或高真空中拉拔也能发挥良好的润滑作用。干式润滑剂的种类很多，但最常用的是具有层状结构的石墨与二硫化钼等。

（1）二硫化钼。二硫化钼外观呈灰黑色、无光泽，其晶体结构为六方晶系的层状结构。

二硫化钼具有良好的附着性能、抗压性能和减磨性能，摩擦系数为 0.03～0.15。二硫化钼在常态下，-60～349 ℃时能很好地润滑，温度达到 400 ℃时，才开始逐渐氧化分解，高于 540 ℃氧化速度急剧增加，氧化产物为 MoS_2 和 SO_2。但在不活泼的气氛中至少可使用到 1090 ℃。此外，MoS_2 还有较好的抗腐蚀性和化学稳定性。

二硫化钼的缺点是颜色黑、难洗涤和污染环境。

（2）石墨。石墨和二硫化钼相似，也是一种六方晶系层状结构。

石墨在常压中，温度为 540 ℃时可短期使用，426 ℃时可长期使用，氧化产物为 CO、CO_2。摩擦系数为 0.05～0.19。石墨具有很高的耐磨、耐压性能以及良好的化学稳定性，是一种较好的固体润滑剂。

（3）其他。二硫化钨 WS_2 也是一种良好的固体润滑材料，WS_2 比 MoS_2 的润滑性稍好，比石墨稍差。

肥皂粉（硬脂酸钙、硬脂酸钠等）作润滑剂，有较好的润滑性能、黏附性能和洗涤性能。

以脂肪酸皂为基础，添加一定数量的各种添加剂（如极压添加剂、防锈剂等），可作专用于干式拉拔的润滑剂。

　　C　各种金属材料拉拔使用的润滑剂

　　拉拔不同的有色金属与合金的各种制品所采用的润滑剂是不同的。表3-26为部分实际生产中拉拔铜、镍和铝等金属及其合金常用的润滑剂、成分组成和相应的使用范围。

表3-26　部分实际生产中拉拔铜、镍和铝等金属及其合金常用的润滑剂、成分组成和相应的使用范围

润滑剂类型	成分组成及配比/%	优点	缺点	使用范围
乳液	皂片和水	方便，使用广泛	润滑性能不太好	多次中、细拉
	1.3肥皂+4.0机油+余量水，或1.0肥皂+3.0机油+余量水	冷却性好，便宜，使用广泛	润滑性较差，使用温度不超过70 ℃	多次拉拔各种金属
	4.5三乙醇胺+4.0肥皂+7.5油酸+44.0煤油+余量水	较经济，制品表面光滑	需要专门配置	紫、黄、青铜及铜镍合金
	8~10肥皂+2~3机油+1~2油酸+0.2火碱+余量水			光亮紫、黄铜管
	0.5~1.0肥皂+3~4切削油+0.4油酸+余量水；			紫、黄铜及镍合金管
	5锭子油+3油酸+0.15硫黄+0.5三乙醇胺+余量水；			中拉、细拉铝材
	5肥皂+2硫黄粉（或1~2石墨或硬脂酸铝）+余量水			
油性润滑剂	100剂油，或81~83机油+11~13油酸+2~4三乙醇胺+1~3酒精	中等润滑及冷却性能	污染生产环境	单次拉拔各种金属
	10油酸+85变压器油+5三乙醇，或90植物油+10蓖麻油			紫、黄铜管成品
	85~95变压器油+5~20油酸，或20牛脂+80气缸油			粗拉铝线材
	含硫量小于1%的硫化矿物油、蓖麻油、鲸醇、硬脂酸等			粗拉铝线材
	重油或60黑机油+40高级机油			铝棒型材
黏稠润滑剂	10石墨+10硫黄+余量机油	润滑性能好	冷却性差，污染环境	镍及合金，铍青铜
	2肥皂粉+3水胶+35石墨乳液+余量水	道次加工率大，表面光滑	污染生产环境	热电偶线
	10~15高速机油+80.8~86.8润滑脂+3~4氯代链烷烃+0.2三乙醇胺			粗拉铝材
	65煤油+20.7硬脂酸钙+7.8油酸+6.5三乙醇胺			粗拉铝材

润滑剂类型	成分组成及配比/%	优点	缺点	使用范围
粉末润滑剂	肥皂粉	便宜	冷却性能差	镍及其合金
	3~5 二硫化钼+余量肥皂粉	润滑效果好，使用时间长	表面易出现划道	铜镍合金及镍基合金
固体润滑剂	镀铜+铜用润滑剂	牢固、可靠	不经济	镍及其合金

在使用上述这些润滑剂时，有几点应注意：

（1）随金属的强度和厚度增大，要提高润滑剂的稠度；

（2）随拉拔速度的增加，要减小润滑剂的黏度；

（3）拉线时最常用的是乳液，线材越细，所用乳液的浓度应越低；

（4）拉拔镍合金管时，最有效的方法是用草酸盐处理加皂化润滑。

因为含硫的极压添加剂会使铜腐蚀形成锈斑，故在拉拔铜及其合金时应避免使用。此外，在拉拔细线时，过剩的游离脂或碱可能导致模孔堵塞，使线材划伤或断线。

使用润滑油循环系统拉拔铝材时，黏附在工具上铝的脱落进入润滑剂内会导致润滑油"黑化"，故应采用黏度较小的润滑剂，以减少分离铝屑的困难。

在冷拔钛和稀有金属时，需要先进行氧化处理、氟磷酸盐处理和金属镀膜等表面处理，然后用二硫化钼、石墨、皂粉、蓖麻油、天然蜡等润滑剂进行润滑。表 3-27 为钛及稀有金属拉拔时常用的润滑剂及相应的表面处理。钨、钼拉拔使用石墨乳作润滑剂，其不仅起拉拔润滑作用，而且在加热或热拉过程中还可保护丝料表面不被氧化。此外，还有采用玻璃粉、石墨和树脂，以及石墨和二硫化钼作为润滑剂进行热拉的润滑处理办法。

表 3-27　钛及稀有金属拉拔时常用的润滑剂及表面处理

金属	拉拔制品	表面处理层	润滑剂	使用方法
钛	管	氟磷酸盐	二硫化钼水剂	在已晾干的涂层表面上涂以二硫化钼水剂，然后晾干或在 200 ℃ 以下烘干后进行拉拔
		空气氧化物	氧化锌+肥皂或石墨乳	经空气氧化的表面上涂以氧化锌和肥皂的混合物或石墨乳，晾干或烘干后拉拔
	棒	铜皮	20~30 号机油或气缸油	挤压后铜皮不去除，拉拔时按铜的润滑方法进行润滑
钽和铌	粗丝：0.6~3 mm	氯化处理	固体蜂蜡（70%蜂蜡+30%石蜡）；2%肥皂水；5%的软肥皂水；25%石墨粉+10%阿拉伯树胶+水石墨乳	拉拔前坯料表面进行氯化处理
	细丝小于 0.6 mm	氧化膜层	1%~3%肥皂+10%油脂（猪油）+水	配制成乳液，带氧化膜拉拔
		空气氧化或阳极氧化物层	硬脂酸9 g+乙醇 15 mL+四氯化碳 16 mL+扩散泵油 40 mL	按此比例制配，适用于无氧化膜拉拔
	管		长芯杆拉拔时，内表面用石蜡，外表面用蜂蜡；空拉时，锭子油、机油、氧化石蜡润滑	在芯杆上涂石蜡，管材外表面和模孔中均匀涂蜂蜡；空拉时，把液体润滑剂涂在管子上或边拉边涂

金属	拉拔制品	表面处理层	润滑剂	使用方法
锆	管	氟磷酸盐	二硫化钼水剂	同钛的氟磷酸盐润滑处理的使用方法
	棒	铜皮	20~30 号机油或气缸油	同钛的铜皮处理的使用方法
钼	管	在热态下拉拔，不加处理层	胶体石墨乳	加热前把胶体石墨水剂刷一层在管子上，然后在 200~300 ℃烘干使用，再拉几道后，在热状态下涂上石墨乳

3.5.4　拉拔时制品的缺陷和消除

拉拔生产中的缺陷很多，主要有 17 种。

3.5.4.1　折叠

折叠是指在棒材的外表面或管材内外表面出现的直线形或螺旋形的、连续或不连续的折合分层。

折叠的产生是因坯料质量差引起的，如坯料本身存在折叠或表面有夹杂、严重的刮伤和裂缝，修磨后的管坯有棱角等，这些都可能在拔制中延伸成折叠。

折叠缺陷必须通过提高坯料的质量来避免。

3.5.4.2　裂缝（包括裂纹、发纹）

制品表面上出现的直线或螺旋形分布的连续的和不连续的细小裂纹。其方向多与拔制方向一致。

裂缝的产生原因主要有：（1）坯料内有裂纹或皮下气泡、夹杂物；（2）拉拔变形量选择不当，或存在酸洗氢脆；（3）热处理制度不合理或操作不当，拉拔后未及时热处理等。

裂缝的避免，需通过两方面来实现：一方面是提高管料的质量；另一方面是避免制品在拉拔生产中产生麻点、划道和擦伤等缺陷。

3.5.4.3　凹坑

分布在制品表面、大小不一的局部凹陷。凹坑缺陷是因氧化皮或其他质硬的污物在拉拔或矫直过程中压入管材表面，或者是原来存在于管材表面的翘皮剥落造成的。

仔细检查坯料并除去翘皮等缺陷，保持工作场地、工具和润滑剂等的清洁，防止氧化皮和污物落到制品表面可有效地防止凹坑的产生。

3.5.4.4　尺寸超差

制品的尺寸超出标准规定尺寸要求的范围。尺寸超差包括直径超差、椭圆度超差和壁厚超差（管材）。尺寸超差的产生主要是操作人员的责任心不强，换错模子、更换模子不及时或模子加工超差造成的；另外，拉拔时模子磨损不均、变形不均匀也会造成尺寸超差。

此外，对空拔道次中的壁厚变化量估计不准，使用弧形拉模和锥形芯棒进行短芯头拔制时芯头位置调整不当——过前或过后，也是造成尺寸超差的原因。

圆形制品的横截面变椭圆是由于使用了模孔为椭圆的拉模，或者是由于制品两端弯曲过大，在矫直过程中上下窜动，制品外径过大推入时卡住、尾部甩动过大及各对矫直辊之间压下量分配不均等造成的。若制品的变椭圆是由前者造成的，需及时更换拔模。而对于后者，则应及时消除矫直时造成椭圆的原因。

3.5.4.5 拉裂

拉拔时制品表面出现横向裂缝的现象，称为拉裂。拉裂一般多发生在局部，异型产品多在角部出现。

拉裂的产生原因主要有：（1）热处理制度不合理或操作不当；（2）变形量选择过大或拉拔速度过快；（3）模具入口锥角度太大，使变形区太短；（4）润滑条件不良；（5）坯料质量不佳或有酸洗氢脆。

3.5.4.6 管材壁厚不均

拉拔管材时，管材壁厚不均产生的主要原因是：（1）坯料壁厚不均过大；（2）拔制线和管轴线不一致；（3）芯棒和拉拔模之间的模孔变为椭圆。

为减少管材的壁厚不均，管料的壁厚不均应尽可能小，同时仔细检查模具和调整拔管机。

3.5.4.7 划伤和擦伤

这种缺陷的特征是在制品的表面上呈现纵向直线形的、长短不一的、肉眼可见的划痕，多为沟状，也有可能是凸起的条纹。划伤和擦伤产生的原因是：（1）制品在生产和运输过程中，与料架、链条等互相碰撞造成；（2）在热处理过程中，不小心被擦伤；（3）模具粘金属；（4）模具的强度和硬度不够或不均；（5）模具出现碎裂和磨损；（6）锤头不良，锤头过渡部分的尖锐棱角损伤了模具；（7）矫直时，矫直辊表面不良等。

在生产中，防止划伤和擦伤的产生，可从以下两方面入手。（1）提高拔制前后各工序的质量；（2）使用强度及硬度高、光亮度好的模具。

3.5.4.8 拔断

产生拔断的原因是：变形量过大；热处理和酸洗润滑的质量不好；锤头不合乎要求；锤头前的加热产生了过热或过烧；拔制线和管子轴线不一致；短芯棒伸出拉拔模的定径带过前；开拔速度过快等。拉拔中要避免拔断，应注意：（1）拔制前管子的尺寸和配模严格按照工艺的规定；（2）拉拔模和芯棒的位置正确；（3）保证拔制前各准备工序的质量；（4）拔制速度较高时，低速开拔。

3.5.4.9 空拔头过长

短芯棒拔制时，管材前端存在一段空拔头是正常的。但若空拔头过长就会增加切头量，加大金属消耗。

空拔头过长的原因是开拔时芯棒没有及时推入或者芯棒未能被管材带入变形区造成的。对于前一种情况，要注意操作和使用定位器。而对后一种情况，则可在砂轮上打磨芯棒端部倒角，使之有利于被带入变形区。

3.5.4.10 抖纹

这种缺陷只在短芯棒拔制时产生，它是管材内表面或内外表面上呈现高低不一、数目不同的波浪形环痕，有的是连续的，有的是断续的，有的是整圈的，也有的不是整圈的。抖纹的产生，是由于拔制过程中管子和芯棒拉杆发生了抖动。其具体的原因是：（1）酸洗和润滑质量不好；（2）拔制时摩擦力增加而且不断变化；（3）热处理后沿管长度力学性能不一致；（4）芯棒拉杆过长过细；（5）芯棒位置过前或过后，以及变形量过大等。

对于抖纹的防止，要从提高酸洗、润滑和热处理的质量、正确调整芯棒的位置、避免使用直径过细的芯棒拉杆等方面入手。

3.5.4.11　纵向开裂

管材呈现的穿透管壁的纵向开裂，具有突发性。纵向开裂一般发生在全长，有时只发生在靠锤头部分一端。管材的纵向开裂是一种无法挽救的缺陷，一旦出现，管材即报废。纵向开裂通常只在空拔管中出现，这是因为空拔后管的外表面存在较大的切向拉伸残余应力的缘故。造成纵向开裂的具体原因主要有：（1）减径量太大，使不均匀变形的程度加剧，残余应力增加；（2）空拔时连拔道次过多，管子产生了较大的残余应力和加工硬化现象；（3）退火不当，包括温度过低、温度不均或者时间太短；（4）锤头后过渡部分的管壁局部凹陷过深或拔制后管的尾端不齐有凹口引起应力集中；（5）拔制后未及时退火，并在搁置时遭到冲击；（6）管子表面有折叠等缺陷以及氢脆等。

对于管材纵向开裂的防止，应从以下几方面入手：（1）控制空拔道次的减径量和连拔次数；（2）保证热处理和锤头质量；（3）避免出现氢脆；（4）拔制后的管材及时退火。

3.5.4.12　管壁的纵向凹折

管壁的纵向凹折多发生在空拔薄壁和特薄壁管上，它是由于在拔制过程中管子的减径量过大；当锤头端过渡部分的管壁局部凹陷过深时会增加纵向凹折产生的倾向。

为了防止纵向凹折的产生，在拔制薄壁和特薄壁管时减径量应小一些，锤头质量好一些，或采用双模拔制。

3.5.4.13　翘皮

制品表面局部的、与金属基体分离的、不能自然剥落的薄片。翘皮的产生原因主要有：（1）坯料存在的皮下气泡在拉拔后暴露；（2）热轧时产生的翘皮带至冷拔；（3）坯料上有较深的、具棱角的横向凹坑，在拔制后形成翘皮。

提高坯料质量可以有效地避免翘皮的产生。

3.5.4.14　表面夹灰和夹杂

制品表面或表面裂缝中嵌入非金属夹杂造成制品表面质量降低的现象。

表面夹灰或夹杂的产生原因主要有：（1）挤压坯料的挤压温度过高，造成了严重的氧化；（2）酸洗后表面冲洗不净；（3）拉拔时润滑油没有及时过滤更换，油中有杂质；（4）表面碰伤造成脏物压入。

避免表面夹灰和夹杂应从控制坯料质量和各辅助工序的质量、保持工作环境清洁入手。

3.5.4.15　麻面

管材表面呈现的成片的点状细小凹坑缺陷称为麻面。麻面产生的主要原因是酸洗时产生了点状腐蚀，或退火后氧化皮过厚矫直后压伤了管材的表面和管材保存不好发生锈蚀等。

3.5.4.16　碰（压）凹

这种缺陷主要产生于薄壁管，它是由于搬运、吊运不当，特别在退火出炉时管子堆放过多、低层管被压凹、矫直时管子甩动、切管时夹持过紧等造成的。

3.5.4.17 矫凹

其表现是外表面有圆滑的或具有尖锐棱角的螺旋状印疤。矫凹的产生是由于矫直辊角度不正确、矫直时擦碰到矫直辊边部的凸肩、矫直辊上有磨损的凹槽或产品两端弯曲过大等。

总之，要避免拉拔缺陷的产生，必须从坯料的质量，拉拔操作等各方面入手，具体问题具体分析，不断总结经验，改进生产工艺，提高产品的质量。另外，对已产生缺陷的产品，也要根据具体情况认真分析原因，采取相应的技术措施，加以消除或挽救。

3.5.5 特殊拉拔方法

3.5.5.1 无模拉拔

无模拉拔过程如图 3-53 所示。首先将坯料的一端夹住不动，另一端用可动夹头夹住拉拔。同时，感应线圈在拉拔夹头附近进行局部加热，实现边加热边拉拔，直至该处出现细颈。当细颈达到所要求的减缩尺寸后，感应线圈和拉拔夹头做相反方向的移动。无模拉拔法利用金属在局部加热的同时进行拉拔时，由于被加热部分变形抗力减小，只在该部分产生颈缩，从而代替了普通拉拔工艺中所用的模具，使材料直径均匀缩小。

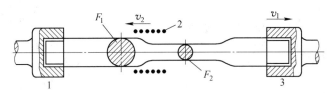

图 3-53 无模拉拔
1—固定夹头；2—加热线圈；3—可动拉拔夹头

无模拉拔的特点是完全没有普通拉拔方法中用的模子、模套等工具，用较小的力就可以加工，一次加工就可得到很大的断面收缩率，如钛合金采用无模拉拔的一次断面减缩率可达 80%。无模拉拔时，与工具之间无摩擦，故对低温下强度高塑性低、高温下因摩擦大而难以加工的材料，是一种有效的加工方法。此外，这种加工方法能实现普通拉拔无法进行的加工。例如，可以制造像锥形棒和阶梯形的变断面棒材，而且还可以进行被加工材的材质调整。

无模拉拔的速度高低，取决于在变形区内保持稳定的热平衡状态，此状态与材料的物理性能和电、热操作过程有关。为了提高生产率，可以用多夹头和多加热线圈同时拉拔数根料。无模拉拔时的拉拔负荷很低，故不必用笨重的设备。无模拉拔的制品加工精度可达 ±0.013 mm。无模拉拔特别适合于具有超塑性的金属材料。

3.5.5.2 集束拉拔

集束拉拔就是将两根以上断面为圆形或异型的坯料同时通过圆的或异型孔模子进行拉拔，以获得特殊形状的异型材的一种加工方法。如把多根圆线捆装入管子中进行拉拔，可获得六角形的蜂窝形断面型材。目前，此种方法已发展成为生产超细丝的一种新工艺。生产不锈钢超细丝的集束拉拔法示意图如图 3-54 所示。

将不锈钢线坯放入低碳钢管中进行反复拉拔，从而得到双金属线。然后将数十根这种线集束在一起再放入一根低碳钢管中进行多次的拉拔。在这样多次的集束拉拔之后，将包覆的金属层溶解掉，即可得到直径为 0.5 mm 的超细不锈钢丝。

采用集束拉拔时，要求包覆的材料价格低廉，变形特性和退火条件与线坯的相似，并且易于用化学方法去除。管子的壁厚为管外径的 10%～20%。线坯的纯度应高，非金属夹杂物尽可能少。

用集束拉拔法制得的超细丝价格低廉，但将这些丝分成一根根使用很困难，另外丝的断面形状有些扁平呈多角形，这些都是其缺点。

3.5.5.3　玻璃膜金属液抽丝

这是一种利用玻璃的可抽丝性，由熔融状态的金属一次制得超细丝的方法（图 3-55）。首先，将一定量的金属块或粉末放入玻璃管内，用高频感应线圈加热，使金属熔化，玻璃管产生软化。然后，利用玻璃的可抽丝性，从下方将它引出、冷却并绕在卷取机上，从而得到表面覆有玻璃膜的超细金属丝。通过调整和控制工艺参数，可获得丝径为 1～150 μm、玻璃膜厚为 2～20 μm 的制品。

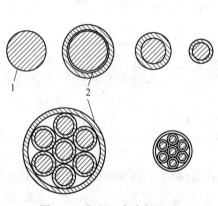

图 3-54　超细丝集束拉拔法
1—线坯；2—包套

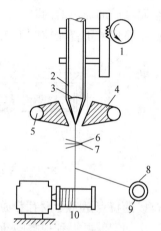

图 3-55　玻璃膜金属液抽丝
1—送料机构；2—玻璃管；3—金属坯料；
4—高频感应加热；5—冷却水；6—水冷；
7—干冰；8—玻璃层；9—铜丝；10—卷取机

玻璃膜超细金属丝是近代制备精密仪表和微型电子器件所必不可少的材料。在不需要玻璃膜时，可在抽丝后用化学方法或机械方法将它除掉。目前用此法生产的金属丝有铜、锰钢、金、银、铸铁与不锈钢等。通过调整玻璃的成分，有可能生产高熔点金属的超细丝。

3.5.5.4　静液挤压拉线

通常的拉拔，由于拉应力较大，道次延伸系数很小。为了获得大的道次加工率，发展了静液挤压拉线的方法。静液挤压拉线机示意图如图 3-56 所示。将绕成螺旋管状的线坯放在高压容器中，并施以比纯挤压时的压力低一些的应力。在线材出模端加以拉拔力进行静液挤压拉线。此法生产的线径最细为 20 μm。由于此法拉拔时，金属与模子间很容易地得到流体润滑状态，故适用于易黏模的材料和铅、金、银、铝、钢一类软的材料。目前，国外已生产有专门的静液挤压拉线机。

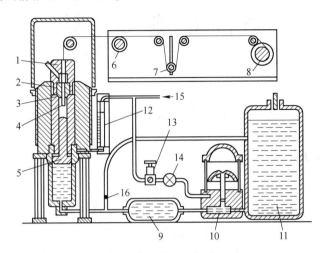

图 3-56　静液挤压拉线机

1—末端螺栓连接；2—模支撑；3—模子；4—卷成螺旋状的线坯；5—增压活塞；6—绞盘；
7—张力调节装置；8—收线盘；9—缓冲罐；10—风动液压泵；11—液罐；12—行程指示板；
13—调压阀；14—截止阀；15—进气口；16—液体排出阀

为了克服在高压下传压介质黏度增加，而使挤压拉拔的速度受到限制，该机采用了低黏度的煤油并加热到 40 ℃。该设备的技术特性为：

最大压力：1500 MPa；

拉丝速度：1000 m/min；

线坯质量：1.5 kg（铜）；

成品丝径：0.5~0.02 mm；

设备的外形尺寸：1.25 m×1.65 m×2.5 m。

复习思考题

3.5-1　什么是拉拔配模，它应满足哪些基本条件？

3.5-2　在拉拔圆形制品配模时，如何确定坯料尺寸？

3.5-3　在拉拔过程中，如何确定中间退火次数和拉拔道次数？

3.5-4　拉拔时，道次延伸系数的分配有哪两种，如何选择？

3.5-5　固定短芯头拉拔 H62 管材，坯料规格为 ϕ39 mm×2.0 mm，成品尺寸为 ϕ3 mm×0.5 mm，试对该产品进行配模计算。

3.5-6　拉拔生产中的退火有几种，各放在什么位置？

3.5-7　酸洗的目的和工序是什么，重有色金属一般采用何种酸洗液酸洗？

3.5-8　拉拔润滑的目的是什么，拉拔对润滑剂有哪些要求？

3.5-9　为什么有的金属在拉拔前必须进行预处理，覆盖一层润滑涂层？

3.5-10　拉拔常用的润滑剂有哪些？

项目4 轧　制

任务4.1　轧制概述

4.1.1　轧制的基本概念

4.1.1.1　轧制的实质

轧制是靠旋转的轧辊与轧件之间产生的摩擦力将轧件拖入轧辊之间的缝隙，使之受到压缩产生塑性变形的压力加工方法。轧制的目的包括两个方面：一方面是获得一定形状和尺寸的轧件；另一方面是使轧件具有一定的组织和性能。轧制与挤压、拉拔、锻造、冲压等统称为金属塑性加工。轧制具有生产率高、产量大、产品种类多等优点，因而成为金属塑性加工中应用最广泛的金属成型方法。

轧制除可以生产钢材外，也可以生产有色金属及合金材，比如生产有色金属及合金的板带箔材、型材和管材等。

4.1.1.2　轧制分类

目前，轧制产品的种类和规格多达数万种，但总体来看，轧制的基本方式有纵轧、斜轧和横轧。

A　纵轧

轧件在相互平行且旋转方向相反的两轧辊之间的辊缝中进行塑性变形，而轧件的运动方向和轧辊轴线互相垂直。不论金属是冷态还是热态，都可进行这种轧制，它是轧制生产中应用最广的一种轧制方法。有色金属及合金的板带箔材和各种型材主要用纵轧方法生产。

B　斜轧

轧件在两个相互呈一定角度且旋转方向相同的轧辊之间进行塑性变形，轧件沿轧辊交角的中心水平线方向进入轧辊，在塑性变形的同时产生既有旋转、又有前进的螺旋运动。斜轧是有色金属及合金管材的主要生产方法。

C　横轧

轧件在两个旋转方向相同的轧辊之间进行塑性变形，且轧件只做旋转运动，其旋转方向与轧辊相反，故轧件与轧辊的轴线相互平行。斜轧可以用于生产齿轮和车轮等产品。

此外，根据轧件的温度，轧制还可分为热轧和冷轧。轧件在再结晶温度以上进行的轧制称为热轧；而轧件在再结晶温度以下进行的轧制称为冷轧。热轧时，轧件塑性好、变形抗力低；冷轧则具有产品尺寸精确、表面光洁等优点。

4.1.2　有色金属轧材的种类及用途

有色金属种类繁多，并且具有许多钢铁无法比拟的优良性能，使其轧材广泛应用于国防、国民经济建设以及人民日常生活的各个方面，并且在许多工业领域中起着钢材无法取代的特殊作用。

4.1.2.1 按有色金属种类分类

按照有色金属的分类方法，其轧材可分为轻有色金属轧材、重有色金属轧材及稀有金属轧材。

A 轻有色金属轧材

轻有色金属主要包括铝、镁及其合金。一般铝及铝合金可分为纯铝（L1~L6）、防锈铝（LF2、LF3、LF5、LF6、LF21 等）、硬铝（LY11、LY12、LY16 等）、超硬铝（LY4、LY9 等）、锻铝（LD2、LD5、LD7、LD11 等）数种。铝合金可按热处理特点不同分为可热处理强化的铝合金和不可热处理强化的铝合金两大类。防锈铝合金是不可热处理强化的铝合金，具有优良的耐蚀性；硬铝合金、超硬铝合金及锻铝合金是可热处理强化铝合金，其轧材经淬火时效处理后可获得很高的强度，但其耐蚀性能与加工工艺性能稍差，为此其中有些合金需要包铝轧制。在两大类铝合金中，每类又可分为很多不同的合金系。表 4-1为铝及铝合金的供应状态名称与标准代号。

表 4-1 铝及铝合金的供应状态

供应状态名称	标准代号	供应状态名称	标准代号
热轧成品	R	不包铝（热轧）	BR
退火状态（软态）	M	不包铝（退火）	BM
冷轧状态（硬态）	Y	不包铝（淬火、优质表面）	BCO
3/4 硬、1/2 硬、1/3 硬、1/4 硬	Y1、Y2、Y3、Y4	不包铝（淬火、冷作硬化）	BCY
特硬	T	优质表面（退火）	MO
淬火	C	优质表面淬火自然时效	CZO
淬火后冷轧（冷作硬化）	CY	优质表面淬火人工时效	CSO
淬火自然时效	CZ	淬火后冷轧人工时效	CYO
淬火人工时效	CS	热加工人工时效	RS
淬火自然时效冷作硬化	CZY	加厚包铝	J

纯铝材由于色泽美丽、耐蚀性好而被广泛用于轻工部门，特别是日常用品与电器用品方面。铝合金根据其性能不同而用途各异，比如超硬铝合金比强度大，主要用于宇航与运输工业，防锈铝合金耐蚀性优良，主要用于建筑及石油化工方面。此外，铝箔作为铝材中的一类产品，主要应用在包装与电子等工业。

镁及镁合金密度小，强度与刚度高，能承受较大的冲击、振动载荷，切削加工性能与抛光性能好，已广泛应用于仪表、光学仪器、无线电元件、汽车制造中，在飞机、导弹、人造卫星与宇宙飞船上也得到越来越多的应用。

B 重有色金属轧材

重有色金属主要包括铜、镍、铅、锌及其合金等，其中铜及铜合金应用最广。铜及其合金按供应状态分为热加工状态（R）、软态（M）、1/3 硬态（Y_3）、半硬态（Y_2）、硬态（Y）及特硬态（T）六种。按牌号分为四类：第一类是紫铜（T1~T4）和无氧铜（TU1、

TU2、TUP、TUMn）；第二类是普通黄铜（H96、H90、H68、H62 等）和特殊黄铜（在普通黄铜中加入第二种合金元素而形成的，主要有铝黄铜如 HAl77-2、铅黄铜如 HPb59-1、锡黄铜如 HSn90-1 等）；第三类是青铜（锡青铜如 QSn4-3、铅青铜 ZCuPb30、铍青铜 QBe2 等）；第四类是白铜（铜镍合金）。

铜及其合金轧材具有很好的导电、导热、耐蚀及可焊接性能，故和铝材一样广泛应用于国防、轻工、汽车与拖拉机、仪表、电气与电子等许多工业部门。

镍及镍合金轧材广泛应用于电真空、耐蚀结构件及电热材料等；锌及锌合金具有较好的耐蚀性与较高的力学性能，其轧材主要用于电池及印刷工业；铅的熔点低，耐腐蚀性能好，射线不易穿透，其轧材主要用作耐酸、耐蚀、蓄电池及防御辐射材料等。

C　稀有金属轧材

稀有金属主要包括钛、钨、钼、钽、铌、锆等。

钛及钛合金密度小，抗拉强度高（可达 1372 MPa），耐蚀性好，它的比强度在金属材料中几乎是最高的，因此其轧材应用广泛，比如重要的宇航结构材料，并在舰船制造与化学工业等领域广泛应用。

钨、钼两种金属性质相似，其熔点、强度和弹性模量高，膨胀系数小，蒸气压低，导电、导热性能良好，可以用作生产合金钢的添加元素；烧结坯料通过热锻或热轧-冷轧成片材及板材，作为高温高强度材料用于宇航、电子电气等工业部门。常见的钨钼丝可做高温电炉的发热体与电光源材料。

钽、铌、锆及其合金轧材或作为高温高强度材料用于宇航工业，或利用其突出的核性能用于原子能工业，或利用其优良的耐蚀性能，在化工设备中作耐蚀零部件等。

4.1.2.2　按轧材的断面形状特征进行分类

有色金属及合金的轧材可分为板带材、型线材以及管材等几大类。

A　板带材

有色金属及合金的轧材主要是板带材，也是应用最广泛的一类轧材。有色金属及合金板带材按厚度可分为厚板、薄板和箔材；按轧制时的温度可分为热轧板带材和冷轧板带材；按材料种类又分为铜板带材、铝板带材等。

B　型线材

有色金属及合金型线材也被广泛应用。由于有色金属及合金一般熔点较低、变形抗力较小，而尺寸和表面要求严格，故其型材、棒材、线材大多数采用挤压法或拉拔法生产，仅在生产批量较大、尺寸和表面要求较低的中小规格的棒材、线坯和简单断面的型材时，才采用轧制方法生产。

C　管材

有色金属及合金的管材生产，包括管材的热加工和冷加工。热加工是指把实心的圆坯经斜轧穿孔制成空心的管坯，然后在轧管机上轧出合适的热轧管；冷加工主要包括冷轧和冷旋压。其中，冷轧具有减壁能力强、可显著地改善来料的性能、尺寸精度和表面质量高等优点，因此被广泛应用到铜及其合金的管材生产上。

4.1.3　有色金属及其合金的轧材生产系统

有色金属及合金材料中，主要以铜、铝及其合金的轧材应用比较广泛，其生产系统规模不大，但一般是重金属和轻金属分别自成系统进行生产，在产品品种上多是板带材、型线材及管材等相混合，在加工方法上多是挤压、轧制、拉拔等相混合，以适应于批量小、品种多及灵活生产的特点和要求。但也有专业化生产的工厂，例如电缆厂、铝箔厂、板带材厂等。

4.1.4　轧制技术的现状与发展

随着冶金、机械、电气工业的进步，计算机自动控制技术的应用以及社会科学技术水平的提高，有色金属的轧制技术，在工艺、设备和理论上也都有着飞跃的发展。总体来说，有色金属轧制工业技术发展的主要特点主要有以下几种。

（1）轧制理论和实践紧密结合。由于计算机自动控制技术的推广应用，轧制理论及有关数学模型的实际用途显著增大，各种轧制新技术、新工艺（如不对称轧制、板形控制技术等）的出现和新的研究方法（如有限元法、极限分析法等）的开拓，也使轧制理论不断得到新的发展，新理论反过来又指导和促进了轧制新技术的发展。

（2）生产过程连续化。不仅热轧生产过程实现了连续铸坯、连续轧制，还实现了连续铸坯与连续轧制直接衔接连续化生产，而且更突出的是冷轧板带箔材也实现了完全连续化生产，尤其是从冶炼、铸坯、到轧制全过程的连续化，亦即连续铸轧或连铸–连轧技术，已经在铜、铝等有色金属轧材生产中日益得到推广和应用。生产过程的连续化也为提高作业速度创造了条件，各种轧机的轧制速度不断提高。

（3）生产过程自动化。生产过程自动化不仅是提高轧机生产能力的重要条件，而且是提高产品质量、节省劳力、降低消耗的重要前提。目前计算机广泛应用在轧制生产中，包括过程控制和数字直接控制等，不仅应用在轧制中，还应用在精整、热处理、无损探伤及生产管理等方面。自动控制技术的广泛应用，大大提高了产品的尺寸精度和平直度，使产品的质量得到大的提高。

（4）节约能源和金属消耗。大力发展连续铸坯技术，并进一步采用连铸–连轧方法，可以大大提高成材率、节约能源消耗、简化工艺过程和降低生产成本，大大提高经济效益；另外，一些新的节能降耗新工艺、新技术也正在得到积极开发和推广应用。

（5）不断扩大产品品种和规格。现在有色金属及合金轧材包括板带材、型线材以及管材等，品种规格已达数万种之多，并且还在不断扩大。例如生产一些宽度超过 3 m 的有色金属板材；开发新的合金；生产厚度在 0.01 mm 以下的箔材等。

轧制生产技术发展的这些特点，正是反映了当前轧制工艺理论研究的主要内容。通过学习与理论分析，来提高产品的质量、产量，扩大品种并降低各项消耗和成本。

复习思考题

4.1-1　什么是轧制，轧制有哪些基本方法？

4.1-2　有色金属轧材是如何分类的？

4.1-3　有色金属轧材生产有哪些特点？

4.1-4　解释名词：热轧；冷轧；纵轧；斜轧；横轧。

任务 4.2 轧 制 设 备

轧制车间的设备可分为两大类：一大类是主机列，也称轧机，它使轧件在旋转的轧辊之间产生塑性变形，得到所需要的断面形状和尺寸的产品；另一大类是辅助设备，这些设备是用来完成轧件的加热、运输、矫正、剪切、冷却、打印和包装等工序的，是必不可少的。

4.2.1 轧机的分类

轧机种类繁多，可按下面几种方法进行分类。

4.2.1.1 按用途分类

轧机按用途可分为型材轧机、板带材轧机和管材轧机。

A 板带材轧机

板带材轧机包括热轧板带轧机、冷轧板带轧机和箔材轧机，其轧辊是平面轧辊，主要用来生产板带箔材，是有色金属轧制车间内应用最多的一类轧机。板带轧机是以轧辊的辊身长度进行标称的。例如，1300 热轧铝板轧机，轧辊的辊身长度为 1300 mm，所轧铝板的最大宽度为 1210 mm。

B 型材轧机

轧机的轧辊上一般刻有轧槽，主要用来生产具有一定断面形状的型线材。型材轧机是按轧辊的公称直径或者人字齿轮中心距进行标称的。例如，320 铝线轧机是指轧机的轧辊公称直径为 320 mm。

C 管材轧机

管材轧机包括热轧管材轧机（主要是斜轧穿孔轧机）和冷轧管材轧机。管材轧机是以轧机（组）所能生产的管材的最大外径来标称的。

4.2.1.2 按构造分类

轧机的构造是指轧机中轧辊的布置方式和辊子的数目。按轧辊的布置方式轧机可分为轧辊水平布置的水平辊轧机、轧辊垂直布置的立辊轧机和轧辊呈斜角布置的斜辊轧机。有色金属轧制最常用的是水平辊轧机，如图 4-1 所示。

（1）二辊轧机。其工作机座中有两个布置在同一垂直平面内的水平轧辊。此轧机结构简单，工作可靠，应用最广泛。二辊轧机又分为可逆式和不可逆式两种：可逆式轧机的轧辊可以正转和反转，因此可以在同一台轧机上将坯料往复轧制多道次；不可逆式轧机轧辊只能向一个方向转动，轧制只能沿一个方向进行。

（2）三辊轧机。轧机中有三个位于同一垂直平面内的水平轧辊。在这种轧机中，有上下两条轧制线，需要用摆动台来升降轧件，实现轧件在两个方向上进行轧制，而轧辊无须反转。三辊轧机又分为三辊劳特轧机（主要用来生产中厚板材）和三辊等径轧机（主要用来生产型材）。

（3）四辊轧机。四辊轧机中有两个直径较大的支撑辊和两个直径较小的工作辊。工作辊与轧件直接接触，使轧件产生塑性变形，其辊径较小可以减小变形区接触面积，降低总

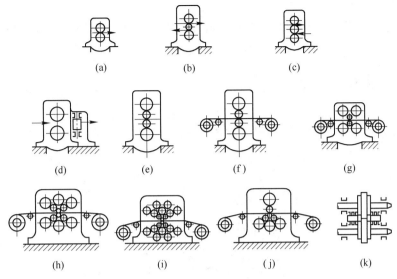

图 4-1　水平辊轧机的种类

（a）二辊轧机；（b）三辊劳特轧机；（c）三辊等径轧机；（d）板材万能轧机；（e）四辊板材轧机；
（f）四辊带材轧机；（g）六辊轧机；（h）十二辊轧机；（i）二十辊轧机；（j）复合式多辊轧机；（k）型材万能轧机

轧制压力；支撑辊起支持作用，可以减少工作辊的弹性弯曲并提高辊系的强度。四辊轧机广泛应用在热轧和冷轧板带、箔材生产。四辊轧机一般驱动工作辊，支撑辊靠其与工作辊之间产生的摩擦力传动；仅在冷轧难变形的有色金属板带箔材而工作辊直径较小时，才驱动支撑辊。

（4）多辊轧机。为了实现冷轧板带产品尺寸的高精度和大的宽厚比，提高轧机的刚性和强度，降低轧制力，出现了六辊、八辊、十二辊和二十辊轧机。这些多辊轧机中，工作辊仅有两个，且辊径很小，其余辊子是支撑辊。多辊轧机主要用来生产厚度极薄和难变形的带材。

（5）万能轧机。既有水平轧辊又有垂直轧辊（立辊）的轧机称为万能轧机。立辊主要用于在水平方向上轧制轧件时，保证轧件两侧边平齐并控制轧件的宽度。

（6）斜辊式轧机。其两个轧辊的轴线呈一定的角度布置，并以相同的方向旋转，在轧制时轧件一边旋转一边前进，主要用于无缝管的穿孔、均整等。

4.2.1.3　按工作方式分类

按轧机的工作方式，可分为以下几种。

（1）不可逆式轧机。这种轧机的每个轧辊只沿一定方向转动，一般采用交流电动机带动。

（2）可逆式轧机。轧件经一道次轧制后，为了能在原来的轧辊间进行下一道次的轧制，可以使轧辊向相反的方向旋转，一般采用直流电动机带动。

（3）带张力轧机。这种轧机能使轧件在轧辊的入口处和出口处产生一定的张力，一般在有色金属及合金带材、箔材成卷冷轧时采用此种轧机。

（4）周期式轧机。这种轧机包括行星轧机、周期式冷轧管机等，其工作特点是：压下过程不是连续地在轧件全长方向上进行，而是周期式地分段进行。

4.2.1.4　按布置分类

这种分类可以反映工作机座的数量、布置及生产能力的大小。主要布置形式有单机座、横列式、纵列式、阶段式、连续式、半连续式、串列布棋式等。

4.2.2　轧机的组成

轧机由一个或数个主机列组成。一般轧机的主机列由主电动机、传动装置和工作机座三部分组成。图 4-2 所示为轧机主机列的各组成部分。

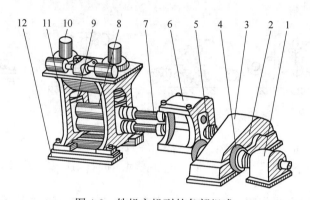

图 4-2　轧机主机列的各部组成

1—主电动机；2—电机联轴节；3—减速机；4—飞轮；5—主联轴节；6—齿轮座；
7—连接轴；8—轧辊；9—轧辊轴承；10—轧辊调整装置；11—机架；12—轨座

4.2.2.1　主电动机

主电动机是整个轧机（组）的驱动装置，它驱动轧辊转动，使轧件发生塑性变形。主电动机有交流和直流两种，其功率的大小取决于轧机的用途、轧件品种规格的大小和生产率高低等因素。

4.2.2.2　传动装置

传动装置的作用是将主电动机的动力传递给工作机座中的轧辊。传动装置一般由下面几部分组成。

（1）齿轮座。将动力传给轧辊，使轧辊旋转。按传动轧辊的个数，一般由两个或 3 个直径相等的圆柱形人字齿轮组成，它们在垂直面内排成一排，装在封闭的传动箱内。

（2）减速机。它以一定的速比降低主电机主轴转速，以适应轧辊转速的要求。

（3）飞轮。它用于储存和释放能量，均衡主电动机的负荷。轧辊空转时，飞轮加速，积蓄能量；轧制时，飞轮减速，释放能量。

（4）接轴。它用于连接齿轮座和轧辊，传递动力。

（5）联轴节。它用于将齿轮座、减速机和主电动机连接在一起，传递动力。

以上介绍的是典型的轧机装置。在某些情况下，传动装置中的某些部分可以不用。例如在可逆式轧机上，一般无飞轮；当轧辊和主电动机的转数相同时，不需要减速机。

4.2.2.3　工作机座

关于工作机座，下面重点介绍。

4.2.3 轧机的工作机座

它是轧机的执行机构，包括轧辊、轧辊轴承，轧辊调整装置和机架等。

4.2.3.1 轧辊

轧辊是轧机在工作中直接与轧件接触并使轧件产生塑性变形的重要部件，也是轧机上消耗最大的部件。制造轧辊常用的材料有合金锻钢、合金铸钢和铸铁。

A 轧辊种类

按轧机类型，轧辊可分为以下三种。

（1）孔型轧辊。这种轧辊上刻有轧槽（见图 4-3），上下两个轧辊的轧槽对齐，可形成孔型，轧件就在孔型中进行轧制。孔型轧辊主要用于各种型、线材和管材的轧制。

（2）平面轧辊。这种轧辊主要用于轧制板带箔材，外形为圆柱形（见图 4-4），通常为了轧制出具有良好板形和较高尺寸精度的板带箔材，辊面做成稍有凹或凸的辊形。

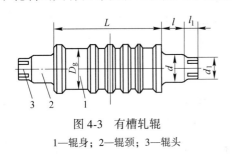

图 4-3 有槽轧辊

1—辊身；2—辊颈；3—辊头

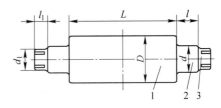

图 4-4 平面轧辊

1—辊身；2—辊颈；3—辊头

（3）特殊轧辊。这种轧辊主要用于斜轧穿孔机、车轮及轮箍轧机等专用轧机上，轧辊具有各种不同的形状。

B 轧辊的结构参数

轧辊一般由辊身、辊颈和辊头三部分组成，如图 4-3 和图 4-4 所示。

（1）辊身。它是轧辊与轧件直接接触，并使轧件产生塑性变形的部分。辊身直径 D 和辊身长度 L 是轧机的两个主要参数。轧辊的辊身直径有公称直径和工作直径之分。公称直径通常指人字齿轮的中心距，并用它来表示轧机的大小；工作直径是指轧辊与轧件直接接触并进行压下变形的直径。型材轧机的轧辊辊身长度与轧辊上的孔型数目和轧辊强度有关，而板带轧机的轧辊辊身长度与轧出的板带材最大宽度有关。

（2）辊颈。它位于辊身两侧，是轧辊的支撑部位，用它将轧辊支撑在轧辊轴承上。轧机工作时产生的轧制压力通过它传递到轴承上。辊颈尺寸有直径 d 和长度 l。辊颈形状有圆柱形和圆锥形两种。

（3）辊头。它位于轧辊两侧的最外端，用它将轧辊和接轴连接起来，是传递动力的部分。

C 轧辊的破坏形式和使用维护

在轧制生产中，轧辊受轧制应力、摩擦应力、弯曲应力、扭转应力、接触疲劳应力等多种应力的作用。在这些应力的综合作用下，轧辊的破坏形式主要有：辊面剥落、辊面磨损、辊面热裂和断辊等，其中断辊是不允许发生的。

在轧制生产中，应经常检查轧辊表面，发现有微小裂纹应及时重车或重磨，目的是防止裂纹在使用过程中扩展，以免引起轧辊过早报废；此外，也有利于提高轧件的表面质量。轧辊平时要注意保养，定期润滑表面，保持光洁。辊头端部的中心孔应注意保护，以利于轧辊重车或重磨。

4.2.3.2　轧辊轴承

轧辊轴承用来支撑转动的轧辊，将轧辊固定在机架中的位置。对轧辊轴承的要求是摩擦系数小，足够的强度，变形小，寿命长，并便于换辊。

轧辊轴承的工作特点是承受非常高的单位载荷，这是因为在较短的辊颈内要承受相当大的轧制力。轧辊轴承可以分为两类：一类是滑动轴承，另一类是滚动轴承。

4.2.3.3　轧辊调整装置

轧辊调整装置有两种：径向调整装置和轴向调整装置。

A　轧辊径向调整装置

轧辊径向调整装置的作用是：调整两个工作辊轴线之间的距离，确保合适的辊缝和压下量；调整两个工作辊的平行度；调整轧制线的高度；更换轧辊和处理事故时需要的操作。轧辊径向调整装置又有三种：上轧辊调整装置、轧辊平衡装置和下轧辊调整装置。

a　上轧辊调整装置

上轧辊调整装置也称压下装置，其用途最广，安装在几乎所有的轧机上。按驱动方式，压下装置有手动、电动和液压三种。

手动压下装置通过转动轧机上的压下螺丝或螺母等来实现。其优点是结构简单，成本低廉，缺点是体力劳动繁重，压下速度慢，压下能力小，仅适用于小型轧机。

电动压下装置是由电动机通过减速装置来控制。其压下量、压下速度比手动装置大得多。电动压下装置又可分为快速和慢速两种，电动快速压下装置的特点是：压下行程大，能快速和频繁地升降轧辊，但不能带负荷压下，主要用于有色金属中厚板轧机上；电动慢速压下装置的特点是：压下行程小，反应速度慢，但能带负荷压下，通常用在有色金属热轧和冷轧薄板带、箔材轧机上。

b　轧辊平衡装置

该装置的作用是：消除轧辊与轴承、压下螺丝与压下螺母、压下螺丝与机架之间的间隙，避免轧制时轧机受到冲击；抬起轧辊时帮助轧辊上升。轧辊平衡装置主要有弹簧和液压两种，前者主要用于中小型轧机，后者主要用于大型轧机。

c　下轧辊调整装置

下轧辊调整装置仅用于调整下轧辊中心线是否水平。在有色金属板带轧机上，下轧辊中心线的水平位置，仅在换辊时用更换垫片的方法来调整；而在二辊或三辊型材轧机上可采用压上装置来调整。

B　轧辊轴向调整装置

在有色金属型材轧机上，轧辊轴向调整主要用来对准上下轧辊的轧槽，形成正确的孔型，一般采用结构简单，便于换辊的压板装置进行轴向调整。

在有色金属板带材轧机上，不需要轴向调整轧辊，但采用滑动轴承时，当轴承衬肩磨损后，必须进行轴向间隙的调整。

4.2.3.4 机架

机架又称牌坊，是轧机工作机座的骨架。由于机架上不仅安装有轧辊、轧辊轴承、轧辊调整装置和导卫装置，而且轧制时要承受全部的轧制力，因此要求它具有足够的强度和刚度。机架通常用 ZG35 和 ZG25 制造。

A 机架的结构

机架一般由立柱和横梁组成。立柱的断面形状有近似正方形、矩形和工字形三种，有色金属轧机上常用近似正方形的立柱。机架下部有机架底脚，机架靠它坐在机架地脚轨上，并用地脚螺钉固定。

B 机架的种类

按结构的不同，机架可分为闭口式和开口式两大类。闭口式机架如图 4-5 （a）所示，它是将上下横梁和立柱浇筑成整体的封闭式框架，其特点是强度、刚度较大，常用于受力大或要求轧件精度高的板带轧机和多辊冷轧机上。开口式机架如图 4-5 （b）所示，其上盖是用螺栓和立柱连为一体，可拆开。这种机架的特点是换辊方便，但强度、刚度较低，主要用于受力不大的型材轧机上。

4.2.4 辅助设备

在有色金属轧制车间内，除主要设备（轧机）外，还包括许多辅助设备，主要有剪切设备、矫直设备、卷取设备以及运输设备等。

4.2.4.1 剪切设备

常见的有色金属轧材切断设备主要有剪切板材的斜刃剪、剪切带材的圆盘剪、剪切运动轧件的头尾的飞剪以及切断型材、管材的锯切机等。

A 斜刃剪

斜刃剪又叫剪板机，主要用于板材坯料和板材成品的剪切，以及带材的头尾和横向剪切。剪板机的两个剪刃互成一定的角度，一般为 2°~6°。通常上剪刃是倾斜的，而下剪刃是水平的。图 4-6 所示为斜刃剪切示意图。

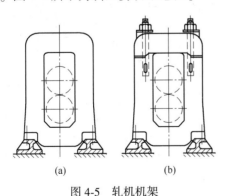

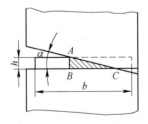

图 4-5 轧机机架
（a）闭口机架；（b）开口机架

图 4-6 斜刃剪切示意图

斜刃剪又分为上切式和下切式两种，上切式是上剪刃活动，而下切式是下剪刃活动。剪板机一般为上切式，但在剪切板材时，板材切口部位向下弯曲变形，因此安装于轧机和横剪机列上的剪板机多采用下切式剪切。

斜刃剪通常用被剪切轧件的断面尺寸（厚度×宽度）来命名，例如 Q12-20×2000 型剪切机，属于上切式剪板机，可冷剪厚度为 20 mm，宽度为 2000 mm 的板材，最大剪切力为 1 MN。

　　B　圆盘剪切机

圆盘剪切机的刀刃为圆形。这种剪切机通常安装在纵剪机组上，用于纵向剪切板材和带材，既可以将板带材剪成比较窄的板带材，也可以将它们的边缘剪齐。当用圆盘剪切机切边时，通常还带有碎边剪（斩边刀），将切下的边再横向切成小段，便于回收。图 4-7 所示为中型铝带纵剪机列。

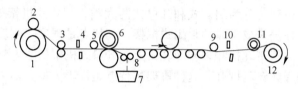

图 4-7　中型纵剪机列

1—开卷机；2—压辊；3—送料辊；4—头尾剪；5—橡胶水平辊；6—圆盘剪；7—废料箱；

8—斩边刀；9—导向辊；10—剪切机；11—梳形辊；12—卷取机

　　C　飞剪机

横向剪切运动着的轧件的剪切机称为飞剪。在有色金属型线材轧制时，轧件头部容易产生弯曲、开裂（劈头）、发黑（低温）等问题，为了保证轧件轧制顺利进行，就需要用飞剪剪头；在冷、热带车间的横剪机组，飞剪将带材剪成定尺长度。

在有色金属型线材轧制车间应用较多的是圆盘式飞剪：它是由两个圆盘式剪刃组成的，圆盘的轴线与轧材的运动方向成 60°。

　　D　热锯机

热锯机广泛应用在高温下锯切非矩形断面的型材、管材。锯切后的轧材断面仍能保持平直，无压扁和断面不规整等缺陷，因此，锯切比剪切的断面质量高。

热锯机的结构形式较多，根据其构造，主要分为杠杆式锯、滑座式锯和四连杆式锯。图 4-8 所示为杠杆式热锯机，锯盘 2 由电动机 4 通过皮带传动，它们均固定在摆动架上，此摆动框架绕

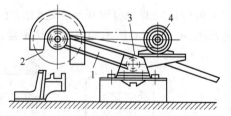

图 4-8　杠杆式热锯机

1—摆动框架；2—锯盘；

3—框架的摆动轴；4—电动机

摆动轴 3 转动，以达到锯片送进运动进行锯切轧材的目的。该锯机结构简单，操作方便，但其生产效率较低，多用于锯切断面较小的轧材。

　　4.2.4.2　矫直设备

在轧制车间内，矫直的目的是消除轧件在轧制、剪切、运输等过程中产生的弯曲、波浪、瓢曲等缺陷。为了消除板带材轻微的波浪使板形平直，大多使用辊式矫直机进行矫直；管材常采用斜辊矫直机矫直；对于板面稍有些不平的蠕变性较大的铅、锌、锡等合金

板材，可以采用张力矫直机矫平。

A 辊式矫直机

有色金属板带材常采用辊式矫直机进行矫直。辊式矫直机由上下两排直径相等、节距相同、相互交叉布置的矫直辊组成。板带材通过矫直辊时，在最初几个辊子之间弯曲比较大，最后几个辊子之间弯曲比较小，板带材不平的原始曲率逐渐消除。

辊式矫直机辊子数越多，矫直的精确度越好。厚板采用 5~9 辊矫直机，薄板采用 11~23 辊矫直机。矫直辊直径及长度应根据板带材的规格及性能选择。辊径越小，板材矫直时的塑性弯曲越大。板带材薄而宽及辊身细而长时，采用的辊子数就多，并且要采用多排支撑辊以增加工作辊的刚度。图 4-9 所示为中厚板材常用的 9 辊矫直机。

矫直机辊子的节距，随板带材的厚度增加而增加，一般矫直辊的直径为节距的 0.9~0.95 倍。矫直速度一般在 0.2~1.0 m/s，薄板用上限，厚板用下限。

B 斜辊矫直机

有色金属管材或矫直质量要求较高的管坯，一般都采用斜辊矫直机矫直。这种矫直机，两排工作辊的轴线在空间中交叉，即辊子是斜着排列的（图 4-10）。

当工作辊旋转时，管子或管坯既有前进的运动，又有旋转运动，它们在辊子之间进行多次弯曲，就能完成矫直。

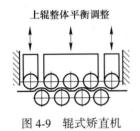

图 4-9 辊式矫直机   图 4-10 斜辊矫直机

C 张力矫直机

张力矫直机又叫拉伸弯曲矫直机，主要用来矫直厚度小于 0.3~0.6 mm 的有色金属带材，这类带材由于厚度较薄在辊式矫直机上往往难以矫直。

在拉伸弯曲矫直机矫直过程中，带材在小于屈服强度的拉应力作用下，通过弯曲辊组被剧烈弯曲，将带材的边缘波浪、中间瓢曲等缺陷消除，然后通过矫平辊把剩余的瓢曲部位矫平。图 4-11 所示为装有 8 个张力辊的拉伸弯曲矫直机示意图。

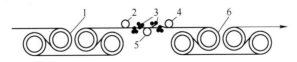

图 4-11 张力矫直机
1，6—张力辊组；2—进料辊；3—弯曲辊组；4，5—矫平辊组

4.2.4.3 卷取设备

在有色金属轧制车间内，卷取设备主要用在两个方面：一方面是线材轧制用的线材卷取机；另一方面是带材轧制用的带材卷取机和开卷机。卷取机的作用是将长的轧件卷绕成

盘材或板卷，为增大原料重量、提高轧制速度、减少轧件头尾温差创造条件，由此提高产品产量和质量；此外，成卷的轧材便于运送。

A　带材卷取机

带材卷取机包括热轧薄带材卷取机和冷轧薄带材、箔材卷取机。

图 4-12 所示为热轧铝带用的热卷取机，它布置在轧机后面，与轧制同步进行卷取。热卷取机主要由卷筒、助卷器、张力液压缸、抱臂液压缸等组成，主要部件是卷筒。为了能够顺利地取出带卷，卷筒具有涨缩机构，它是通过液压装置动作的。

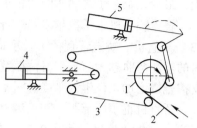

图 4-12　热卷取机
1—热轧板卷；2—热轧板条；3—助卷器；
4—张力液压缸；5—抱臂液压缸

B　线材卷取机

线材卷取机是用来把轧好的线坯或小断面型材卷成卷（盘条），按送料方式分为切向送料和轴向送料两种；按安装位置分为地上和地下两种；按安装形式分为立式和卧式两种。

图 4-13 所示为轴向送料的立式卷取机示意图，它有一个带锥体 3 的空心旋转轴 2，由电机带动旋转，轧好的线坯由导管 1 经空心旋转轴 2 进入锥体 3，由锥体的转动把线坯绕成卷，卷完后打开下面的底板 6，使盘卷自动落下运走。此种卷取机的特点是线坯在卷取时发生扭转，因此只适于卷取圆断面线坯和小断面型材，适用于高速、连续生产，卷取生产率高。

4.2.4.4　运输设备

A　辊道

在轧制车间内，辊道用来纵向运输轧件。轧件进出加热炉、在轧机上往返轧制以及轧后运输到精整工序，均由辊道来完成。辊道按传动方式可以分为集体传动辊道、单独传动辊道和空转辊道。按用途可以分为工作辊道、运输辊道、收集辊道、移动辊道以及升降辊道、炉内辊道等。

图 4-14 所示为三辊轧机的升降辊道（摆动升降台）示意图，升降台 1 可以绕旋转轴 2 上下摆动，它是依靠电动机通过减速箱带动曲柄 5 转动，通过立杆 3 和曲柄连杆机构 4 而使升降台上下摆动的。

辊道辊子的形状，是由辊道的用途来决定的，主要有圆柱形辊子、槽形辊子、花形辊子、锥形辊子以及双锥形辊子等。如图 4-15 所示，为槽形辊道示意图，一般由 4~8 个槽形辊组成，槽的宽度沿轧件运动方向逐渐减小，由上轧制线出来的轧件落到槽形辊道上，借助槽宽逐渐减小的槽形辊，使轧件边前进边旋转 90°，进入下轧制线轧制。

B　冷床

大多数热轧机，在轧后均应经过冷却、精整、清理的工序，以保证轧出轧件的质量。冷床就是用于实现这些工序的设备；另外，冷床还是一种横向移动轧件的运输设备。

冷床主要分为型材冷床、线材冷床、板材冷床、管材冷床等。有色金属轧制车间用的板材冷床，是由固定的床体和移动轧件的装置组成的，板材在床面的移动大多采用钢丝绳拖动，为了避免板材的表面划伤，冷床的床面往往设置滚轮。

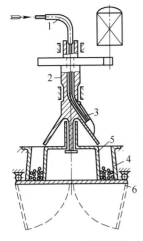

图 4-13　立式卷取机

1—导管；2—空心旋转轴；3—锥体；
4—卷筒；5—外壳；6—底板

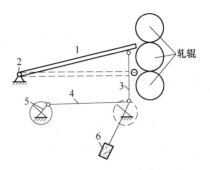

图 4-14　摆动升降台

1—升降台；2—旋转轴；3—立杆；
4—曲柄连杆机构；5—曲柄；6—液压缸

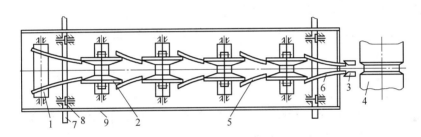

图 4-15　槽形辊道

1—运输平辊；2—槽形辊子；3—进口导板；4—轧机；5—挡料板；
6—进口喇叭口；7—导轨；8—轮子；9—辊道架

4.2.4.5　加热设备

有色金属热轧车间所用的加热炉主要有连续加热炉、室状加热炉、箱式电阻炉、感应电炉等，其中前者应用最广泛。

连续加热炉一般都使用推锭机，把锭坯推入加热炉内。推锭机的传动形式有螺杆式、齿条式、蜗轮蜗杆式等几种，常采用电力拖动。

复习思考题

4.2-1　轧机按用途可分为哪几种，各种轧机如何标称？

4.2-2　有色金属常用的水平轧机有哪些？

4.2-3　轧机由几部分组成，各部分的作用和主要部件是什么？

4.2-4　轧辊如何分类？

4.2-5　轧辊由几部分组成，各部分有何作用？

4.2-6　轧辊调整装置有哪几类，各类调整装置有什么作用？

4.2-7　牌坊的结构形式有几种，各有什么特点？

4.2-8　有色金属轧材的剪切设备有哪几种，各种用途如何？

4.2-9　矫直机主要有什么作用，各类轧材怎样选择矫直机？

4.2-10　辊式矫直机的辊子数目和板带材厚度有何关系？

4.2-11　说明卷取机的用途和类型。

任务 4.3　板带材生产

4.3.1　板带材生产概述

4.3.1.1　板带材的特点、分类和技术要求

A　板带材的外形、使用和生产特点

有色金属及合金的轧材很多是板带材，常见的是铜及其合金、铝及其合金以及镁、铅、锌、钛、钨、钼等的板、带、箔材及片材。

板带产品的外形特点是扁平，宽厚比（宽度与厚度的比值）大，单位体积的表面积也很大。这种外形特点决定了板带产品在使用上具有以下特点：

（1）表面积大，故包容、覆盖能力强，在化工、容器、建筑、金属制品、金属结构等方面得到广泛应用；

（2）可任意剪裁、弯曲、冲压、焊接，制成各种制品构件，使用灵活方便，在汽车、航空等各个部门占有极其重要的地位；

（3）导电、导热、耐蚀、耐酸、防锈等性能良好，故可用在国防、仪表、电气与电子以及电池、印刷、日常用品等多个领域。

板带材的生产具有以下特点：

（1）板带材是用平辊轧制出来的，改变产品规格较简单容易，调整操作方便，易于实现计算机控制的自动化生产；

（2）带材的形状简单，可成卷生产，并且产量较大，能够实现高速度的连轧以及连铸连轧生产；

（3）由于板带材宽厚比和表面积都很大，故生产中轧制压力相当大，可达数百万牛顿，因此轧机设备复杂庞大，而且产品尺寸精度、板形和表面质量的控制也变得十分困难和复杂。

B　板带材的分类

在板带材中，一般将单张生产、供应的称为板材；成卷生产、供应的称为带材。有色金属及合金板带材的分类方法主要有两种：一种是按金属及合金的种类分类，可分为铝板带箔材、铜板带箔材以及镍、铅、锌、锡等的板带箔材；另一种是按厚度进行分类，分为厚板、薄板及箔材。

有色金属及合金的热轧板的厚度一般为 4~25 mm，最厚可达 50~75 mm；冷轧板带箔材的厚度为 0.06~15 mm。在有色金属及合金的板带箔材中，厚度为 0.3~4.0 mm 者称为薄板；厚度为 5.0 mm 以上称为厚板；厚度在 0.05 mm（铜板带）至 0.20 mm（铝板带）以下称为箔材。

C　板带材的技术要求

由于板带材种类、厚度和用途的不同，对其提出的技术要求也各不相同，但仍有其共同的一面，归纳起来就是"尺寸精确板形好，表面光洁性能高"。这两句话概括了板带材的技术要求的 4 个主要方面。

a　尺寸精度要求高

对板带材而言，尺寸精度主要是厚度精度，因为它不仅影响到使用性能，而且在生产中控制难度最大。此外，厚度偏差对于金属的节约影响也很大。由于板带材宽厚比很大，厚度一般很小，厚度的微小变化势必引起其使用性能和金属消耗的巨大波动。故在板带材生产中一般都应力争高精度和按负公差轧制。

b　板形要好

板形要平坦，无浪形、瓢曲，才好使用。例如，对普通薄板，原则上瓢曲度不大于 20 mm。可见，对板形要求是比较严格的。但是由于板带材既宽又薄，对不均匀变形的敏感性又特别大，所以要保持良好的板形就较难。此外，板形不良也反映了变形与厚度的不均匀，因此板形的好坏往往与厚度精度也有着直接的关系。

c　表面质量要好

无论是厚板或薄板，皆不得有气泡、结疤、拉裂、刮伤、折叠、裂缝、夹杂和压入氧化皮，因为这些缺陷不仅有损板带材的外观，而且往往降低其性能，成为破裂、锈蚀或应力集中的发源地，成为应力集中的薄弱环节。

d　性能要好

板带材的性能主要包括力学性能、工艺性能和某些特殊的物理化学性能。例如铜板带、铝板带的导电、导热、耐蚀等性能，一定要达到一定数值才能满足使用要求。

4.3.1.2　有色金属板带材的主要生产方法

有色金属板带箔材的生产方法很多，以铜、铝及其合金为例，主要生产方法有下面几种。

A　块式轧制法生产板材

块式轧制法即单张生产法，一般适用于小批量生产中厚板材，其生产效率与成品率较低，产品质量较差，小型工厂常用之。

B　带式轧制法生产板材和带材

近代化的有色金属板、带、箔材的大批量生产是采用二辊或多辊可逆式轧机或多机架连轧机进行轧制，轧制到成品厚度之后再经精整、热处理及剪切等辅助工序，成块或成卷供应。本方法的特点是设备的机械化和自动化程度高、产量大、质量好、成品率高和生产成本低，同时可以实现大卷重、高速化生产。它是生产铜、铝及其合金板带材最广泛的一种方法。

C　连铸-连轧与连续铸轧生产板带坯料法

连铸-连轧是指金属在一条作业线上连续通过熔化、铸造、轧制、剪切、卷取等工序而获得板带坯料的生产方法。连续铸轧（见图 4-16）是指液态金属直接在两个旋转方向相反的铸轧辊之间结晶，同时承受一定的热变形而获得板带材坯料的方法，这种方法由于不需要铸锭，因此也称无锭轧制法。这两种方法均具有生产工艺流程短、节能、金属损耗与工艺废品少、成品率高以及投资少、生产人员少、易于实现生产过程自动化等优点，属于最有前途的生产方法。

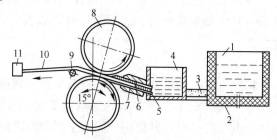

图 4-16　连续铸轧的前部

1—静置段；2—螺纹钢钎；3—流槽；4—前箱；5—耐火材料管；6—夹持器；

7—铸嘴；8—铸轧辊；9—导向辊；10—板带；11—精整系统

　　D　连续电解法生产电解铜箔

作为直流电负极的不锈钢鼓轮在硫酸铜溶液中缓慢地旋转，铜离子在其表面上不断地沉积，剥离下来便得到成卷的电解铜箔。这种方法主要用来生产电子印刷线路板用的高纯度铜带箔材，具有生产工艺简单、生产效率高及生产成本低等优点。

　　E　复合轧制法

复合轧制法是指两种或两种以上具有不同物理、化学性能的金属通过轧制使它们在整个接触面上，相互牢固地结合在一起的加工方法，其基本生产工艺是表面预处理→热轧或冷轧复合→热处理。该方法具有生产灵活、工艺简单、自动化程度高等优点，具有很好的发展前景。复合双金属板带有铜-钢、钢-铝、铝-铜、铝-铝合金、铝-锌等多种，主要用于航天、运输、军事等部门。

　　F　其他板带材生产方法

比如粉末轧制法（图 4-17），将金属粉末在专门的粉末轧机上，经过烧结、热轧或冷轧、退火或其他加工处理获得具有某些特殊性能的板带材，如高纯、多孔板材，双金属或多金属带材以及磁性、耐磨材料等，具有投资少、质量好、金属消耗少等优点。此外还有喷轧法生产铝带，以及某些重有色金属先用挤压机热挤压成窄带坯，然后再轧制成材的方法，适用于产量不大、难以热轧成型的金属。

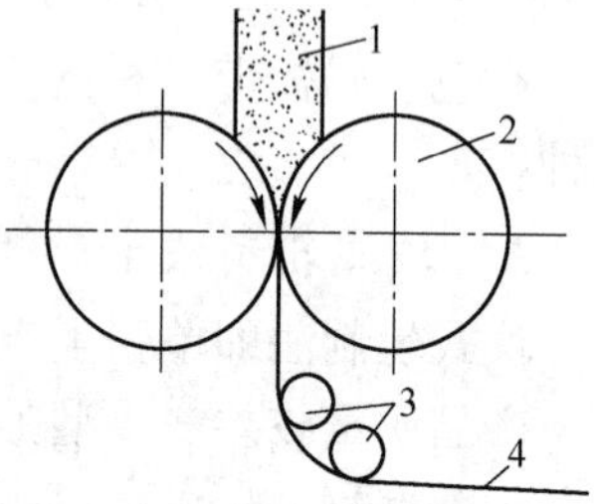

图 4-17　粉末轧制

1—粉末；2—轧辊；

3—导向辊；4—带材

4.3.1.3　生产流程

将锭坯生产成板带材所需要的一系列生产工序，称为生产流程，它通常是根据产品要求及生产设备等具体条件制定的。

确定生产工艺流程时要遵循的原则是：充分利用金属的塑性，尽量减少轧制道次，减少中间退火及酸洗的次数；产品质量满足技术条件的要求，成品率高，生产成本低；结合具体设备条件，合理安排工序；劳动条件好等。

有色金属及其合金板带材常用的生产流程如图 4-18 所示。由图 4-18 看出，板带材生产流程可以归纳出几种类型：按轧制方式分为块式法及带式法；按锭坯开坯方式分为热轧法、冷轧法；按热轧后坯料表面的处理方式分为铣面或酸洗等。

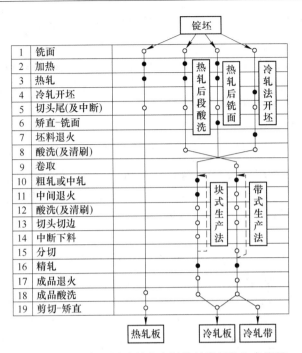

图 4-18　重有色金属及其合金板带材常用的生产流程
（●：常采用的工序；○：可能采用的工序；－－－：可能重复的工序）

4.3.2　热轧板带材的生产

热轧是指金属在其再结晶温度以上进行的轧制。由于热轧过程中变形金属会发生再结晶，消除加工硬化，所以热轧时金属具有很好的塑性和较低的变形抗力。这样用较少的能耗就能得到较大的塑性变形，因此只要条件允许，大多数金属都要采用热轧进行加工。

4.3.2.1　热轧的特点

与冷轧相比，热轧具有以下优点：

（1）热轧能将力学性能较差的铸造组织轧制成力学性能较好的加工组织，显著改善金属的加工性能。

（2）热轧时金属塑性很好，可以进行大变形量的轧制而不会引起轧件破裂，提高了金属的成材率。

（3）热轧时金属变形抗力小，可用较少的能耗就能得到较大的塑性变形，显著提高轧制的生产率。

但热轧也有不足之处，表现在产品尺寸不够精确，表面粗糙、易氧化、强度较低。因此在有色金属板带材的生产中，热轧很少直接出成品，多数是为冷轧提供坯料。

4.3.2.2　热轧对锭坯的要求

各种方法生产的锭坯是轧制的原料。锭坯质量的好坏是能否生产优质板带材的基础，因为锭坯的铸造缺陷常常是降低产品质量，甚至是生产废品的主要原因。通常热轧对锭坯的质量要求有：

（1）锭坯的化学成分必须符合标准的规定，以确保产品的质量。

（2）对表面缺陷较多的锭坯，必须进行铣面、刨面或车面等处理。处理后的锭坯应无表面缺陷，并使锭坯厚度均匀一致。

（3）锭坯内部应无明显的缩孔、气孔、夹杂、偏析和裂纹等缺陷。

（4）锭坯尺寸及其偏差应满足热轧工艺要求，如锭坯厚度不均匀会加剧轧制时变形的不均匀，从而影响轧件的质量。

4.3.2.3　热轧前的坯料加热

热轧前加热锭坯的目的是：（1）提高金属的塑性，降低金属的变形抗力，消除铸造应力和枝晶偏析，使成分和组织均匀化，满足轧制的要求；（2）减少轧辊和其他设备零件的磨损，提高其寿命；（3）能采用较大的压下量，减少轧制道次，提高轧机生产率；（4）有助于获得几何形状和尺寸较精确的产品。

A　加热温度

锭坯加热温度是指锭坯出加热炉的温度。由于出炉后锭坯的温降，其加热温度一般比开轧温度高 30~50 ℃。加热温度的确定，不仅要保证热轧顺利进行，而且要保证合理的热轧温度范围，即开轧温度到终轧温度的范围。开轧温度对金属的塑性和变形抗力影响极大，而终轧温度决定了产品的组织和性能。因此，锭坯加热温度的确定实际上取决于热轧温度范围。而金属的热轧温度范围的确定一般主要从以下 3 个方面考虑。

a　合金相图

它能够初步给出热轧温度范围。热轧温度的上限必须低于相图上固相线温度 T_0，同时为了防止锭坯加热时的过热和过烧，通常热轧温度的上限一般取（0.85~0.90）T_0。而热轧温度的下限，对于单相合金取（0.65~0.70）T_0；对于两相或多相合金应高于相变温度 50~75 ℃，以防止热轧过程中发生相变而导致变形不均匀。合金相图只能大概地给出一个热轧温度范围，至于究竟确定多高的温度，还必须考虑金属与合金的塑性图。

b　金属与合金的塑性图

塑性图是指在一定的变形状态和加载方式条件下，金属或合金的塑性随变形温度的改变而变化的曲线图。由于衡量塑性的指标有多种，塑性图也有多个。通常认为利用塑性图中拉伸破断时断面收缩率和镦粗时出现第一条裂纹时的最大压缩率这两个指标来衡量热轧时的塑性较为适宜，这样金属与合金的塑性图就能给出具体的塑性较高的温度范围。图 4-19 所示为铜及铜合金的高温塑性图，图 4-20 所示为铝及铝合金的高温塑性图。

塑性图能够给出金属与合金的塑性较高的温度范围，它是确定热轧温度的主要依据。但塑性图无法反映出热轧终了金属的组织与性能，因此还必须依据第二类再结晶图确定热轧终了温度。

c　第二类再结晶图

热轧中变形金属要发生再结晶，热轧终了温度通过对再结晶的影响而对热轧组织和性能影响很大。为了控制热轧后产品的组织和性能，热轧终了温度要参照第二类再结晶图来确定，以保证金属得到合适晶粒的组织，具有良好的力学性能。通常热轧终了温度不宜过高，否则变形金属再结晶结束后，会发生晶粒长大，得到粗大晶粒，降低金属的力学性能；也不宜过低，否则难以消除变形金属的加工硬化并引起能量消耗增大。由表 4-2 和表 4-3 可知铝、铜及其合金的热轧温度范围。

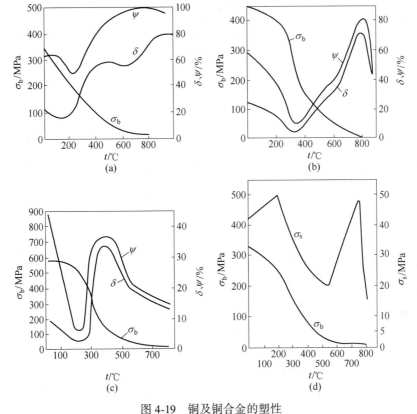

图 4-19　铜及铜合金的塑性

（a）紫铜；（b）H68；（c）H62；（d）HPb59-1

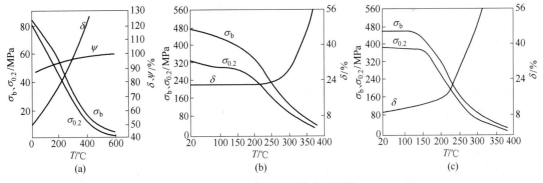

图 4-20　铝及铝合金的高温塑性

（a）纯铝；（b）LY12；（c）LD10

表 4-2　铝及其合金热轧温度

合金	开轧温度/℃	终轧温度/℃	合金	开轧温度/℃	终轧温度/℃
纯铝	450~500	350~360	LF5	450~480	320~360
LF21	450~480	350~360	LF6	430~470	360~370
LF2	450~511	350~360	LY11	390~411	340~360
LF3	411~511	311~330	LY13	390~411	340~360

表4-3　铜及其合金热轧温度

合金	开轧温度/℃	终轧温度/℃
紫铜	800~850	500~650
H96、H90	800~850	470~700
H80、H70、H68	750~800	450~700
H65、H62	750~800	450~700
H59、HPb59-1	650~800	700
QA15、QA17、QA19-2	600~870	650
QBe2.5、QBe2.0	600~811	650

B　加热时间

加热时间包括升温时间和保温时间。加热时间的长短不仅影响加热设备的生产能力，同时也影响锭坯的加热质量。合理的加热时间首先应保证加热后的锭坯各部分温度均匀，温差不超过15~20 ℃；其次在保证锭坯加热质量的前提下，加热时间越短越好，以减少金属的烧损，防止过热、过烧。合理加热时间的确定应考虑金属的导热性、锭坯尺寸的大小、加热炉的类型、装炉量以及装料方法等因素。

对于导热性较好的有色金属锭坯，采用快速加热有利于缩短加热时间。当锭坯尺寸较大时，应适当延长加热时间，以使锭坯内外温度均匀，或者在金属塑性温度范围内，适当提高加热温度。对于导热性较差的低塑性有色金属锭坯，以及铸造组织不均匀、铸造应力较大的锭坯，应适当降低加热速度，延长加热时间，这样可以减小热应力，防止锭坯开裂。

如果锭坯加热温度和加热时间控制不当，或加热炉温度不均匀，出现锭坯温度偏高或偏低或不均匀时，则在热轧过程中，轧件常出现裂纹、波浪、镰刀弯、厚薄不均等缺陷及咬入困难等情况。

C　加热炉内气氛和压力的控制

确定加热炉内气氛的主要依据是炉内气氛是否会与金属发生相互作用，以及炉内气氛中的某些成分或杂质是否会对金属产生有害影响。对有色金属来说，理想的加热气氛应是中性气氛，但在生产中中性气氛难以控制，因此一般选用微氧化气氛和微还原性气氛。无氧化加热要采用微还原性气氛。

在加热时，除控制好炉内气氛外，还要控制好炉内压力。加热有色金属锭坯一般采用微正压加热，以避免炉外空气进入炉内而加剧锭坯的氧化。

D　锭坯加热炉

有色金属及合金的锭坯加热炉种类很多。按热源的不同，锭坯加热炉主要有火焰加热炉和电加热炉。前者是利用燃烧重油或煤气产生的热量来加热锭坯；后者是将电能转化为热能来加热锭坯，包括箱式电阻炉和感应加热炉。

目前，电加热炉越来越广泛地应用在有色金属的锭坯加热中。箱式电阻炉结构简单，温度和炉内气氛易于控制，适用于品种多、产量少及加热质量要求较高的有色金属锭坯的加热。感应加热炉加热速度快、加热时间短，但不利于锭坯组织和成分的均匀，因此多用于组织和成分较均匀的锭坯的加热。

4.3.2.4 热轧的压下制度

轧制的压下制度又称压下规程，它是板带材轧制中最基本的制度，直接关系着轧机生产率和产品质量。在轧制设备确定的情况下，其主要内容包括确定总加工率和各道次加工率。合理的压下制度应该满足优质、高产、低耗的要求，在金属塑性和设备能力允许的条件下，尽量采用大的加工率和少的轧制道次，尽量不采用二次热轧。对热轧来说，其压下制度还必须考虑热轧过程中轧件的温降。下面首先了解热轧时的温降，然后再介绍热轧总加工率的确定和各道次加工率的分配问题。

A 热轧时的温降

大多数有色金属及其合金热轧时轧件温度是逐道次降低的，而锌及其合金由于热轧时产生的变形热、摩擦热之和超过了轧件向周围环境散失的热量，会出现温度升高的现象。

热轧时影响轧件温降的因素主要有：轧件向周围环境的散热率；轧件表面积、质量的大小及热轧时的冷却水的压力和流量；轧制速度的快慢、轧制道次及每道次的间隔时间；锭坯热轧前的加热温度；热轧时塑性变形产生的热效应等。

热轧的压下制度同轧件的温降密切相关，生产中必须掌握温降的规律并据此修订压下制度，以达到控制终轧温度的目的。若热轧时轧件温降过大，终轧温度太低，则热轧产生的加工硬化难以消除，最终影响产品质量；若热轧时轧件温降过小，则终轧温度过高，易出现粗大晶粒及严重氧化，同样也会恶化产品质量。

热轧时的温降可以用公式计算，但较困难且不太精确，实际生产中可采用温降曲线查找每道次的温降。图 4-21 和图 4-22 所示为部分金属热轧时的温降曲线。

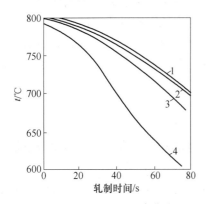

图 4-21 热轧时的温降曲线

（轧机 ϕ850 mm，主电机 750 kW，轧速 1.36 m/s，
压下制度为 140 mm-100 mm-60 mm-38 mm-24 mm）

1—T2；2—TUP；3—H90；4—H62

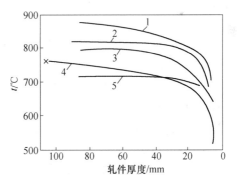

图 4-22 某些合金热轧时的温降曲线

1—H90；2~4—H62；5—HPb59-1

B 热轧总加工率

热轧总加工率是指热轧开始到热轧结束之间的加工率。大多数有色金属及合金的热轧总加工率可达 95%以上，即使少数高强度、低塑性及热轧温度范围较窄的合金，热轧总加工率也在 90%以上。在确定热轧总加工率时应考虑以下几点。

（1）合金的性质。合金的高温塑性温度范围越宽，高温时塑性越好、变形抗力越低、热脆性越小，允许采用的热轧总加工率就越大。

（2）产品质量要求。供冷轧用的热轧坯料应考虑坯料的表面处理和冷轧的要求，若冷轧产品的表面质量要求很高，则热轧后的坯料需要铣面，其厚度应相应增加；生产热轧板成品时，必须控制轧制温度及变形程度、变形速度等工艺参数，保证产品的性能、尺寸偏差及板形满足要求；根据晶粒大小及晶粒均匀程度的要求，变形程度不能处于临界变形程度范围内。

（3）轧机能力及设备条件。热轧机的机械化程度越高，轧制速度越快，轧机能力及轧机开口度越大，可采用的热轧总加工率也越大，这样可以相应增大锭坯厚度或减小热轧后坯料厚度，提高劳动生产率和降低生产成本。

（4）锭坯尺寸和质量。锭坯越厚、内部和表面质量越好、加热质量越高，热轧总加工率也相应越大。

C　道次加工率的分配

a　道次加工率的限制条件

通常总是希望加大道次压下率，这样既能减少轧制道次，提高轧机的生产率，又能减小变形的不均匀性，获得组织均匀和性能稳定的制品。但是道次压下率的大小受下列条件的限制：

（1）金属的塑性。倘若道次压下率超过金属所能承受的最大变形程度，则金属要产生裂纹或裂边。一般情况下，有色金属塑性较好，道次压下率可大些：纯铝、LF21、LF2 等软铝合金可达 80% 以上，LY13、LD2 等可达 50%~60%；紫铜和纯锌可达 70%~80%，黄铜 H65、H68、H90 和青铜也可达 50%，钛及钛合金可达 70%~90%。实践证明，若金属的塑性允许道次压下量超过 50%，那么它就不是限制道次压下率的主要因素。

（2）咬入条件的限制。根据自然咬入条件，只有当咬入角 α 不大于摩擦角 β 时，金属才能进入轧辊间建立起轧制过程。因此每道次压下量应小于由最大咬入角 α_{max} 所决定的最大压下量 Δh_{max}，即：

$$\Delta h \leqslant \Delta h_{max} = D(1 - \cos\alpha_{max}) \tag{4-1}$$

式中，D 为轧辊直径。

（3）轧机强度的限制。道次压下量的分配还必须考虑轧机强度，即由道次压下量所产生的轧制压力 P 应小于轧机所允许的最大压力 P_{max}，即 $P \leqslant P_{max}$。

（4）主电机能力的限制。制定道次压下量还必须考虑主电机的能力，即轧制时主电机的温升和负载不能超过允许值。

上述四个方面是限制道次压下率的主要因素。此外，还应考虑产品的质量。例如，轧制包铝板的铝合金铸锭时，为使包铝板与铝合金焊合牢固，开始道次压下率应控制在 2%~4%；为了获得良好的板形，在最后一、两道次要用较小的压下率，才能获得平直的板材。

b　热轧道次加工率的分配

根据热轧工艺要求，热轧过程可以分为开始、中间和终了三个阶段。热轧各阶段道次加工率的分配除应满足上述道次加工率的限制条件外，还要考虑合金品种、锭坯尺寸、锭坯质量、加热情况、设备条件、产品质量要求等。

（1）开始轧制阶段。在开始轧制阶段首先应保证厚度较大的锭坯顺利咬入辊缝中，建立稳定的轧制过程，因此道次压下率不能太大。其次应采用低速轧制，尽量使变形深入锭坯内部，以便把塑性较差的柱状晶和等轴晶铸造组织全部转变为塑性较好的加工组织，同时变形深入也可以减小锭坯内外变形的不均匀性。因此，在开始轧制阶段道次压下率应小一些，轧制速度应慢一些。

（2）中间轧制阶段。热轧时的大部分变形主要在中间阶段完成。此时铸造组织已逐步转变为加工组织，轧件温度虽有所降低，但塑性仍较好而变形抗力不高。因此，这个阶段采用大的道次压下率，并增大轧制速度。

（3）终了轧制阶段。热轧最后几个道次，轧件薄而长，温度降低迅速并且头尾温差大。为了热轧后获得板形平直且尺寸偏差小的坯料，一般应采用较小的道次加工率，尽量快速轧制，并合理调整辊型，即辊缝的形状。

图4-23所示为部分合金热轧时的道次加工率。实际上热轧的三个阶段是密切相关的，如果开始阶段压下量太小，必然加重后面道次的负担，导致热轧道次增加，使终轧温度过低而影响热轧后坯料的性能和质量。

实际生产中，热轧压下制度随锭坯尺寸、锭坯质量、合金成分及性能、热轧塑性温度范围、热轧前加热情况、轧机条件等具体情况不同而变化。一般情况下，热轧机设备能力较小时，压下制度大多为合金的变形抗力大小所限；当设备能力较大时，轧机比较安全，热轧时合金塑性的好坏则成为制定压下制度的重要因素。

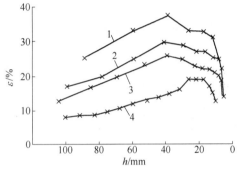

图4-23 热轧时的道次加工率
（轧机 $\phi850$ mm×1500 mm，
锭坯尺寸 120 mm×620 mm×1040 mm）
1—H62；2—T2；3—B19；4—QSn6.5-0.1

4.3.2.5 热轧的工艺润滑和轧辊冷却

A 工艺润滑

a 工艺润滑的作用

热轧一般要采用工艺润滑。工艺润滑的作用：提高轧辊的耐磨性，延长其使用寿命；减少轧制时的能量消耗；防止辊面黏着金属粉末，改善产品的表面质量。工艺润滑之所以有这些良好的作用，其根本原因是降低了金属和轧辊间的摩擦系数。

b 热轧对润滑剂的要求

热轧对润滑剂有如下的要求：闪点高；燃烧后不留残灰；黏度适当；不腐蚀轧辊和轧件；资源丰富，价格低等。

c 工艺润滑剂的种类

有色金属热轧时使用的工艺润滑剂有三种类型：纯油、水-油混合剂和乳液。其中纯油润滑剂效果最好，因为它能在轧辊表面上形成一层薄的油膜，既不燃烧，又能很好地起到润滑作用。在纯油润滑剂中植物油的润滑效果又比矿物油的更好。

有色金属常用的润滑剂有：

铜及铜合金：机油；50%机油+50%煤油；锭子油；蓖麻油等。

镍及镍合金：90%~95%机油+5%~11%钙钠基润滑脂；90%机油+11%二硫化钼；煤油等。

铝及铝合金：乳液，其组成为：矿物油(85%)+油酸(11%)+三乙醇胺(5%)和水(根据需要配)；矿物油(80%)+不饱和醚(11%)+聚氧乙基产品(11%)和水等。

B 轧辊冷却

a 轧辊冷却的目的

热轧时，由于轧辊与高温轧件紧密接触，再加上轧制过程中产生的摩擦热和变形热，轧辊表面温度将急剧升高，有时高达轧件温度的 $1/3 \sim 1/2$。轧辊表面温度的升高，不仅增大轧辊与轧件之间的摩擦系数，降低轧辊寿命，而且轧辊表面容易黏结金属粉末，影响轧件的表面质量。另外，轧辊受热膨胀使辊型发生变化，难以保证轧出的轧件尺寸满足要求。因此，为了防止轧辊温度过分升高，延长轧辊寿命，保持辊面清洁，保证轧件尺寸，热轧时需要对轧辊不断地进行冷却。

b 轧辊冷却的方法

有色金属热轧时，一般采用循环冷却水直接喷洒到轧辊上。要求冷却水不应腐蚀轧辊、轧件和轧机部件；冷却水的温度一般控制在 35 ℃ 以下，以提高冷却效果。锌及其合金热轧时，轧辊的冷却可采用间接水冷法，冷却水通过空心轧辊内部控制轧辊温度。

4.3.2.6 热轧机和热轧辊

A 热轧机

有色金属板带材热轧采用的轧机有：二辊不可逆式轧机、二辊可逆式轧机、三辊等径轧机、三辊劳特式轧机、四辊可逆轧机和行星轧机等。下面对行星轧机作简单介绍。

行星轧机的结构，如图 4-24 所示。这种轧机的结构特点是，围绕支撑辊 2 布置有很多小工作辊 3。行星轧机由于工作辊直径小，轧制压力低，道次加工率很大，可以轧制普通轧机难以轧制的高强度合金，并且轧出的板带材随即进入后面的平整辊中，进行整形以消除板形缺陷和厚度偏差。行星轧机虽然送料速度低，产量不高，但由于设备质量小、占地面积小、并能与连续铸锭配套使用，特别适用于多品种、小批量的有色金属生产，具有很好的发展前景。

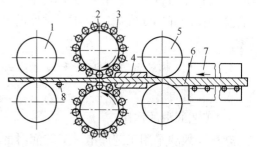

图 4-24 行星轧机

1—平整辊；2—支撑辊；3—工作辊；4—导卫装置；
5—喂料辊；6—接头焊接处；7—加热炉；
8—活套支撑器

B 热轧辊的原始辊型

热轧时，轧辊温度要升高，但轧辊中部温度要高于轧辊两端，原因是中部散热慢于两端。这种轧辊温度的不均匀分布会使中部热膨胀大于两端，使原本平直的轧辊变成凸形，而辊缝则变为凹形，严重影响了板带材的板形和尺寸精度。

为了减小热轧时轧辊中部的热膨胀凸度，尽量保持辊缝的平直，在制备轧辊时应将之车磨成凹形辊。此外，凹形辊还有利于轧件的咬入，并能防止轧件跑偏和减小轧件边部的拉应力。

4.3.2.7　热轧后的坯料处理

在有色金属及合金板带材生产中，如果热轧是为冷轧提供坯料，则应对热轧后的坯料进行表面处理，其目的是去除加热和热轧过程中在坯料表面形成的氧化皮，以提高冷轧产品的表面质量。表面处理的方法有两种：矫平和铣面、酸洗和清理。

A　矫平和铣面

对坯料进行铣面，不仅可以去除加热和热轧过程中在坯料表面产生的氧化皮，而且表面压痕和表面裂纹等缺陷也可以得到消除。以铣面代替酸洗，有利于提高产品的表面质量，但金属损耗大，成品率有所降低。因此，铣面适用于热轧时易氧化且氧化皮不易酸洗干净的合金以及对表面质量要求较高的产品。

为了减小铣面量，提高成品率，铣面前要在九辊或十一辊矫平机上对坯料进行矫平，一般要求矫平后的坯料纵向不平行度小于0.3 mm，横向不平行度小于0.1 mm。

铣面大多在单面铣削机上进行，开始先铣一面，然后用翻料机将坯料翻转后，再在第二台铣削机上铣另一面；也可以将两台铣削机串联起来，一台铣坯料上面，另一台铣坯料下面。

B　酸洗和清理

a　酸洗

热轧后的坯料也可采用酸洗除去表面氧化皮，酸洗工序为：酸洗→冷水洗→热水洗→干燥。生产中对酸洗工艺的要求是：氧化物清刷干净，表面质量好；酸洗时间短，生产率高；金属损耗低，耗酸量小。

酸洗液一般用盐酸、硫酸和硝酸配制。酸洗时坯料表面的氧化物要么被酸液溶解，要么在化学反应生成的氢气气泡的机械剥离作用下脱落。实际生产中，为加快酸洗速度并使坯料表面光洁，可采取的措施有：在酸洗液中加入适量的氧化剂——重铬酸钾和硝酸；将酸洗液加热到40~60 ℃；在酸洗前进行小压下量的破鳞轧制，使表面氧化皮破裂或局部脱落。

酸洗操作时应注意的问题有：配制酸洗液时，应先向酸洗槽中放水，然后配酸；酸洗时间一般为5~30 min，若时间过长，金属和酸的损耗增大；严禁铁器掉入酸液中，否则将使轧件表面产生斑点；酸洗液中酸浓度过高将恶化劳动条件和设备环境。

b　清理

清理是采用机械或手工工具清刷去除酸洗坯料表面的氧化粉末、酸迹和斑点以及修理其他缺陷。清刷分湿刷和干刷，湿刷在酸洗中进行，干刷在干燥后进行。坯料表面的麻坑、裂纹、起皮和夹灰等缺陷多采用刮刀修理，修理的方向要与轧制方向一致。

4.3.3　冷轧板带材的生产

冷轧是指金属在其再结晶温度以下进行的轧制。冷轧时金属要发生加工硬化，其强度提高而塑性降低。金属的加工硬化给进一步的冷轧带来了困难。为了消除加工硬化，保证冷轧的顺利进行，冷轧过程中往往要对冷轧金属进行中间退火和因此带来的酸洗。有色金属板带材冷轧所用的坯料大多由热轧提供。

4.3.3.1　冷轧的特点

同热轧相比，冷轧具有以下优点：

(1) 冷轧产品尺寸精确，表面光洁，缺陷少。

(2) 冷轧可通过控制变形量来调整产品的力学性能，以满足不同需求。

(3) 冷轧可以轧出热轧根本不能轧出的薄带和箔材。

但冷轧也有不足之处，如金属变形抗力大、塑性差、道次加工率小、能耗大等；此外，冷轧需要中间退火和酸洗，因此生产流程长。

4.3.3.2　冷轧的压下制度

按冷轧的工艺要求，冷轧过程可分为开坯、粗轧、中轧和精轧四个阶段。冷开坯是指将不宜进行热轧的锭坯冷轧至厚度为 3.5~6.0 mm 的坯料过程；将厚度为 3.5~13 mm 的冷开坯或热轧坯料冷轧至厚度为 2~6 mm 的坯料过程称为粗轧；粗轧后继续冷轧的过程称为中轧；为满足成品性能要求而进行的最后冷轧称为精轧。

冷轧压下制度包括冷轧总加工率的确定、精轧总加工率的确定和各道次加工率的分配。

　A　冷轧总加工率的确定

冷轧总加工率是指相邻两次中间退火之间的总加工率。实际生产中总是希望冷轧总加工率尽可能大一些，以减少中间退火和酸洗次数，达到简化生产流程，提高生产率和降低生产成本的目的。但冷轧总加工率受到以下因素的制约。

(1) 金属的塑性和冷硬化速率。由于冷轧时变形金属的加工硬化，金属的塑性随轧制道次的增多或变形量的增大而变得越来越差，以至于最终不得不通过中间退火来恢复金属的塑性，才能保证冷轧的继续进行。金属的塑性越好、冷变形硬化速度越慢，其冷轧总加工率就越大。有色金属开坯和中间冷轧的总加工率，一般可选取如下范围：

铝及铝合金：纯铝 50%~95%；软铝合金 60%~85%；硬铝合金 60%~70%。

铜及铜合金：紫铜 45%~95%；黄铜 35%~85%；青铜 30%~80%。

镍及镍合金：纯镍 50%~85%；镍合金 40%~80%。

钛合金：TA1、TA2、TA3 合金 30%~50%；TC1 合金 25%~30%；TC3 合金 15%~25%；TA7 合金 11%~20%。

(2) 设备能力。轧机结构不同，冷轧总加工率也不相同。例如，在多辊轧机上轧制重有色金属时，冷轧的总加工率可达 85%~90% 以上，这远比在二辊或四辊轧机上轧制时的冷轧总加工率大得多。这是因为多辊轧机改善了冷轧时的变形条件，因此能采用较大的冷轧总加工率。

(3) 轧机的最小可轧厚度。有时虽然金属的塑性还允许继续轧制，但此时轧件厚度接近于轧机的最小可轧厚度，加之轧件变形抗力大，如果继续轧制，不但压下量小，而且能耗也高，此时也就不再继续轧制。

　B　成品冷轧总加工率的确定

成品冷轧总加工率主要由成品所要求的组织性能和表面质量来决定，因此应根据不同成品的要求来确定成品冷轧总加工率。

(1) 硬制品和特硬制品。这类成品冷轧后不进行成品退火，其最终力学性能取决于成品冷轧时的总加工率。根据成品力学性能的要求，查金属力学性能与冷轧加工率的关系曲线，就可确定成品冷轧总加工率。

（2）半硬制品。这类成品冷轧后既可以进行成品退火，也可以不进行成品退火。前一种情况是通过控制冷轧产品退火时再结晶的程度来调整其性能，这种情况下成品冷轧总加工率与成品的性能关系不大；后一种情况是根据成品力学性能的要求，查金属力学性能与冷轧加工率的关系曲线，就可确定成品冷轧总加工率。

（3）软制品。这类成品冷轧后必须进行成品再结晶退火，其最终力学性能主要取决于成品退火工艺，但成品冷轧总加工率对退火工艺有影响。成品冷轧总加工率越大，再结晶温度就越低，再结晶结束后得到的晶粒越细小。因此，对软制品来说，为了得到晶粒细小、具有很好力学性能的成品，一般要求成品冷轧总加工率在50%以上，并且随成品冷轧总加工率的增大，成品退火时随退火温度低一些、退火时间短一些。

（4）表面要求光亮的制品。这类产品需要进行抛光轧制。例如某些表面要求光亮的铝合金板材在热处理后要进行这种轧制，其冷轧道次加工率为1.5%~3%。没有一定的冷轧压下率，得不到光亮表面，但压下率太高也不能起到表面抛光的作用，一般抛光轧制的总压下率多在5%左右，不超过11%。

C　道次加工率的分配

冷轧总加工率和成品冷轧总加工率确定后，就能进行各道次加工率的分配。合理分配各道次加工率的基本要求是：保证产品质量，确保设备安全，尽可能减少轧制道次，充分发挥金属的塑性及提高生产率。冷轧道次加工率的分配同热轧一样，也要受到金属塑性、咬入、轧机强度和主电动机能力等条件的限制。除上述限制条件外，冷轧道次加工率的分配还应遵循如下规则。

（1）为了充分利用轧件退火后的良好塑性，在冷轧的第一、第二道次应采用最大的道次加工率；在随后的轧制道次中，因为轧件的加工硬化程度逐渐增大，应逐道次减小道次加工率。

（2）在冷轧的最后道次，由于轧件变形抗力很大、塑性较差，同时为了保证轧件厚度精度和平直度满足要求，一般采用较小的道次加工率；在成品精轧阶段，由于对成品的厚度精度和平直度的要求更高，可以适当增加轧制道次，但厚板成品冷轧时，道次过多会由于表面变形大于内层而出现强度低、延伸率高的情况；而薄带成品冷轧时，道次过多会由于晶粒破碎加剧而出现强度高、延伸率低的情况。

（3）道次加工率必须与总加工率相协调，以充分发挥设备能力，提高生产率。如果采取的总加工率较小而轧制道次过多，则各道次的加工率均较小，这不仅会降低轧机的生产效率，而且由于总加工率较小导致退火次数增多而增加退火设备的负荷。此时应适当增大总加工率并减少轧制道次。

（4）连轧机冷轧时，各机架的道次压下率必须与轧制速度、张力、辊型等相协调，保证各机架之间的金属秒流量相等，以确保轧件既不出现拉窄、拉断，也不出现过大的活套。

此外，在冷轧过程中还要注意，一般随轧件厚度的减薄和宽度的增加应相应减小道次加工率；成卷冷轧可比单张冷轧采用的道次加工率大；冷轧前轧件已存在加工硬化或退火不充分时，应适当降低道次加工率。

4.3.3.3　冷轧的工艺冷却和润滑

A　工艺冷却

（1）工艺冷却的必要性。冷轧过程中产生的剧烈变形热和摩擦热会使轧件和轧辊温度升高，特别是当压下量大、单位轧制压力高和轧制速度快时，这种现象更为突出。轧辊温度过高会引起轧辊表层硬度的下降，并有可能促使轧辊表层组织发生分解，使辊面出现附加组织应力。另外，轧辊温度过高可导致正常的辊型（或辊缝）遭到破坏，直接有害于板形和尺寸精度。同时轧件和轧辊温度升高也会使润滑剂因油膜破裂而失效，直接影响带材的组织性能和表面质量，使冷轧不能顺利进行。因此，冷轧时单靠自然冷却是不行的，必须对轧件和轧辊进行人工冷却，才能维持正常生产，提高产品质量。

（2）工艺冷却剂。对冷轧而言，水是比较理想的冷却剂，因其比热大，吸热率高且成本低廉。油的冷却能力则比水差得多。由于水具有优越的吸热性能，因此大多数轧机皆采用水或以水为主要成分的冷却剂。在有色金属冷轧时，冷却剂多采用乳液，即由水、油和一些添加剂组成的混合物。铝合金冷轧时乳液的成分与热轧时的相同，只不过浓度稍高一点；重有色金属冷轧时的乳液还含有（质量分数）0.45%~0.5%的皂，1.5%~2.0%的油，以及不超过0.5%的游离碱。

（3）工艺冷却方法。增加冷却液在冷却前后的温度差是充分提高冷却能力的重要途径。现多采用高压空气将冷却液雾化，或者采用特制的高压喷嘴喷射，可以大大提高冷却液的吸热效果并节省其用量。冷却液在雾化过程中本身温度下降，所产生的微小液滴在碰到温度较高的辊面或板面时往往即时蒸发，借助蒸发潜热大量吸走潜热，使整个冷却效果大为改善。

B　工艺润滑

（1）工艺润滑的作用。冷轧采用工艺润滑的主要作用是减小轧件与轧辊间的摩擦系数，通过改变变形区内的应力状态来减小金属的变形抗力，这不但有助于保证在已有的设备条件下实现更大的压下，而且还可使轧机能够经济可行地生产厚度更薄的产品。此外，采用有效的工艺润滑也直接对冷轧过程的发热率及轧辊的温升起到良好的抑制作用。在轧制某些有色金属及合金时，还可以起到防止金属黏辊的作用。

（2）工艺润滑剂。生产与实验表明：采用天然油脂（动物与植物油脂）作为冷轧的工艺润滑剂在润滑效果上优于矿物油。从表 4-4 中可以看出，在冷轧紫铜带时，采用蓖麻油做润滑剂比不采用润滑剂的摩擦系数降低约 50%，比采用煤油做润滑剂降低约 30%，所以采用润滑剂的润滑效果比不采用好，采用植物油的润滑效果比矿物油好。

表 4-4　冷轧紫铜带时各种润滑剂的摩擦系数

润　滑　剂	摩擦系数	润　滑　剂	摩擦系数
无润滑剂（轧辊和带材均干燥清洁）	0.093	棕榈油	0.066
水	0.075	橄榄油	0.058
煤油	0.067	蓖麻油	0.046

（3）工艺润滑方法。在生产实践中，为保证冷轧顺利进行，通过乳化剂的作用把少量的油与大量的水混合起来。在这种情况下，水起冷却剂和载油剂的作用，而油是润滑剂。对这种乳化液的要求是：当以一定的流量喷到轧件和辊面上时，既能有效地吸收热量，又能保证油剂以较快的速度从乳化液中离析并黏附在轧件与辊面上，这样才能及时形成均匀、厚度适中的油膜。有色金属冷轧用乳化液成分一般含（质量分数）皂0.4%~0.8%，含（质量分数）油1.5%~2%，游离碱不超过（质量分数）0.02%~0.05%，乳化液中不应含有游离有机酸和机械化合物；乳化液尽量循环使用，在使用时要经常清除表面漂浮的油层及脏物。

4.3.3.4 冷轧中的张力轧制

张力轧制就是轧件在轧辊中的变形是在有一定的前张力或后张力作用下实现的。按照习惯上的规定，作用方向与轧制方向相同的张力称为前张力；而作用方向与轧制方向相反的张力称为后张力。

A 张力的作用

冷轧中张力的作用主要有以下几方面。

（1）防止带材在轧制中跑偏。张力轧制带材时，若出现不均匀延伸，则延伸大的一侧张力减小，而延伸小的一侧张力增大，结果张力自动起纠正跑偏的作用，实现对中轧制。

（2）使所轧带材平直，具有良好的板形。由于不均匀延伸会改变带材宽度方向上的张力分布，而这种改变的张力反过来又使延伸均匀化，故张力轧制有利于保持带材平直。

（3）降低金属的变形抗力，便于轧制厚度更薄的产品。张力改变了轧制金属的应力状态，使金属的变形抗力减小，轧制力减小，在相同轧机上能轧制出厚度更薄的产品。

（4）减轻冷轧机主电机的负荷。轧制时轧制力减小，能耗也减小，从而减轻了主电机的负荷。

（5）可以通过改变张力来控制产品厚度。改变冷轧过程中的张力可以使轧制力发生变化，从而改变轧辊的弹跳值，使产品厚度也发生相应的变化。因此可以通过改变张力来控制产品厚度，提高产品精度。

B 张力的控制和选择

在带材成卷冷轧时，通过改变卷取机或开卷机的转速、轧辊的转速以及压下量可以使张力在较大范围内变化。借助准确可靠的张力测量仪并使之与自动控制系统构成闭环，可以实现恒张力轧制。

生产实际中的张力选择，主要是指选择单位张力σ_z。在实际生产中的$\sigma_z = (0.1~0.6)\sigma_S$，变化范围颇大。不同的轧机，不同的轧制道次，不同的产品规格，甚至不同的原料条件，都要求有不同的σ_z与之相适应。当用四辊轧机轧制重有色金属时，单位张力可按$\sigma_z = (0.2~0.3)\sigma_S$选取；而在多辊轧机上轧制重有色金属带材和薄材时，选取的单位张力应比四辊轧机的大。冷轧轻有色金属带材时，单位张力一般按$\sigma_z = (0.2~0.6)\sigma_S$选取。

实践证明，较大的后张力可降低单位轧制压力35%，而前张力仅能降低20%。因此经常采用后张力大于前张力的方法轧制，同时还能减少断带的可能。

4.3.3.5 冷轧机和冷轧辊

A 冷轧机

冷轧时最常用的是四辊轧机，它的工作辊直径小而支撑辊直径大，轧机具有很高的刚度和强度，可以生产厚度较薄的板带材。而二辊轧机多用于冷轧后的平整机上。应该指出的是，在冷轧中，若轧件厚度越薄、变形抗力越大，则越倾向于采用具有更多支撑辊的多辊轧机。因为多辊轧机的支撑辊越多，越能有效地防止工作辊的弹性弯曲。经常采用的多辊轧机有六辊、十二辊轧机和二十辊轧机等。

　　B　冷轧辊的原始辊型

　　冷轧时，由于工艺冷却的作用，轧辊温度不会像热轧辊那样急剧升高，热膨胀对辊型和辊缝的影响较小。然而，冷轧时轧件变形抗力大，轧制力大，轧辊在巨大的轧制力作用下产生较大的弹性变形（包括弹性弯曲和弹性压扁）。其中，弹性弯曲对辊缝的影响最大，它使辊缝中部宽、两端窄，即辊缝呈凸形。为了抵消轧辊弹性弯曲产生的凸形辊缝，保证辊缝尽可能平直，以轧出板形良好的板带材，在制备轧辊时，应将其车磨成凸形辊。

4.3.4　板带材的质量和缺陷消除

　　由于对有色金属板带材提出的技术要求为"尺寸精确板形好，表面光洁性能高"，因此对有色金属板带材的质量要求也是从尺寸精度、板形、表面质量和力学性能这四个方面考虑。

　　4.3.4.1　尺寸精度

　　板带材的尺寸精度主要是指纵向上和横向上的厚度精度。既然板带材是由辊缝中轧出的，辊缝的大小和形状就决定了板带材纵向和横向厚度的变化（其中横向厚度的变化又影响到板形），那么要提高板带材的厚度精度，就必须了解辊缝大小和形状变化的规律及其调整方法。

　　A　$P\text{-}h$ 图的建立和应用

　　板带材轧制时，既要发生轧件的塑性变形，又会发生轧机的弹性变形。由于轧机的弹跳，使轧出的轧件厚度（h）等于轧辊的空载辊缝（S_0）加上轧机的弹跳值。根据虎克定律，轧机的弹性变形与轧制压力（P）成正比，则轧出的轧件厚度为：

$$h = S_0 + \frac{P}{K} \tag{4-2}$$

式中　P——轧制压力，N；

　　　　K——轧机的刚度，N/mm，即轧机弹跳 1 mm 所需的轧制应力值；

　　　　P/K——轧机的弹跳值，mm。

　　式（4-2）为轧机的弹跳方程，将它在图 4-25 中绘成的曲线称为轧机弹性曲线，它近似一条直线，其斜率就是轧机的刚度。

　　另一方面，给轧件一定的压下量（$\Delta h = H - h$），就产生一定的轧制压力（P）。当来料厚度一定时，压下量越大（即轧出的轧件厚度 h 越小），则轧制压力也越大。通过实测和计算可以求出来料厚度一定时，h 与 P 的关系。将此关系画于图 4-25 中得到的曲线称为材料塑性曲线，也将它近似看作直线。

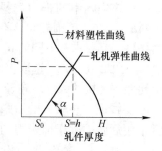

图 4-25　$P\text{-}h$ 图

图 4-25 中两曲线交点的纵坐标就是轧制压力 P，而横坐标则是实际轧出的轧件厚度 h。

B　板带材厚度变化的原因和特点

根据轧机的弹跳方程可知,影响板带材实际轧出厚度 h 的主要因素是 S_0、P 和 K。其中,轧机刚度 K 在一定的轧机上轧制一定宽度的产品时,可以认为是常数。影响空载辊缝 S_0 变化的主要因素有轧辊的偏心运转、磨损、热膨胀和轧辊轴承油膜厚度的变化,它们都是在压下螺丝位置不变的情况下使实际空载辊缝发生变化,引起轧出的板带材厚度发生波动。

轧制力 P 的波动是影响板带材轧出厚度的最主要因素,因此所有影响轧制力变化的因素都要影响到板带材厚度精度。这些因素主要有:

(1)坯料原始厚度不均。坯料原始厚度 H 的变化实际上就是改变了 P-h 图中材料塑性曲线的位置,如图 4-26 所示。从图中可以看出,坯料厚度偏厚,轧出的轧件也偏厚。坯料厚度不均是难以通过轧制消除的,故要使轧件精度提高,必须选择高精度的坯料。

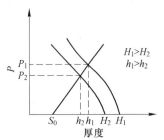

图 4-26　来料厚度对产品厚度的影响

(2)张力的变化。它是通过影响应力状态和变形抗力而起作用的。从图 4-27 可以看出,张力 T 增大,轧出的轧件厚度减小。连轧板带材时头、尾部在穿带和甩尾过程中,由于所受张力分别是逐渐增大和减小的,其厚度也分别逐渐减小和增大。另外,冷连轧板带材时,经常利用调节张力作为控制厚度的重要手段。

(3)轧件温度、成分和组织性能的不均。它是通过影响轧件的变形抗力而起作用的(图 4-28)。对热轧板带材最重要的是温度波动;对冷轧则主要是成分和组织性能的不均。这里应该指出,温度的影响具有重发性,即在前一道次虽然消除了厚度偏差,在后一道次还会由于温度差而重新出现厚度偏差。故热轧时只有在精轧道次对厚度控制才有意义。

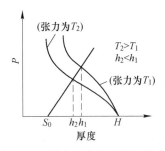

图 4-27　张力对产品厚度的影响

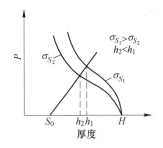

图 4-28　轧件变形抗力对产品厚度的影响

(4)轧制速度的变化。它主要是通过影响摩擦系数和变形抗力,乃至影响轴承油膜厚度来改变轧制力而起作用的。速度变化一般对冷轧变形抗力影响不大,而显著影响热轧变形抗力。速度变化对冷轧摩擦系数的影响很大,而对热轧摩擦系数影响较小。例如在冷轧时,若增大轧制速度,则摩擦系数减小,变形抗力减小导致轧制压力降低,轧机的弹跳值减小,结果轧件厚度变薄(图 4-29)。此外,速度增大则油膜增厚,致使压下量增大并使轧件变薄。

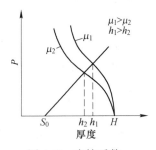

图 4-29　摩擦系数 μ 对产品厚度的影响

C　板带材厚度控制方法

在实际生产中，为提高板带材厚度精度，采用了各种厚度自动控制方法。

a　压下调厚

压下调厚就是通过改变辊缝值 S_0（即改变轧机弹性曲线的位置）从而改变轧出轧件的厚度 h。它是厚度控制最主要的方式，常用于消除影响轧制压力的因素所造成的厚度差，使轧出的轧件厚度 h 基本保持不变。

图 4-30（a）所示为直接测厚 AGC 系统。通过 X 射线测厚仪，测出轧出轧件的实际厚度并与给定值（要求轧件的轧出厚度）相比较，如有厚差，则通过控制系统来调整轧机的压下量，使轧后厚度达到规定数值。但这种控制系统时间滞后，现已较少采用。

近代较新的厚度自动控制系统，不是通过测厚仪测出厚度进行反馈控制，而是通过测量轧制压力 P 计算出板带厚度来进行厚度控制，这就是所谓的轧制力 AGC［图 4-30（b）］。其原理就是为了厚度的自动调节，必须在轧制力 P 发生变化时，能自动快速调整压下（改变辊缝值）。图中的测厚仪起监视作用。

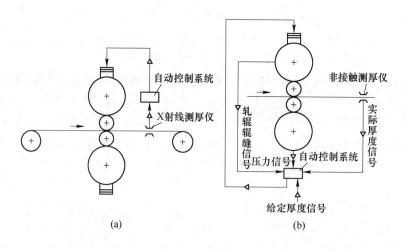

图 4-30　厚度自动控制系统示意图

b　张力调厚

即通过改变前、后张力来改变轧件的塑性变形曲线的斜率以控制厚度，如图 4-27 所示。这种方法在冷轧时用得较多，它的主要优点是响应性快，因而可以控制得有效和精确，但是张力的变化不能太大，否则会使轧件被拉窄或拉断。

c　速度调厚

轧制速度的变化影响到张力、温度和摩擦系数等因素的变化，故可以调整速度来改变张力，从而改变轧出厚度。

4.3.4.2　横向厚差和板形控制

A　横向厚差与板形的关系

a　横向厚差和板凸度

板带材的横向厚差是指沿宽度方向的厚度差，它取决于板带材的轧后断面形状，即取决于轧制时的实际辊缝形状，一般用板带材中部与边部厚度之差的绝对值或相对值来表示。

对板带材而言，横向厚差越小越好，最好为零，但这在目前技术条件下不可能做到。此外，在无张力或小张力轧制时，为了保证轧件运动的稳定，使操作稳定可靠，轧件不致跑偏和刮框，要求轧制时实际辊缝稍具凸形，即轧件的中部厚度要比边部大，具有一定的中厚量。板带材中部厚度和边部厚度之差，再与边部厚度的比值，称为板凸度。

b 板形及其影响因素

板形是指板带材的平直度，即是指浪形、瓢曲或旁弯的有无及程度大小而言。在坯料板形良好的条件下，轧后轧件的板形取决于轧制时的延伸沿宽度方向是否相等。若边部延伸大，则产生边部浪形；若中部延伸大，则产生中部浪形或瓢曲；若一边比另一边延伸大，则产生旁弯。浪形和瓢曲尚有多种表现形式，如图4-31所示。

c 保证板形良好的条件

为了保证平直良好的板形，必须遵守均匀延伸或所谓的"板凸度一定"的原则，使轧件横断面各点的伸长率或压下率基本相等。如图4-32所示，设轧前板带边部厚度为 H，而中部厚度为 $H + \Delta$，即轧前横向厚差为 Δ；轧后板带边部厚度和中部厚度分别为 h 和 $h + \delta$，即轧后横向厚差为 δ。而 Δ/H 和 δ/h 分别为轧前和轧后板带的板凸度。板带沿宽度方向上压下率相等的条件，可以写成板带中部和边部伸长率 λ 相等的条件，即：

$$\frac{H + \Delta}{h + \delta} = \frac{H}{h} = \lambda \tag{4-3}$$

由此可得：

$$\frac{\Delta}{\delta} = \frac{H}{h} = \lambda \ ; \ \frac{\Delta}{H} = \frac{\delta}{h} = \cdots = \frac{\delta_z}{h_z} = 板凸度 \tag{4-4}$$

式中　δ_z，h_z——成品板带的横向厚差和边部厚度。

由此可见，要满足均匀变形的条件，保证板形平直良好，就必须使轧前板带的横向厚差与轧后板带的横向厚差之比（Δ/δ）等于伸长率 λ，或者轧前板凸度（Δ/H）等于轧后板凸度（δ/h），即板凸度保持一定。

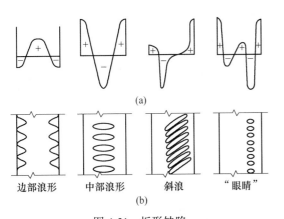

图4-31 板形缺陷

（a）残余应力图形；（b）板型缺陷示例

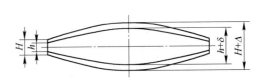

图4-32 轧制前后板带厚度的变化

B　影响实际辊缝形状的因素

既然板带材的横向厚差和板形主要取决于轧制时的实际辊缝形状，那么就必须了解影响实际辊缝形状的因素，并据此对轧辊原始形状进行合理的设计。影响轧辊实际辊缝形状的因素主要有轧辊的弹性变形、轧辊的不均匀热膨胀和轧辊的磨损等。

（1）轧辊的不均匀热膨胀。在轧制过程中，轧辊的受热和冷却沿辊身长度分布不均匀。在多数情况下，辊身中部的温度高于边部（原因是边部的散热快），并且传动侧的辊温稍低于操作侧的辊温（原因是轧辊热量可通过传动轴较快散失）。由于轧辊中部温度高，热膨胀大，使辊缝的中部变小。

（2）轧辊的磨损。轧件与工作辊之间以及工作辊与支撑辊之间的相互摩擦都会使轧辊的磨损不均匀。在实际生产中，一般轧辊中部的磨损比两边快。

（3）轧辊的弹性变形。这主要包括轧辊的弹性弯曲和弹性压扁，其中影响实际辊缝形状的最大因素是轧辊的弹性弯曲，它使辊缝中部变大。

从以上分析可知，由于轧制时轧辊的弹性变形、轧辊的不均匀热膨胀和轧辊的磨损，空载时原本平直的辊缝在轧制时变得不平直了，造成板带材的横向厚度不均和板形不良。为了补偿上述因素造成的辊缝形状的变化，需要在制备轧辊时预先将辊面车磨成一定的凸度或凹度，使轧辊在受力和受热轧制时，仍能保持平直的辊缝。

C　辊型及板形控制技术

在实际生产中，由于产品规格和轧制条件不断变化，且轧辊又不断磨损，因此根本不可能用一种辊型去满足各种轧制的需要。这就要求在轧制过程中根据不同的情况不断地对辊型进行灵活的调整，以达到控制板形的目的。实际上，辊形控制技术就是板形控制技术。常用的辊型控制技术主要有调温控制法和弯辊控制法。

（1）调温控制法。这种方法是人为地向轧辊某些部位进行冷却或加热，改变轧辊的辊温分布，以达到控制辊型的目的。主要的手段就是沿辊身长度上布置冷却液流量阀，通过控制各段冷却液的流量，达到调整辊型的目的。但这种方法由于轧辊本身热容量大，调整辊温需要很长时间，难以满足现代高速板带轧机的要求。

（2）弯辊控制法。它是利用液压缸施加压力使工作辊和支撑辊产生附加弯曲，以补偿由于轧制压力和轧辊温度等工艺因素的变化而产生的辊缝形状的变化，保证生产出高精度的产品。弯辊控制法由于能迅速调整辊缝形状，成为现阶段轧制有色金属板带材应用最广的辊型控制技术。弯辊控制法又可分为弯曲工作辊的方法和弯曲支撑辊的方法。

另外，为了控制轧制精度和板形，还出现了一些新型轧机，如 HC 轧机（高性能板形控制轧机）、SSM 轧机（带移动辊套的轧机）等。

D　板形缺陷及其消除方法

a　浪形和瓢曲

浪形和瓢曲在热轧的最后几道次坯料厚度较薄时可以见到，但多见于厚度小于 1.0 mm 的薄板带材。

图 4-31 示出了波浪的各种形状：两边浪（轧件两侧均有浪形）、单边浪（轧件一侧有浪形）、中间浪（轧件中间有波浪）、双侧浪（轧件两边缘与中间的两侧均有浪形）等几种。产生浪形的主要原因是轧件沿宽度方向上的延伸不均匀，比如两边浪出现的原因主要

是两边的延伸大于中间的；单边浪出现的原因是出现浪形的一边的延伸大于另一侧。此外轧制过程中升降速不稳定、张力波动太大、卷筒偏心或咬入处不平也是产生浪形的原因。

浪形的大小通常根据板形的凸凹高度（波高）及面积（波长乘波宽）来判别。波高及波长反映辊型不符的严重程度，波宽表示辊型不符合辊身长度所占的区段大小。当波高一定时，波长及波宽越小，则板形质量越差。

生产中当波浪在轧件横向、纵向同时增大，单元波浪的面积较大，板形凸（或凹）形的轮廓近似成椭圆或圆形，呈瓢形，一般称为瓢曲。波高与波长的百分比称为瓢曲度，生产中要求的瓢曲度一般小于1%。瓢曲的产生原因与中间浪形相同，但瓢曲多见于宽而硬的薄轧件，尤其当轧件加热、退火不均引起性能不均时，易于产生瓢曲。

要消除浪形，就要使轧制时沿轧件宽度的延伸均匀，比如造成单边浪的原因有可能是轧前坯料横断面一边厚另一边薄、轧件温度一侧高另一侧低、轧件喂入轧辊时方向不正或轧辊安装倾斜等。

轻微浪形可由热矫直机矫平，严重时需改尺。在实际生产中，操作工要注意精确调整，包括合理调整压下，保持辊型正常，按计划及时换辊，对不合理的辊型要及时调整，是减少浪形的主要方法。

b 翘曲

轧件离开轧辊出口处后向上或向下出现的弧形弯曲，称为翘曲。在有色金属锭坯热轧及厚板冷轧时常可见到。产生翘曲的原因如下：

（1）锭坯加热时上、下表面温度不均。

（2）上辊直径大于下辊直径，由于上压力小而出现上翘，反之出现下翘。有色金属板带轧制时，一般下辊直径稍大于上辊直径，但两者之差不宜太大，以免出现下翘。如出现上翘时可在上表面涂少许油，或适当增加压下量。

（3）上辊与下辊轴向错动，或上下辊中心线不平行。

（4）上下辊的转速不一致；上下辊的冷却或润滑不均，或上下辊辊温不一致。

（5）压下分配不合理，一般情况下，压下量太小易上翘，压下量过大易下翘。

（6）辊型不正确。

要消除翘曲缺陷，就要根据缺陷出现的不同原因，进行具体调整轧机或改变轧件的一些工艺参数，比如消除温差等。

c 压折

由延伸得不均匀以致轧件产生局部的折皱称为压折。压折时轧制金属被局部"挤裂"，恶化产品质量和轧辊寿命。压折多出现于有色金属薄板带冷轧，出现的原因主要有：轧辊歪斜、轧件出现窜动及跑偏；轧件送入轧辊时不对称；来料板形不好、性能不均；压下分配不合理；轧辊磨损不均匀等。

d 侧向弯曲

侧向弯曲又叫镰刀弯或侧弯，它是指沿带材平面方向发生弯曲。其产生的原因是：调整不当，使轧件两侧压下量不均或来料两侧厚度不均；轧件温度不均；轧辊两端轴衬磨损不均等。

轧制过程中出现轻微的镰刀弯及跑偏时，可以及时调整两边压下来纠正。如轧件出现向右跑偏，可以采用降落右边压下螺钉或抬起左边压下螺钉两种办法调整。轧制过程中出现严重跑偏时，为防止出现事故，应迅速将两边压下螺钉抬起，将轧件导正后调整压下，方可继续轧制。

4.3.5　脆裂

轧件由于脆性破裂而出现在表面或内部的缺陷称为脆裂，如裂纹、裂边、起皮等。脆裂可分为热轧时出现的热脆和冷轧时出现的冷脆两种。生产实践表明，锭坯质量的好坏往往对轧制过程中出现的脆裂有关键性的影响。冷裂有时是遗留下来的热裂在冷轧时的继续扩大和显露。

4.3.5.1　热裂

热轧坯料质量的好坏对轧制产品质量起主导作用，高质量的板带材必须有良好的坯料作前提。热轧过程中的脆裂形式较多，如表面裂纹、张嘴（层裂）、内部裂纹、裂边、全部碎裂等。表面裂纹、横向开裂通常大多在热轧头几道次出现，而裂边大多出现在热轧后面几个道次中。热裂产生的主要原因及消除办法如下。

A　锭坯质量不好

锭坯中的裂纹、气泡、夹杂、疏松、偏析等缺陷及结晶组织粗大常常是热裂的主要原因。生产中对于表面质量较差的锭坯，热轧前要铣面；有的合金锭坯在热轧前先进行加热锻造，以消除或减少缺陷，提高合金坯料的塑性；或者采用均匀化处理，改善锭坯组织，提高其高温塑性。

B　加热工艺不正确

加热不均容易在热轧时导致延伸不均而出现拉裂；加热时出现过热，在热轧时会产生内部裂纹或全部碎裂。另外对于塑性、导热性较差，且断面尺寸较大的合金锭坯，若加热速度过快及保温时间不足，极易出现热应力过大而产生热裂。

C　内外层延伸不均

热轧时由于轧件的内外层温度不均，或轧件与轧辊间的表面摩擦力大等，都会造成内外层延伸不均而产生较大的拉（压）应力。在轧制时当表面受到的纵向拉应力大于轧件的强度时，易出现横向裂纹（图 4-33）。由于表面摩擦过大而撕裂轧件表面出现的表面裂纹，如图 4-34 所示。

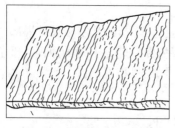

图 4-33　热轧时的横向裂纹

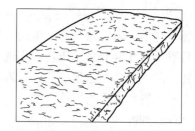

图 4-34　热轧时的表面裂纹

例如黄铜热轧前加热时脱锌严重，热轧时易出现细微的表面裂纹；轧辊表面网纹严重，也易使轧件产生表面裂纹。

热轧开始时在保证咬入的情况下应尽量减小表面摩擦，可以减小由此而产生的表面裂纹。生产中为防止表面裂纹应经常用砂纸打磨辊面，辊面龟裂严重时应及时换辊；出现黏辊时应清理干净；对于一些易裂的低塑性合金，热轧时应浇润滑油，增加轧件与轧辊间滑动，减小拉应力。对于热轧时出现轻微表面裂纹的坯料，热轧后进行铣削可以清除。

D 变形未深入

热轧开始时，由于锭坯较厚，若变形量小，则变形不能深入（表面变形严重），轧件出现双鼓形，中心层受拉应力。如果拉应力过大，尤其当锭坯中心层为薄弱晶面时，容易导致轧件中心层开裂。此时如果表面摩擦力大而出现黏着，轧件上表面绕上轧辊弯曲，下表面沿下辊弯曲，使轧件中心层分成两半，形成张嘴，如图 4-35 所示。生产中为了使变形能渗透到轧件中心，使锭坯内部的疏松良好焊合，在轧机能力允许的情况下，应根据锭坯的塑性适当增加压下量，或者改用直径较大的轧辊。

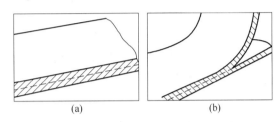

(a) (b)

图 4-35 热轧时的中心层开裂（张嘴）
(a) 锭坯中心层为弱晶面；(b) 轧制后中心层开裂

4.3.5.2 冷裂

冷轧时脆裂可以产生表面裂纹、分层、起皮、裂边及断带等缺陷。冷裂与热裂是密切相关的，它往往是由于热轧时的坯料质量不良遗留下来的。例如，冷轧时的表面裂纹，有时是由于热轧时产生的显微裂纹在冷轧时被拉长而扩展；锭坯中的缩孔中有气体时，热轧时被压实，冷轧至一定厚度时退火，缩孔中的气体膨胀形成气泡，从而造成裂纹等。

对于质量良好的热轧坯料来说，冷裂产生的主要原因与冷轧工艺有关，也与热处理有关，比如冷轧时轧制合金塑性差、加工率太高、轧制时表面层与里层延伸不一致、辊型不合理以及冷轧前退火不均匀、退火氧化等原因易造成冷裂。

4.3.5.3 表面质量

A 常见的表面缺陷及产生原因

有色金属板带轧材常见的缺陷有：表面氧化、表面变色及斑点；非金属压入及夹灰；辊印、压坑、划伤及擦伤等。这些缺陷产生的原因各不相同，主要由加热温度过高或时间过长、轧辊表面硬度低或磨损严重、轧辊表面黏结金属、轧件表面粘有杂物以及酸洗、润滑、辊道运输、矫直等造成的。

例如，表面氧化及表面色泽差主要与退火、酸洗有关，并根据合金成分出现不同的变色。如黄铜退火温度过高时出现严重脱锌，酸洗后出现表面发红；而镍带含碳量（质量分数）超过 0.02% 时退火后出现表面发黑；紫铜在空气中能生成一层致密的碱性碳酸盐薄膜而变灰绿色，因此紫铜酸洗后要立即轧制，不能放置过久。

B 提高表面质量的措施

针对不同的表面缺陷，应采用不同的措施来预防。比如加热好的锭坯在热轧前，采用破鳞清刷机使氧化皮（鳞）在一定的压力作用下破裂和脱落，可防止热轧时氧化皮和炉灰压入轧件表面。

采用保护气氛进行光亮退火；选择质量优良的冷却润滑液；保证轧辊表面质量；成品精轧后进行脱脂处理，这些都是减轻表面氧化、保持金属光泽的有效措施。

辊印、压坑及划伤与轧辊表面黏结金属有关。生产中防止粘辊的措施有：减小轧件与辊身表面的温差；保持轧辊表面光洁；防止轧辊打滑；润滑应充分、均匀等。

4.3.5.4　力学性能

有色金属板带材力学性能不合格的主要原因以及消除办法有以下主要方面。

A　化学成分及锭坯的组织不良

产品的力学性能首先取决于合金的化学成分及锭坯质量。化学成分不稳定、锭坯组织中的偏析、夹杂等缺陷严重，会使力学性能降低。

对这类缺陷的消除，要从源头上抓起，在熔炼前要正确配料；熔炼时控制好熔炼温度，提高合金液净化的效果；选择好的铸造方法，控制铸造时的工艺参数，以得到高质量的锭坯。对偏析严重的锭坯，在热轧前要进行均匀化处理等。

B　轧制工艺控制不正确

硬、半硬状态冷轧板带材的力学性能主要由成品冷轧加工率控制，因此成品冷轧加工率应制定恰当。对于热轧产品，如果变形速度过快、终轧温度太低使再结晶来不及进行或进行不完全，则难以消除加工硬化，常出现热轧板抗拉强度高而延伸率低的现象。

对这类产品，在制定压下制度时，要控制好工艺参数，特别是冷轧的成品加工率和热轧的终轧温度一定要满足要求。

C　热处理制度不正确

软态产品的力学性能主要取决于成品退火工艺是否正确。退火工艺除了温度和时间外，还应注意退火时的气氛对合金性能的影响。例如，镍及镍铜合金在高硫气氛中退火时，由于出现"渗硫脆化"使产品性能变坏。对于热处理强化的合金（如铍青铜）来说，淬火加热温度低、保温时间短、冷却速度不够以及时效温度过高、时间过长，常常是产品强度与硬度不足的主要原因。

D　力学性能不均

由于产品厚度不均、化学成分不均、轧制时变形不均、退火温度不均等原因造成的力学性能不均匀会恶化产品质量。在对产品进行力学性能检测时，在不同位置上切取试样的力学性能差异越小，每张、每卷及每批板带材产品的力学性能波动越小，则产品质量越好。

E　过热及过烧

加热时温度太高，或时间过长，会使晶粒过分粗大，产生过热；若使晶间物质发生氧化或熔化，则会形成过烧。

出现过热时，可采用热处理的方法消除后再轧制，或者改轧较薄的产品；出现过烧时，在轧制过程中会产生裂纹甚至全部碎裂，因此过烧的金属及合金无法补救，只能报废。

对于这类问题，关键是要控制好加热工艺，特别是加热温度和保温时间，另外炉内氧化性气氛不能过强。

F 晶粒粗大

热轧的终轧温度太高，以及变形不能渗透到轧件里层而产生的晶粒粗大，可以导致热轧板带材力学性能偏低；冷轧时中间退火控制不当产生的晶粒粗大（如黄铜退火温度太高而出现的"橘子皮"）对产品性能也具有不利影响。对于要求深冲性能的产品，必须控制合适的晶粒度，并要求无各向异性。

4.3.6 铝铜板带箔材的生产工艺

4.3.6.1 铝及铝合金板带材的生产工艺

根据铝及铝合金的特性、产品规格范围、产品性能要求以及设备技术条件的不同，其板带材的生产方法也有差异，常见的有下面几种：

（1）半连续铸锭→加热→热轧→冷轧法；

（2）半连续铸锭→加热→粗热轧→热精轧→冷轧法；

（3）连续铸轧→热精轧→冷轧法；

（4）连续铸轧→冷轧法；

（5）连铸-连轧→冷轧法；

（6）多机架热连轧→冷轧法等。

下面以目前常用的铸锭→加热→热轧→冷轧说明其生产过程及各工序的作用。此生产方法对于不同的合金、不同的产品，其工艺流程也不尽相同。基本的生产工序为：半连续铸造锭坯→表面处理→加热→热轧→热精轧→预先退火→冷轧→退火→热处理→精整→涂油包装。

A 铸锭的要求与热轧前准备

热轧用的铝及铝合金铸锭一般采用卧式连续铸造或立式半连续铸造方法生产。为保证产品性能和质量，除锭坯的尺寸要满足要求外，其化学成分、内部和表面质量也要满足要求，内部不能有偏析、缩孔、裂纹、气孔、夹杂等缺陷，而表面也要进行必要的处理。

a 铸锭的表面处理

铸锭表面处理的方法包括铣面、蚀洗和表面包铝等。

对于表面有冷隔、偏析瘤等缺陷的铸锭，采用铣面或局部打磨、修铲等方法加以消除，铣削深度以 3~7 mm 为宜。

不铣面的纯铝铸锭、铣面后的铝合金铸锭，以及需要包铝的铸锭和包铝板，常常要进行蚀洗，以去除表面的油污、废屑等脏物，获得表面光洁的铸锭，确保热轧时包铝板与铸锭焊合牢固。蚀洗一般是先用 15%~25% 的 NaOH 溶液蚀洗 6~13 min，然后用冷水清洗，再用 20%~30% HNO_3 溶液中和 2~4 min，随后用超过 60 ℃ 的热水清洗 5~7 min，并尽快使其干燥，不形成斑迹。

要求包铝的铸锭完成铣面与蚀洗后，在加热、热轧前要用蚀洗的包铝板将其上下表面包覆。包铝板一般采用纯铝或铝合金 LB1、LB2 板，厚度一般为锭坯厚度的 2%~4%。包铝按其目的不同，通常分为工艺包铝和使用包铝两大类，前者是为了改善铝合金的加工性能，如减少热轧开裂；后者是为了提高铝合金的耐腐蚀能力。在实际生产中硬铝与超硬铝锭的包铝，则同时起到以上两个作用。

　　b　铸锭的均匀化退火

　　硬铝、超硬铝合金及 LF21 防锈铝合金等，由于在铸造过程中易形成晶内及晶间偏析，工艺性能差，热轧时易开裂。为此铸锭在锯切与表面处理前要进行均匀化退火，以达到消除非平衡相与成分偏析，提高工艺性能与制品使用性能的目的。均匀化退火要控制好退火温度、保温时间、加热速度与冷却速度，以免由于热应力过大而导致锭坯开裂。

　　B　锭坯的加热与热轧工艺

　　a　铸锭的加热

　　铸锭的加热温度是指出炉温度，应满足热轧开轧温度、终轧温度的要求，保证热轧时金属的塑性高、变形抗力小，获得的产品质量好。加热时间的确定应考虑金属的导热性、尺寸、加热设备的加热方式与装料形式等因素。一般情况下，在保证锭坯热透、温度均匀的情况下，加热时间尽可能短，以减少能耗和金属的氧化烧损。

　　常用的加热炉为箱式或连续式电阻加热炉，炉内气氛无特殊要求，为提高加热速度与加热的均匀性，在炉内常采用风机实行强制热风循环。

　　b　铸锭的热轧

　　(1) 热轧温度。一些铝及铝合金的开轧和终轧温度范围见表 4-2。热轧温度过高，容易出现晶粒粗大与晶间低熔点相的熔化，使热轧时开裂或轧碎；终轧温度过低，金属的变形抗力大，能耗增加，而且由于再结晶不完全，导致产品力学性能不能满足要求。

　　(2) 热轧加工率。热轧加工率包括热轧总加工率与道次加工率。热轧总加工率根据合金性质、产品质量要求以及所用轧制设备能力等来确定。如纯铝及软铝合金高温塑性温度范围宽，变形抗力小，其热轧总加工率可在 90% 以上；硬铝合金由于热轧温度范围窄，热脆倾向大，其热轧总加工率为 60%~70%。道次加工率的分配一般应遵循开始道次加工率小、中间道次加工率大及后面道次加工率减小的规律，以保证轧制顺利进行以及提高生产效率与产品质量。

　　(3) 热轧冷却润滑。铝合金易于黏附轧辊。合金越软、温度越高、道次变形量越大，热轧中"轧辊覆铝"现象越严重，甚至出现轧件缠辊。因此，轧制时必须采用乳化液润滑，并起到冷却轧辊的作用。

　　c　热精轧（温轧）

　　L4、LF12、LF21、LY12 与 LF5 等热塑性较好的铝合金，热轧后控制坯料温度在 230 ℃ 左右，在冷轧机上进行轧制，此法称为热精轧，也称温轧，属于冷轧。这样就实现了热轧与冷轧的连续作业，缩短了生产周期，提高了生产效率，并且可以消除热轧卷带时的粘伤和冷轧开卷时的擦伤等缺陷，提高制品质量，降低生产成本。由于上面的优点，某些铝合金板带材生产出现了半连续铸锭→热粗轧→热精轧→冷轧的生产工艺。

　　C　冷轧、退火与淬火时效

　　a　冷轧

　　铝及铝合金板带材的冷轧可分为粗轧、中轧及精轧。粗轧是将热轧坯料冷轧到一定厚度；中轧是将粗轧后的坯料轧成成品轧制所需要的坯料厚度；精轧是按成品的表面质量与力学性能的要求冷轧至成品厚度。

冷轧一般采用单机架四辊可逆式轧机或多机架四辊连续式轧机，其主要工艺参数包括冷轧总加工率、道次加工率及为获得不同状态制品的成品加工率。冷轧总加工率大致为：纯铝 50%～95%；软铝合金 60%～85%；硬铝合金 60%～70%。道次加工率为：软铝合金 20%～38%；硬铝合金 20%～35%；纯铝由于塑性好，在设备允许的情况下，其道次加工率可远大于上述合金的允许值。

由于铝及铝合金板带材表面质量要求高，冷轧时除要求使用表面光洁的轧辊或采用专门的成品抛光（压光）轧制外，另一项措施就是采用润滑性、冷却性、洗涤性与抗污染性良好的润滑剂。粗轧、中轧常使用乳化液和轻质矿物油为主的全油型润滑剂，精轧时可单独使用由 75%～80% 的煤油、20%～25% 的 13 号或 20 号机油和 0.5%～0.8% 的油酸组成的全油型润滑剂。

b　退火

在铝及铝合金板带材生产流程中，退火可分为预备退火、中间退火与成品退火等。

预备退火是指冷轧前对热轧坯料进行的退火，目的是消除热轧时因再结晶不完全而没有消除的加工硬化，或热轧后空冷产生的淬火效应，提高坯料的塑性。

冷轧过程中为消除坯料的加工硬化，提高其塑性、降低其变形抗力，以便继续冷轧而进行的退火叫中间退火。在冷轧过程中，一般来说，坯料与成品的厚度差越大，则轧制道次越多，需要的中间退火次数也越多。部分铝及铝合金板带坯料中间退火工艺参数见表4-5。

表 4-5　部分铝及铝合金板带坯料中间退火工艺

合金牌号	坯料厚度/mm	加热温度/℃	保温时间/h	冷却方法
L4、L6	—	340～360	1.0	出炉空冷
LF3	<0.6	370～390	1.0	出炉空冷
LF5	<1.2	370～390	1.0	出炉空冷
LF6	<2.0	340～360	1.0	出炉空冷
LY11、LY12	<0.8	390～411	1.0	炉冷至 270 ℃，出炉空冷
LY16	<0.8	390～411	1.0	炉冷至 270 ℃，出炉空冷
LC4	<1.0	390～411	1.0	炉冷至 270 ℃，出炉空冷

成品退火分为完全退火和不完全退火。完全退火的退火温度高于再结晶温度，保证退火过程中再结晶充分进行，完全消除加工硬化，得到软态板带制品。不完全退火又分为两种情况：为获得半硬态板带制品，其退火温度应稍高于再结晶温度，并控制退火时间，使再结晶进行不完全，仅消除部分加工硬化；为获得硬态板带制品，其退火温度应低于再结晶温度，不发生再结晶，仅消除成品中的残余应力，提高其尺寸、形状和物理化学性能的稳定性。表4-6列出了部分铝及铝合金软态板带材的退火制度。

表 4-6　部分铝及铝合金软态板带材的退火制度

合金牌号	退火温度/℃	成品厚度/mm	保温时间/min		
			盐浴炉	空气循环炉	静止空气炉
LY11、LY12 LY6、LY16	350～400	1.0～6.0		60～18	

合金牌号	退火温度/℃	成品厚度/mm	保温时间/min		
			盐浴炉	空气循环炉	静止空气炉
LF2、LF3	350~420	0.3~3.0		50	60
		3.1~6.0		90	130
LF5、LF6	311~335	6.1~11		60~130	80~180
L4、L6 LF21	350~420	0.3~0.6	7~30	50	60
	450~500 （盐浴炉）	3.1~6.0	7~40	60	80
		6.1~11.0	15~50	80	110

c　淬火与时效

淬火与时效是对硬铝与超硬铝一类可热处理强化合金进行的热处理。淬火是把铝合金加热到一定温度，使其中的可溶相溶解到基体中，然后快速冷却，使之形成过饱和固溶体的过程。而时效则是把淬火形成的过饱和固溶体进行脱溶，形成弥散相而达到强化基体的目的。

淬火工艺参数包括淬火加热温度、保温时间和冷却速度。确定淬火加热温度的原则是保证可溶相最大限度地固溶到基体之中，一般淬火加热温度越高，固溶越彻底，时效后强化效果越好，但淬火温度过高易发生过热与过烧。因为铝合金淬火加热温度范围甚窄，故要严格控制淬火加热温度。表 4-7 中列出一些常用铝合金板带材的淬火温度。

表 4-7　一些常用铝合金板带材的淬火温度

合　　金		LY11	LY11B	LY12、LD10	LY12B	LY12MCZ
不同厚度的淬火 温度/℃	板厚≤4.0 mm	497~505	497~505	497~502	497~502	498~502
	板厚>4.0 mm	497~502	497~505	496~502	497~502	498~502

合　　金		LY6	LY16	LC4、LC11	LD2	LY11MCZ
不同厚度的淬火 温度/℃	板厚≤4.0 mm	503~507	533~537	469~475	521~525	500~505
	板厚>4.0 mm	503~507	532~536	468~470	521~525	500~505

保温时间应由可溶相的溶解速度、板材冷加工率及加热温度决定。加热温度越高，冷加工率越大，溶解速度越快，则保温时间缩短。

冷却速度由冷却剂温度及把加热后的制品浸入冷却剂的转移时间来确定。一般冷却剂温度越低，转移时间越短，冷却速度就越快，淬火的效果越好，但冷却速度过快，容易使淬火应力过大，导致制品变形与裂纹。在实际生产与操作中，常采用水作冷却剂，并通过控制水温，调节冷却速度，以适应不同的合金与不同规格制品的要求，获得良好的制品质量。

时效是热处理强化工艺的第二阶段，时效有人工时效与自然时效两种。前者是将板带材控制在室温以上一定的温度下进行的；后者是把板带材放置在室温下自然进行的。采用何种时效方法应根据合金性能以及制品的使用要求与条件确定。表 4-8 为几种常见铝合金的时效工艺制度。

表 4-8　常用铝合金的实效工艺制度

时效类别	合　　金	时效温度/℃	时效时间/h
自然时效	LY11、LY12、LD10、LD2	室温	96～144
人工时效	LY12	180～189	13
	LD2	150～185	12～15
	LD10	175～185	5～8
	LC4	130～140	12～24

4.3.6.2　铜及铜合金板带材的生产工艺

铜及铜合金板带材是重有色金属中应用最广的一类。目前，根据国内外实际的生产情况，其生产方法大致有以下几种：

（1）半连续铸锭加热→热轧→冷轧法。

（2）水平连续铸造卷坯→成卷冷轧法。

（3）块状铸坯→冷轧或挤压坯料→冷轧法。

半连续铸锭加热→热轧→冷轧是最成熟的传统生产方法，应用最广。其最先进的生产流程是：大容量电炉熔炼和立式半连续铸造方法铸锭，在轧机允许的情况下，采用单重几吨到几十吨的锭坯进行热轧，热轧后的坯料进行双面铣削，铣面后的卷坯采用大卷重强化冷轧，中间退火与成品退火是在无氧条件下成卷进行的，并开卷酸洗，采用连续式精整剪切机获得最终成品。现对其中一些主要工序的工艺条件及要求作简要叙述。

A　铸锭及其加热

铜及铜合金铸锭的质量对其加工工艺性能与制品最终质量影响很大，因此对锭坯的质量要求严格：除尺寸与形状应满足要求外，铸锭的化学成分、表面与内部质量也应符合相应技术标准，不能有冷隔、裂纹、气孔及偏析瘤等缺陷。此外，要控制铅、铋杂质含量，防止热轧时出现热脆。

在加热前要对锭坯铣面或对其表面进行局部修刮。对于某些易发生偏析的铜合金，如锡青铜容易出现锡的反偏析，为此在热轧开坯前，铸锭必须进行均匀化处理。某些常用铜及铜合金的加热温度、开轧温度和终轧温度范围列于表 4-9。从表 4-9 中可以看出，加热温度一般应高于开轧温度 30～50 ℃，具体数值取决于出炉后至开轧的温度降。从表面质量考虑，加热温度不应过高，否则会出现表面氧化严重、氧化损失大，甚至出现表面脱锌而导致热轧开裂。对于热轧塑性温度范围较窄的合金，加热温度要控制准确而均匀。在热轧操作时要迅速，应在进入脆性温度区之前结束轧制，然而这一点在实际生产操作中较难做到，以至于出现锡磷青铜一类铸锭在热轧时易轧裂、成品率较低的情况。

表 4-9　一些常用铜及铜合金的加热与热轧温度

合金牌号	热轧前锭坯加热温度范围/℃	热轧开始温度（不低于）/℃	热轧塑性温度范围/℃	终轧温度范围/℃
T2～4、TUP	800～860	760	930～500	550～460

合金牌号	热轧前锭坯 加热温度范围/℃	热轧开始温度 （不低于）/℃	热轧塑性温度范围 /℃	终轧温度范围 /℃
H96、H90	850~870	800	900~500	600~500
H70、H68	820~840	780	860~600	650~550
H62	800~820	760	840~550	600~500
H59、HPb59-1	740~770	710	800~550	600~500
	640~660	600	650~500	500~450
QSn6.5-0.1、 QBe2、QBe2.5	780~800	760	820~600	650~550

加热炉内气氛控制，是铜及铜合金板带材生产中一个重要问题。理想的加热气氛为中性气氛，但在实际操作中难以控制。因此，一般紫铜及允许含有少量氧的铜合金宜采用微氧化性气氛加热。对于在高温下极易氧化，且氧化膜不完整易于脆裂的合金以及无氧铜等宜采用微还原性气氛加热，如锡青铜、低锌黄铜、铝青铜等。

火焰加热铜材时，对燃料的含硫要严格控制，因为 SO_2 渗入铜中会在晶界上生成 Cu_2O 和 Cu_2S，它们削弱晶界强度，降低塑性，致使热轧时开裂。

B　热轧及其坯料铣面

铜及铜合金热轧总加工率可达 90%~95%，然而在具体确定热轧总加工率时，要综合考虑合金性质、产品质量要求、轧机能力与设备条件及锭坯的尺寸与质量等。

当总加工率确定后，便可根据合金允许的道次加工率，确定其轧制道次。一般各阶段道次加工率的分配规律为：开始轧制的一、二道次，为保证顺利咬入辊缝，把不均匀柱状晶与等轴晶铸造组织转变为加工组织，避免出现铸锭轧裂等现象，一般采用较小的压下率和较低的轧制速度；中间道次轧制时，铸造组织已逐步变成加工组织，且金属温度较高、塑性好、变形抗力小，应采用大道次压下率，并增大轧制速度；热轧终了道次时，由于金属温度降低，变形抗力增大而塑性变差，同时为获得平直的、尺寸偏差小的坯料，宜采用较小的道次压下率。

铜及铜合金板带材生产中，热轧后坯料的表面处理广泛采用铣面。热轧后的坯料在冷床上冷却并经矫平后，进入表面铣削线，在铣削机上铣削坯料的上下表面，以去除加热及热轧过程中产生的表面氧化、脱锌、压痕、氧化皮压入及表面裂纹等缺陷。用铣面代替酸洗，有利于提高产品的表面质量，改善劳动条件。

热轧坯料的厚度为 6~20 mm，合理的铣削量根据坯料表面缺陷情况而定，既要求铣削量最小，又要求去除表面缺陷。在实际操作中，铣削量应控制为 0.2~0.5 mm（黄铜取下限，紫铜取上限）。

C　冷轧与冷轧机

根据工艺要求，冷轧可分为开坯、粗轧、中轧和精轧四个阶段。由坯料冷轧至成品的压下规程包括总加工率、退火次数、轧制道次、道次加工率的确定等。根据铜及铜合金的加工硬化特性，在具体分配道次加工率时，通常在退火后的第一、二道次加工率最大，以充分利用其塑性，随后道次加工率越来越小，呈现递减的规律。

用于生产铜及铜合金板带箔材的冷轧机较多，除常用的二辊、四辊轧机外，还广泛采用多辊轧机，如六辊、八辊、十二辊、十六辊、二十辊等。一般根据轧件的特性、产品厚度等来选择使用冷轧机，材料强度越高、轧件越薄，轧机辊子数目越多。

D　退火及酸洗

在铜及铜合金板带材生产中，要进行多次退火。按其作用分为中间退火与成品退火。中间退火是为了消除加工硬化，提高金属的塑性，降低变形抗力，以便于继续冷轧；成品退火是为了控制成品最终性能，保证产品符合技术要求。

由于铜及铜合金高温易氧化，加之对其板带制品的表面粗糙度与色泽要求较高，因此生产中尽量避免氧化退火，而采用保护性气氛（惰性气体）退火或真空退火。

对于较厚的退火坯料，往往在专门的机列上进行酸洗→刮刷→清洗→烘干工艺。实际操作中，酸洗液浓度一般为 5%~20%，温度为 30~60 ℃；酸洗时间要根据酸液浓度、温度及合金质量要求等来确定，一般为 5~30 min。为了实现快速酸洗，提高表面质量，出现了电解酸洗、超声波酸洗等新方法。

E　轧制润滑与制品表面脱脂清洗

铜及铜合金一般使用乳化液或水作为热轧、冷轧时的冷却润滑剂。我国铜加工厂使用的乳化液是用机油、三乙醇胺及油酸配制成乳膏，再依需要配以软化水，成为一定浓度的乳化液。为防止润滑剂残留金属表面形成污染斑，在轧制结束后要进行脱脂清洗，以改善其表面质量，提高其抗腐蚀能力。铜材的脱脂工艺为：脱脂→热水洗→冷水洗→干燥（热风或烘干）。

4.3.6.3　铝箔的生产工艺

铝箔包括纯铝箔和铝合金箔材（LF21、LF2、LF13），其最大厚度为 0.2 mm，外观呈银白色，对热、光反射性好，具有良好的防潮、防虫、保香及防臭等特性，因此广泛应用在食品、烟草、药品、包装以及电气、仪表等行业。

厚度为 0.01 mm 以上的铝箔生产工艺流程为：轧制卷坯（或连续铸轧卷坯）→坯料退火→粗轧→精轧→成品退火→成品剪切→检查包装；厚度为 0.01 mm 以下的铝箔生产工艺流程为：轧制卷坯（或连续铸轧卷坯）→坯料退火→粗轧→中间退火→精轧→合卷并切边→清洗→精轧→分卷→成品退火→成品剪切→检查包装。从上面两种生产工艺看，主要区别在于后者产品更薄，因此需要合卷轧制，即把几张轧件叠放在一起轧制的方法，也称叠轧。

A　铝箔坯料的要求与准备

用于轧制铝箔的坯料厚度为 0.35~0.8 mm。铝箔坯料除要求化学成分符合规定外，对含氢量、非金属夹杂、晶粒度、力学性能、厚度偏差及板形都有严格要求，而且应成卷供应。

当供应的坯料宽度与箔材要求的宽度不相符时，要用圆盘剪进行剪切。另外有的工厂还采用重卷工序，主要目的是调节卷取张力以及切除裂边。

为了提高纯铝及铝合金的塑性，在轧制前要进行退火，但用于生产厚度在 0.08 mm 以上箔材的坯料，可不进行退火，直接轧出成品。

B　铝箔轧制

与一般铝板带轧制相比，铝箔轧制特点为：由于铝箔厚度很薄，轧制常处于无辊缝或负辊缝轧制状态,即在轧制之前要把辊缝压靠,此时轧辊给铝箔的压力对其厚度的影响减弱,而轧制速度、张力及工艺润滑则成为调节厚度的主要手段;在铝箔轧制中,由于轧件厚度甚薄,经常采用合卷轧制。

　　a　总加工率与道次加工率

铝及铝合金塑性好,变形抗力小,轧制过程中总加工率和道次加工率大,尤其是纯铝箔轧制时的总加工率可达到 99%,道次加工率可达 50% 以上,因此在铝箔轧制时多采用二辊或四辊轧机,基本上不用多辊轧机。表 4-10 为厚度 0.008 mm 的铝箔在二辊铝箔轧机上的轧制工艺。

表 4-10　0.008 mm 铝箔在二辊铝箔轧机上的轧制工艺

工序	设备名称	轧辊尺寸 /mm×mm	进料厚度 /mm	出料厚度 /mm	压下量 /mm	道次压下率 /%	总压下率 /%
1	头道轧箔机	350×800	0.6	0.27	0.33	55.0	55.0
2	头道轧箔机	350×800	0.27	0.135	0.145	53.7	79.2
3	二道轧箔机	300×700	0.135	0.058	0.067	53.6	90.3
4	三道轧箔机	230×650	0.058	0.029	0.029	50.0	95.2
5	中间退火炉		0.029	0.029			
6	四道轧箔机	230×650	0.029	0.014	0.015	51.7	97.7
7	双合切边机		0.014	2×0.014			
8	清洗机		2×0.014	2×0.014			
9	末道轧箔机	230×600	2×0.014	2×0.008	2×0.006	42.9	98.7
10	分卷机		2×0.008	0.008			
11	成品退火炉		0.008	0.008			

　　b　调节轧制速度

当轧制速度提高时,轧出的箔材厚度也随之减薄,原因是提高冷轧速度,可减小箔材与轧辊之间的摩擦力,从而减小轧件的变形抗力,获得厚度更薄的箔材。例如轧前厚度为 0.06 mm 的箔材,当轧制速度由 50.7 m/min 提高到 84 m/min 时,轧出厚度则由 0.035 mm 减小至 0.028 mm,使道次加工率由 41.6% 提高到 53.6%。因此,轧制速度对轧出轧件的厚度影响十分明显,成为调节厚度的有效手段。

　　c　调张力

在轧制铝箔材时,前后张力发生变化时,除影响板形外,还使轧件轧出厚度发生变化。当其他条件不变时,在一定的范围内,张力越大,则轧出轧件的厚度越薄。因此,在铝箔材轧制时,张力要恒定,否则会使轧出的轧件厚度发生波动;也可以通过调节张力的大小,来控制轧出轧件的厚度。

　　d　调节工艺润滑

在铝箔轧制时,润滑油的润滑性能越好,则道次加工率也越大,反之亦然。因此在正常轧制过程中,当发现铝箔厚度超出正负偏差时,可通过改变润滑油的成分来调整轧出厚度。若发现铝箔太厚时,可在润滑油中加入少量"薄油"(30%机油+50%透平油+20%豆油),则轧出厚度立即变薄;若铝箔太薄,则加入少量"厚油"(100%火油),可使铝箔增厚。

C 铝箔的中间退火

铝箔的中间退火成卷进行，退火温度为 150~180 ℃。达到温度后即可出炉，不用保温，这样铝箔强度降低不大，有利于张力轧制。若温度过高或进行保温，则强度降低太多反而不利于张力轧制。

D 铝箔的精整与深加工

铝箔的精整包括合卷、分卷、接头、裁切、裱箔、平张剪切以及染色、印花、压花、打孔等工艺。

a 铝箔的合卷、分卷

在轧制较薄的铝箔时，多采用叠轧的方法。叠轧不仅可以轧制更薄的产品，还能减少轧制压力，提高生产率。叠轧层数有二层、四层，最多可达八层，轧出的轧件最薄可达 0.0025 mm。叠轧前把两张或多张铝箔在专用的机列上叠放在一起的过程称为合卷。在合卷操作时，一定要注意，各张铝箔的张力应相等，否则会使轧制过程中几张铝箔受力不均，张力不等，容易断带，至少使板型不能满足要求。

叠轧后的数张铝箔必须在专门的分卷机上分开，此生产工序称为分卷。分卷操作时，两台卷取机必须保持相同的线速度，以保证两卷的张力一致，不出现断带。

b 铝箔的脱脂清洗

铝箔表面的润滑油多采用汽油清洗，以提高产品的质量和成材率。因此在清洗操作中，必须注意保持铝箔两边的压力均衡，松紧适宜，表面平直，防止产生斜角和褶皱。在铝箔生产新工艺中，采用以煤油为基体的轧制油，一般分卷时不用清洗。

c 铝箔的深加工

铝箔的深加工包括裁切、裱箔、平张剪切以及染色、印花、压花、打孔等，比如香烟包装纸的衬纸；在铝箔的一面或两面涂塑料薄膜以用来织布等。所有这些特殊的加工，其目的是提高铝箔的强度与抗腐蚀性，使其更美丽耐用。

复习思考题

4.3-1 什么是连铸连轧和连续铸轧？

4.3-2 怎样确定有色金属及合金的热轧温度范围？

4.3-3 热轧和冷轧相比，各有什么工艺特点？

4.3-4 有色金属板带材冷轧中为什么要采用多辊轧机？

4.3-5 什么是板形，影响板形的因素有哪些？

4.3-6 有色金属板带材轧制时常见的板形缺陷有哪些，产生的原因和消除的方法是什么？

4.3-7 什么是板凸度，为什么板带材要有板凸度？

4.3-8 对有色金属板带材有哪些技术要求？

4.3-9 轧件表面出现裂纹的主要原因是什么？

4.3-10 什么是张力轧制，张力轧制有什么好处？

4.3-11 铝及铝合金锭坯在热轧前为什么要进行表面处理，铸锭均匀化处理有什么作用？

4.3-12 铝箔轧制时怎样调节和控制轧出厚度？

4.3-13 铜及铜合金板带材生产中为什么要铣面？

4.3-14 铝及铝合金板带材生产中的退火有哪几种，各有什么作用？

任务 4.4　型线材生产

4.4.1　型线材生产概述

经过塑性加工成形、具有一定断面形状和尺寸的直条实心金属材称为型材，通常将复杂断面型材和棒线材统称型材。由于型材品种繁多、规格齐全、用途广泛，在很多领域内都是不可替代且是生产方式最经济的，所以在金属材料的生产中型材占有非常重要的地位。目前在世界上，工业发达国家轧制型材的总产量约占轧材总产量的 1/3。

有色金属及合金的型、线、棒材，主要以铜、铝及其合金的轧材应用比较广泛，其生产系统规模不大，重金属和轻金属分别自成系统进行生产。在加工方法上多是轧制、挤压与拉拔等相混合，以此来适应批量小、品种多及灵活生产的特点和要求，比如连铸连轧—拉伸法、热轧—拉伸法生产铜与铝的线材。但也有单独用轧制方法生产的，比如用热轧方法生产有色金属的棒坯、扁坯及一些异型断面型材等。因此，轧制法也是生产有色金属及合金型线材的常用方法之一。

有色金属型线材的轧制过程属于型辊轧制，即它们是在刻有轧槽的轧辊中轧制的，是纵轧的形式之一。常用的轧机有二辊轧机、三辊轧机以及三辊 Y 型轧机等。

用轧制法生产有色金属材，与用挤压法、拉拔法相比较，它具有生产规模较大，效率高，能量消耗少和成本低的优点，但它不适合生产一些塑性较差的有色金属材。

有色金属及合金的型材轧制中基本上是生产为拉伸用的坯料，只有在个别情况下，轧制少量的图棒材直接供给用户，以备加工成各种零件。型材轧制除了轧制圆盘条外，还可制造电动机、发电机和电动机整流子的矩形型材的拉伸料坯。有色金属及合金型线材轧制的产品主要有以下几种：

（1）线坯，是供拉拔线材用的坯料，直径为 $\phi6.5 \sim 15$ mm。

（2）棒坯，是供拉拔棒材用的坯料，按其形状又分为：圆棒坯，其直径为 $\phi12 \sim 90$ mm，常用的为 $\phi12 \sim 45$ mm；方棒坯，边长为 $20 \sim 45$ mm；六角棒坯，内切圆直径为 $\phi20 \sim 45$ mm。

（3）扁坯，厚度为 $4.5 \sim 18$ mm，宽度为 $12 \sim 140$ mm。

（4）异型断面型材。

型线材按其产品规格划分主要有：重有色金属及合金的型线轧材，包括紫铜、青铜、铜镍合金、镍及镍合金、双金属等；轻有色金属及合金的型线轧材，主要是铝及铝合金的线坯；稀有贵金属的型线轧材，包括钛及其合金等；型钢生产总量占钢材总量的 30%。

4.4.2　轧辊孔型设计

将有色金属及合金的锭坯在轧辊孔型中经过若干道次的轧制变形，以获得所需要的断面形状、尺寸和性能的产品，把为达到此目的而确定各孔型形状，计算各孔型尺寸，把孔型合理地配置在轧辊上及进行导卫装置的设计与计算工作称为孔型设计。孔型设计对轧机生产率、成材率、能耗、产品质量、设备的使用期限、各种消耗、产品成本与生产的劳动强度等都有非常重要的影响。

4.4.2.1　孔型

A　孔型的构成

在轧辊上按照需要沿辊身圆周加工出的不同形状的凸出的棱楔或凹入的沟槽称为轧槽；上下轧辊辊身上的轧槽所构成的空间称为孔型。孔型的形状是多种多样的，无论哪种孔型，通常由两个或 3 个轧槽组合而成。Y 形轧机箱形孔型如图 4-36 所示。孔型一般由辊缝、侧壁斜度、圆角、锁口及辊环等组成。

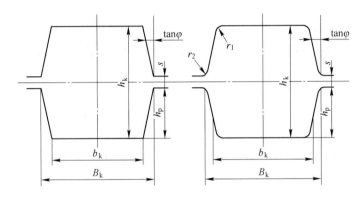

图 4-36　箱形孔型的结构

b_k，B_k—孔型切槽最小与最大宽度；h_p—孔型切槽深度；h_k—孔型轮廓线的高度；

$\tan\varphi$—侧壁斜度；s—辊缝；r_1，r_2—孔型的内外圆角

a　辊缝

辊缝是指两个轧辊辊面间的间隙。孔型设计时要留有大于轧辊辊跳值的辊缝，利于轧机的调整，并可以消除因轧辊互相接触而产生的轧辊磨损和附加能量消耗。孔型高度一般等于轧槽与辊缝之和，因此辊缝的存在使轧槽深度减小，从而提高了轧辊的强度和刚度。另外，在设计或计算辊缝时，还要考虑到轧制时轧辊等部件的弹性变形，会使辊缝增大。因此，可通过调整辊缝保证轧件的几何尺寸。

一般轧辊孔型所采用的辊缝值如表 4-11 所示。

表 4-11　轧辊孔型所采用的辊缝值

轧机类型	轧辊直径/mm	辊缝/mm
粗轧机	360~500	4~10
中轧机	250~350	2~4
精轧机	200~300	0.5~1.5

b　侧壁斜度

孔型侧壁均不垂直于轧辊的轴线，而是与轧辊轴线的垂直线有一定倾斜。孔型侧壁倾斜的程度称为孔型侧壁斜度。孔型侧壁斜度起限制轧件的作用，能正确地把轧件导入孔型，并便于轧件抛出，减少缠辊等危险；保证轧槽重车后宽度不变，且减少车削量。

　　c　孔型圆角

　　设计孔型时，孔型轮廓线交接处常用不同半径的圆弧连接，此圆弧称为孔型圆角。孔型内侧角部的圆弧称为内圆角，孔型外侧角部的圆弧称为外圆角。在设计孔型时正确选用圆角有很大的意义。孔型内圆角能减少因尖角而产生的应力集中，增加轧辊强度，并可防止轧件角部急冷降温过快。加大内圆角半径可以防止某些低塑性的有色金属及合金产生角部裂纹。孔型外圆角可防止轧件在外角部的轧痕，并使轧件在过充满不大的情况下形成钝而厚的耳子，防止下一道次产生折叠。

　　d　辊环

　　沿轧辊轴线方向用来把轧槽与轧槽分开的轧辊辊身部分称为辊环。辊环有中间辊环和端辊环两种。辊身两端的辊环称为端辊环，有防止和减少氧化皮落入轴承的作用；中间辊环位于两相邻轧槽之间，主要起分开孔型的作用。

　　e　锁口

　　在闭口孔型中，辊缝至孔型轮廓的一段过渡部分称为锁口。当采用闭口孔型轧制某些异形材时，为了控制和便于调整轧件的断面形状，因而使用锁口，其作用在于防止轧制较厚的轧件时金属流入辊缝，出现耳子。用锁口的孔型，其相邻孔型的锁口一般是上下交替的。

　　f　轧辊的工作直径

　　轧辊的工作直径是轧件和轧槽各接触点处的轧辊直径，也称辊身直径。在孔型轧制时，轧槽各点的工作直径是不相等的。轧辊的平均工作直径是在不考虑前滑的情况下与轧件出口速度相对应的轧辊直径。

　　B　常用的孔型种类

　　在有色金属及合金型线材轧制时常用的孔型种类，如图 4-37 所示。

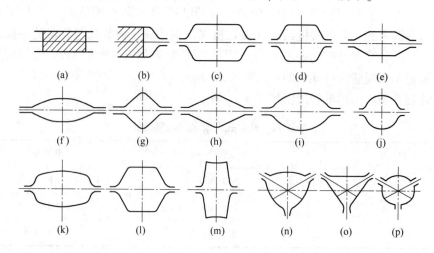

图 4-37　常用的孔型种类

(a) 平辊；(b) 平孔型；(c) 扁箱孔型；(d) 近方箱孔型；(e) 六角孔型；(f) 椭圆孔型；
(g) 方孔型；(h) 菱孔型；(i) 弧菱孔型；(j) 圆孔型；(k) 六角预精轧孔型；(l) 六角成品孔型；
(m) 扁坯立轧孔型；(n) 弧三角孔型；(o) 平三角孔型；(p) 圆（三角）孔型

4.4.2.2　孔型设计内容及要求

A　孔型设计内容

轧辊孔型设计的内容主要包括断面孔型设计、轧辊孔型设计和轧辊的附件设计。

a　断面孔型设计

根据坯料和成品的断面形状、尺寸及对产品性能的要求，选择孔型系统、计算轧制道次、分配各道次变形量，确定各孔型形状和计算各孔型的尺寸。

b　轧辊孔型设计

根据设计出的断面孔型，确定各孔型在每个机架上的配置方式及其在轧辊上的位置，即把设计好的断面孔型合理地配置在各架轧机的轧辊上。在轧辊上配置孔型时要保证做到以下几点：产品有最好的质量；轧制节奏时间最短，能获得较高的产量；轧辊具有足够的强度；轧件能顺利轧制；工人操作方便。

c　导卫装置设计

为了保证轧件能够按照所要求的状态顺利地出入孔型，或者使轧件能在进孔型前或出孔型后产生一定的变形、矫直和翻转，所以必须正确地设计与计算导卫装置。

B　孔型设计要求

好的孔型设计应满足以下几点：（1）获得优质产品，包括制品尺寸精确，性能良好，表面光洁，变形尽可能均匀；（2）轧机产量高，轧机节奏时间最短，操作顺利，减少间隙时间，减少换辊次数，保证轧机工作率高；（3）产品成本低，金属消耗、电能消耗和轧辊消耗等技术经济指标降到最低；（4）劳动条件好，操作方便，易于实现机械化和自动化等。

4.4.2.3　常用的孔型系统

有色金属及合金型线材轧制时，一般使用由两种或两种以上的孔型组成的孔型系统。最常用的孔型系统有箱形孔型系统、六角-方孔型系统、椭圆-方孔型系统、菱-方孔型系统、菱-菱孔型系统、椭圆-圆孔型系统、弧三角孔型系统、平三角孔型系统和圆-弧三角孔型系统九种。图4-38所示为常用的孔型系统种类。

A　延伸孔型系统

轧制某种产品，一般需要一定数量对形状和尺寸都有严格要求的孔型，即所谓精轧孔型和延伸孔型。按轧制顺序，在精轧孔型以前的孔型，是将大断面的钢锭或钢坯尽量用较少的

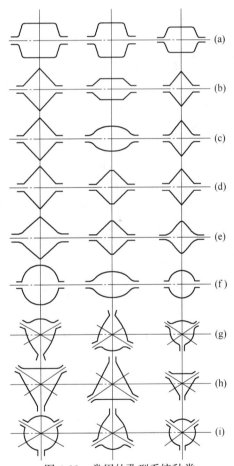

图 4-38　常用的孔型系统种类

（a）箱形孔型系统；（b）六角-方孔型系统；
（c）椭圆-方孔型系统；（d）菱-方孔型系统；
（e）菱-菱孔型系统；（f）椭圆-圆孔型系统；
（g）弧三角孔型系统；（h）平三角孔型系统；
（i）圆-弧三角孔型系统

轧制道次轧成第一个精轧孔型所需要的断面形状和尺寸的轧件，通常称为延伸孔型。

　　a　箱形孔型系统

　　箱形孔型系统是由一系列断面面积逐渐减小的箱形孔型所组成，按形状可分为扁箱形和近方箱形（见图 4-39），是有色金属及合金型线材轧制中最常用的孔型系统之一。

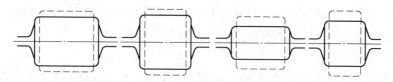

图 4-39　箱形孔型系统

　　箱形孔型的共用性大，有利于提高轧机的生产能力。在同一个箱形孔型内，通过调整辊缝的方法，可以轧制不同尺寸的轧件，甚至可以在同一个孔型内，通过升降上轧辊的办法，轧制若干道次，因此在同一套孔型内便可获得多种尺寸的轧件。孔型共用性大，可以减少孔数，减少换孔或换辊次数，有利于提高轧机的作业率，提高轧机产量；压下量大，对轧制大断面轧件有利；孔型磨损均匀，能量消耗相对小，轧件表面质量好。孔型带侧壁斜度，对咬入轧件有利，但不易获得断面形状正确的轧件；轧件在箱形孔型内轧制时较稳定，易于实现机械化和自动化。

　　箱形孔型系统作为延伸孔型系统常用在粗轧机上，因为这时轧件断面大、温度高、塑性好，要求有较大的变形，因此选择箱形孔型系统比较合适。另外，箱形孔型系统还可以用来生产边长大于 30 mm 的成品材。

　　b　椭圆-方孔型系统

　　椭圆-方孔型系统是由断面逐渐减小的方形孔型与椭圆孔型交替排列组成。方孔型和椭圆孔型均为凹形孔型，其侧壁对金属的宽展均有限制作用，故延伸系数较大，椭圆孔型能达 2.5，方孔型也能达 1.8，因此可以减少轧制道次；轧件在轧制过程中角部经常变换，且受到四个方向上的压缩，使轧件四周冷却均匀，内部组织均一，变形较均匀。

　　在有色金属及合金的型线材生产中，它多用于生产边长为 75 mm 以下方形轧件的延伸孔型，但塑性较差的合金不宜选用，在塑性较好的铜及铝线轧制中得到了广泛的应用。

　　c　椭圆-圆孔型系统

　　椭圆-圆孔型系统是由一系列圆孔型和椭圆孔型交替排列组成，变形比较均匀，可获得无残余应力、表面质量好的轧件；形状变化比较平滑，其外形无尖角，在轧制过程中轧件冷却均匀，所以获得的轧件组织均一；能轧出多种规格的圆形断面线材或棒材；道次延伸系数较小。椭圆-圆孔型系统适用于轧制塑性和内部及表面质量要求比较高的有色金属或合金线坯时作为延伸孔型系统使用，也可以作为成品孔型系统使用。一般多用椭圆-圆孔型系统生产多种规格的圆断面棒材和线坯。

　　B　成品孔型系统

　　成品孔型又称完成孔型，是确定轧件在轧制过程中最终断面形状和尺寸的孔型。孔型形状和尺寸与产品标准规格极接近。成品孔型系统要求轧出形状规整、尺寸精确的成品，因此设计时有较高的要求。成品孔型系统的道次延伸系数应小些；尽量采用小辊缝，包括辊跳值在内一般取 0.8~1.0 mm。

　a　线坯和圆棒坯成品孔型系统

　　方-椭圆-圆成品孔型系统如图 4-40 所示，它是轧制线坯或圆棒坯常用的成品孔型系统，适用于单一规格的成品。圆-椭圆圆孔型系统是轧制圆棒最常用的孔型系统，如图 4-41 所示。

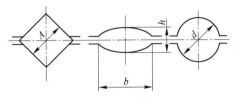

图 4-40　方-椭圆-圆成品孔型系统

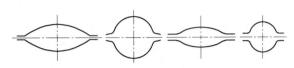

图 4-41　圆-椭圆圆孔型系统

　b　方棒坯成品孔型系统

　　方棒坯成品孔型系统主要有方-椭圆-方孔型系统和方-菱-方孔型系统。

　c　六角棒坯的成品孔型系统

　　六角棒坯的成品孔型系统，如图 4-42 所示，主要用作生产六角形的有色金属及合金的棒坯。

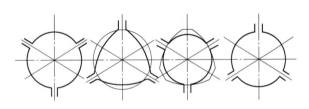

图 4-42　六角棒坯的成品孔型系统

4.4.2.4　孔型在轧辊上的配置

A　孔型在轧辊轴线方向上的配置

　　沿辊身长度方向配置孔型考虑的因素是轧机操作方便，便于实现机械化，保证产品质量和产量以及轧辊的利用率等，因此应尽量使轧件在各机架中的轧制时间均衡，以充分发挥轧机的生产能力；应保证成品孔型单独调整；留有备用孔型。常用的配置方法有两种。

　　（1）按轧制道次顺序依次排列孔型。

　　此种方法的优点是操作方便、间歇时间短、生产率较高；缺点是负荷较大的孔型紧靠轧辊一端，使这一端受力较大，轴承瓦磨损较重，因此对调整不利。在轧制有色金属及合金线坯时，由于轧制压力不太大，一般都采用此种方法。

　　（2）按孔型的工作负荷排列孔型。

　　把负荷较大的孔型放在中间，使轧机工作负荷均匀，但由于轧件横移距离大、间歇时间长，影响产量。

　　在精轧机上配置孔型时，要考虑孔型的磨损及精度，对于磨损快、精度高的孔型，在数量上要多一些，成品孔和成品前孔对成品质量与尺寸精度影响很大，在轧辊长度范围内应多配置。

　　在粗轧机上使用翻料架、双层辊道、立围盘等设备时，孔型之间的距离要满足它们的安装尺寸；在粗、中、精轧机上使用多槽或交叉围盘时，孔型之间的距离也要满足它们的尺寸安装要求，应同时考虑辊环强度以及安装和调整轧辊辅件的操作方便。

　　B　孔型在轧辊径向上的配置

　　当在轧辊轴向孔型的位置确定后，在轧辊径向配置孔型时要考虑以下几点：

　　（1）轧辊压力。

　　为了使轧件出孔后有一个固定方向，生产中常采用不同辊径轧辊。有色金属及合金线环轧制及型钢轧制时，通常使上轧辊的辊径大于下轧辊的辊径（俗称上压力），从而使轧件下弯，轧件沿下围板或出口导管平稳地脱出孔型，即可消除安装较复杂的上围板。反使轧件下弯，防止轧件因其他原因（比如温度不均、孔型磨损不均、导卫安装不正确等）造成的轻微的其他方向的弯曲，便于操作，减少轧制事故。轧制异形断面钢材时，使用下压力轧制，帮助轧件脱槽。

　　但辊径差值会造成轧制时的变形不均匀，差值越大，不均匀变形越严重，由此使轧件和轧槽产生相对滑动，使孔型磨损不均匀。

　　上下两轧辊辊径差值的选取，对于粗轧机，上辊径比下辊径大 4~6 mm，中轧机为 2~3 mm，精轧机为 0~2 mm。

　　（2）两轧辊中线和轧制线。

　　两轧辊轴线间距离的等分线称为轧辊中线；配置孔型的基准线称为轧制线。若压力为零时，则两轧辊中线和轧制线重合；当配置上（下）压力时，轧制线在轧辊中线之下（上），两者的距离可由压力来确定。

4.4.3　型线材轧制工艺

　　型线材断面小、长度长，因而轧制时散热快，温降严重，轧件头尾温差很大，这不仅使能耗增大，轧辊孔型磨损加快，而且头尾尺寸波动大，所以生产的关键是如何解决轧件温降快、头尾温差大的问题。

　　线材是热轧型材中断面最小的一种轧材，按断面形状分为圆形、方形、六角形、螺级圆形和梯形等，以盘条状交货。如果不卷成盘，以直条状交货，则称为棒材。棒、线材断面形状最主要是圆形，国外通常把 $\phi 9 \sim 300$ mm 的圆钢称为棒材，$\phi 5 \sim 40$ mm 为线材。国内通常认为棒材车间产品范围是 $\phi 10 \sim 50$ mm，线材车间产品为 $\phi 5.5 \sim 9$ mm，以 $\phi 6.5$ mm 为主。线材用途非常广泛，可热轧后直接使用或作为锻造、拉拔、挤压、回转成形和切削等深加工的原料。根据不同用途，对其力学性能、冷加工性能、热加工性能、易切削性能和耐磨性能等要求各有偏重，其目的是提高内部和表面质量以及综合力学性能。

　　4.4.3.1　坯料准备

　　型线材轧制时所采用的锭坯种类很多，根据现场熔铸、挤压、锻造、轧制设备及工艺参数等具体条件选定。在供坯允许的条件下，坯料断面积尽可能小，以减少轧制道次。为保证盘重，坯料要求尽可能长。另外，轧机轧制速度越快，盘重越大，要求坯料尺寸也超大。常用的锭坯种类有以下几种。

　　A　船形镜坯

　　紫铜型线坯轧制时一般采用船形锭，如图 4-43 所示，船形锭的质量一般为 60 ~

115 kg，长度为 1190~1470 mm，宽度为 95~115 mm，高度（H_1+H_2）在 84~105 mm。

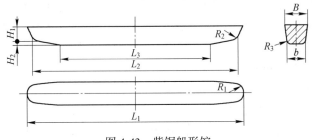

图 4-43　紫铜船形锭

B　锥形锭

锥形锭是两端端面尺寸不相等的锭坯。钢镍合金、镍及镍合金型线坯生产一般用锥形锭直接轧制；有时为了改善锭坯的塑性，提高轧件产品质量，先将锥形锭锻造成方坯后再轧制。锥形锭的尺寸为：大头直径为 120 mm，小头直径为 85~110 mm，高度为 350~650 mm，质量为 30~50 kg。

C　圆锭、方锭和矩形锭

常用的圆锭断面尺寸为：直径 40~120 mm，长度 600~1500 mm，质量 15~120 kg；常用的方锭断面尺寸为 80 mm×80 mm~100 mm×100 mm，长度为 800~1400 mm，质量为 40125 kg；也有断面为 110 mm×115 mm 的矩形锭。

D　锻造坯料

锻造坯料对于铜镍合金、镍及镍合金采用较多。锻造的目的是改善铸造组织的塑性，以利于轧制。锻造坯料有方坯和圆坯，方坯断面尺寸多为 40 mm×40 mm~70 mm×70 mm，圆坯断面直径多为 50~70 mm。

E　挤压坯料

挤压坯料适用于大部分有色金属及合金型线坯生产，但要求有较大的挤压设备。挤压坯断面尺寸多为 40 mm×40 mm~80 mm×80 mm；挤压圆坯断面直径多为 40~60 mm。

同时，要求锭坯和坯料符合一定的标准：

（1）锭坯的化学成分要符合标准规定；

（2）锭坯的表面不得有较大的飞边和较深的冷隔、冷溅、气孔，不得有裂纹和较严重的夹杂、夹渣等缺陷，坯料表面不得有折叠、起皮等缺陷；

（3）锭坯的断面不得有较深的气孔、缩孔、较严重的疏松和偏析、夹杂物等缺陷；

（4）较严重的表面缺陷必须修整，修整的方法有车削、刨铣、风铲、手铲等，铲修的沟槽深度和深宽比要适中，沟槽的边部要呈倾斜状。

4.4.3.2　轧制时的工艺参数

A　锭坯加热制度

有色金属及合金在轧制之前，要将原料进行加热。其目的在于提高其塑性，降低变形抗力及改善金属内部组织和性能，减少轧制时的能耗。为便于轧制加工，就要把锭坯加热到一定温度，以保证在高型性温度范围内进行轧制。

线材轧制速度很高，轧制中温降较小，所以加热温度较低。一般采用步进式加热炉为适应热装热送和连铸直轧，也可采用电感应加热、电阻加热及无氧化加热等方式。具体选择轧制温度时要根据锭坯断面的大小、加热炉的形式、加热方式及轧制设备和工艺等具体条件。对于一些塑性温度范围较窄的有色金属及合金尽量取较高的温度，以保证终轧温度，但要注意氧化损失、脱锌以及过热、过烧等。

对坯料进行加热，目的是消除锭坯的残余应力，使锭坯的化学成分及晶粒组织均匀化，降低加工硬化，加热时间由金属性质、化学成分、断面的大小、锭坯的摆放方式等有关。加热时要规定升温和保温时间。升温太快容易导致锭坯产生热应力而产生裂纹；加热时间短会使锭坯温度不均，轧制时造成轧件弯曲、裂纹等缺陷；加热时间太长会增加金属的氧化，增加某些易氧化成分的挥发（如脱锌），从而增加金属的消耗或造成一些轧制缺陷。大多数坯料在氧化性气氛中进行加热，对于一些含锌、锰等易氧化成分的合金要在微氧化性气氛中加热，由于合金表面形成一层薄的氧化锌或其他氧化物膜保护层，这些合金成分的挥发过程减弱，同时由于氧不充足而减少氧化损失。对于一些含少量脱氧剂铝、锌等成分的合金，为了减少氧化损失，可以在微还原性气氛中轧制；对无氧铜等，为了防止加热时增氧，须在微还原性气氛中加热。

B　轧制速度

金属接触处的轧辊圆周速度称为轧制速度，提高轧制速度是提高轧制生产率的主要途径之一。目前新式的型线材轧机都向高速方向发展。轧制速度提高，可以使轧件的温降减低、可充分利用轧件的高温塑性，并提高轧件的内部质量。但轧制速度的提高，受到轧机结构和强度，电动机能力、机械化与自动化水平、咬入条件、坯料状态以及批量大小等一系列因素影响。

目前手工操作的轧机，轧制速度一般在 8 m/s 以下；在有色金属连续式线材轧机上，轧制速度可达 45~60 m/s；带钢冷连轧机的轧制速度已达到 45 m/s；无扭连续式线材轧机轧制速度已超过 130 m/s。提高轧制速度是未来轧制的发展方向。

C　轧制图表

轧制图表是轧制每种产品的生产依据，是确定最合理轧制节奏的工具，它以时间为横坐标，以轧制道次为纵坐标。

从轧制图表中可以看到轧制进程与时间的关系，看到轧件的纯轧时间、间隙时间、相邻两根轧件的间隔时间、轧制的周期时间、节奏时间以及它们之间的关系，可以了解轧制的整个过程。通过对轧制工作图表的分析，可以达到以下目的：（1）找出轧制过程中的薄弱环节，修改轧制工艺参数，使轧制过程趋于合理；（2）确定合理的轧制节奏时间、提高轧机的小时产量。

4.4.4　型线材轧制设备组成

随着线材生产向着连续、高速、无扭、微张力或无张力轧制的方向发展，轧制方式也由横列式向连续式发展。现代化棒材车间机架数一般多于 18 架，线材车间机架数一般为21~28 架。国内外型线材生产均以连轧方式为主，分为粗轧、中轧和精轧机组。新建棒线材轧机大都采用平、立交替布置的全线无扭轧机。粗轧机组采用易于操作和换辊的机架，中轧机组采用短应力线高刚度轧机,运用微张力和无张力控制,配合合理孔型设计,使轧制速度提高,产品精度提高,表面质量改善。型线材轧机在 20 世纪得到显著发展。由横列式、半连续式、连续式直到高速轧机的诞生,新的机型、新的轧机布置方式的产生都使型线材的轧制速度、轧制质量有所提高。

4.4.4.1　型线材轧机的种类

生产各种型线材的轧机有不同的分类形式,按其结构可分为二辊式、三辊式或万能轧机;开口式轧机和闭口式轧机,闭口式轧机机架多用于粗轧机,开口式轧机多用于中、精轧机;按轧机的排列和组合方式可分为横列式、半连续式及连续式;按轧制的先后可分为粗、中、精轧三个机组。孔型系统选择也不相同。一般各延伸孔型系统,如平箱-立箱、六角-方、菱-方、椭圆-方、椭圆-圆都可用于粗轧孔型,但应满足粗轧要求。中轧孔型普遍采用椭圆-方系统。精轧孔型一般采用椭圆-方系统。

4.4.4.2　型线材轧机的布置形式

型线材轧机的布置形式是多种多样的。由于轧机的排列方式不同,产品质量、轧机生产效率及经济效益等方面也各不相同。按轧机排列和组合方式的不同分为横列式、顺列式、棋盘式、半连续式和全连续式五种基本布置形式,如图 4-44 所示。横列式布置分为一列式、二列式和三列式等。一列式布置的机架多为三辊轧机,进行多道次穿梭轧制。其优点是设备简单、造价低、建厂快、产品品种灵活,便于生产断面较复杂的产品;顺列式是将各架轧机顺序布置在 1~3 个平行纵列中。轧机单独传动,每架只轧一道,但不形成连轧。其优点是各架轧机速度可单独调整,能力得到充分发挥;棋盘式布置介于横列式和顺列式之间,前几架轧件较短时安排成顺列式,后几架精轧布置成两横列,各架轧机互相错开,两列轧辊转向相反,轧机可单独或两架成组传动,轧件在机架间靠斜辊道横移。这种轧机布置紧凑,适合中小型型钢生产;半连续式布置介于连轧和其他形式的轧机之间,一种是粗轧为连续式,精轧为横列式;另一种是粗轧为横列式或其他形式,精轧为连续式;连续式布置是轧机纵向紧密排列为连轧机组,其优点是轧制速度快、产量高、轧机排列紧密、间隙时间短、轧件温降小,适合轧小规格或轻型薄壁的产品。各种轧机布置形式对产量、质量、技术经济效果等都有影响。

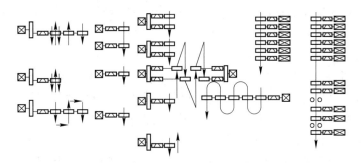

图 4-44　各种型钢轧机的布置形式

4.4.4.3　Y 形三辊小型轧机

多年以来,三辊轧机生产技术在世界范围内为生产棒线材所使用,Y 形三辊小型轧机是一种三辊式连轧机，可轧制有色金属、特殊合金钢、普碳钢等。三辊轧机的三个轧辊相互布置成 120°，如图 4-45 所示。Y 形三辊轧机具有以下特点：（1）设备结构紧凑、重量轻、占地面积小，因而投资少、建设快，生产效率较高；（2）在一组轧机上同一种孔型（包括粗轧及成品孔型）可以轧制多种金属，如铜、铝、钛合金、普碳钢等；（3）轧制时各部分温度均匀、变形均匀。虽然各种金属性能出入较大，但都能轧出合格的成品，这是 Y 形三辊轧机的突出特点。

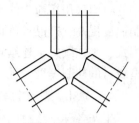

图 4-45　Y 形三辊
小型轧机轧辊布置

4.4.5　型线材轧制产品质量控制

随着工业的发展，型线材的应用领域越来越广，对产品质量的要求也越来越严格。型线材的产品质量受生产工艺、轧机设备、自动控制系统和人工操作水平的综合影响。在型线材轧制过程中，由于工艺制度、轧机调整不当，或因轧槽磨损及孔型设计、安装调整等存在问题，都会使产品存在缺陷（如轧制中出现耳子、裂纹、折叠、结疤、夹层等），这些都直接影响使用性能。在轧制时要具体分析产生的原因，找出消除的方法，以提高轧件的质量。下面为常见的型线材轧制缺陷。

4.4.5.1　型线材轧制时的表面缺陷

轧制的型线材应符合公差要求，表面光洁不得有影响使用的缺陷，如耳子、裂纹、折叠、夹层等缺陷，但允许局部有压痕、凸块、凹坑、划伤和不严重的麻面。影响表面光洁的一些缺陷可根据使用要求予以控制。表面缺陷一般是由原料带来的或在加热轧制、精整过程中造成的。因此要保证表面质量需严格控制坯料质量。产生表面缺陷的原因及消除方法为：

（1）错圆。错圆是轧槽在轧制时左右错开造成的。多数由于轧辊的轧槽中心线没对正，在轧制时就会出现错圆。调整上下两轧辊的轧槽对正，固定轴向固定装置均能消除轧制时错圆。

（2）耳子。轧件表面沿轧制方向的条状凸起称为耳子，主要是轧槽过充造成的。轧槽导卫安装不正、孔型设计不合理、轧制温度的波动或局部不均匀均能使轧件产生耳子。此外，坯料的缺陷（如缩孔、偏析、分层及外来夹杂物），都会影响轧件的正常变形，也是形成耳子的原因。

（3）折叠。折叠指轧件沿轧制方向平直或弯曲的细线，在横断面上与表面呈小角度的缺陷。主要是由前道次的耳子在继续轧制时形成折叠。方坯上的缺陷处理不当留下的深沟、轧件产生严重的刮伤或划伤，轧制时都可形成折叠。同时，可以采取消除前道耳子的方法或及时更换导卫装置避免轧件划伤来避免折叠。

（4）裂纹。轧件表面沿轧制方向有平直或弯曲细小裂纹。若坯料上有未消除的裂纹、皮下气泡及非金属夹杂物都会在轧件上造成裂纹缺陷。

4.4.5.2　产品形状及尺寸精度要求

提高型线材的外形及尺寸精度具有重大意义，不仅可以减少超差废品，提高成材率，又可以为下道工序提供合格产品。在轧制圆、方、扁等轧件时，容易出现型线材直径或椭圆度不符合标准规定等断面尺寸不合格的情况，主要是由于孔型设计不合理、轧机调整不当、导卫装置安装不当等因素造成的。

4.4.5.3 化学成分及力学性能

型线材的金相组织和力学性能同其化学成分、轧制工艺制度、轧后的控制冷却制度及热处理制度密切相关。控制产品化学成分、保证轧制工艺稳定，将线材的头、中和尾部的温度差及冷却速度严格控制在一定范围，以获得组织和性能的均匀性。

4.4.5.4 包装及标志

型线材的标志应清楚，经得起风吹、日晒、雨淋和长时间放置。标志的内容应包括牌号、规格、质量、生产批号、生产厂家等内容。

复习思考题

4.4-1 什么是孔型和孔型设计？

4.4-2 在有色金属及合金型线材轧制中，常用的延伸孔型系统有哪些？

4.4-3 在有色金属及合金型线材轧制中，常用的成品孔型系统有哪些？

4.4-4 在有色金属及合金型线材轧制之前的加热制度主要包括哪些内容？

4.4-5 在有色金属及合金型线材轧制时，要注意哪些事项？

4.4-6 什么是错圆、耳子和折叠，出现的原因各是什么？

任务4.5 管 材 生 产

4.5.1 管材生产概述

随着现代化制造技术的不断发展，金属管材制成的金属结构零部件有其独到的优势（如刚性好、强度大、质量小、造价低等），使其在工业制品中的应用范围不断扩大。管材是指两端开口并具有中空封闭断面，其长度与横断面周长之比值相对较高的圆形或其他几何形状的加工材。按材质的不同可分为钢管和有色金属管两类、有色金属管包括铜和铜合金管、铝和铝合金管、镍和镍合金管等。生产中除常用钢、铜、铝管外；也较广泛地使用各种合金和其他金属管。管材按断面形状可分为圆管和异管。圆管中按外径与壁厚的比值来分，当外径与壁厚比值大于30时，为薄壁管，小于这个比值称为厚壁管。异型管中有椭圆管，三角形、梯形、方形、矩形、六角形管和D形管螺旋管和翅片管等，其规格表示方法也各不相同。按生产方法可分为热轧管、冷轧管、冷拔管、挤压管、拉伸管和旋压管；按产品状态可分为软管、硬管和半硬管。按用途可分为空调管、蒸发器管、波导管、冷凝管和水管等。根据壁厚不同可分为厚壁管、薄壁管（壁厚小于2 mm）以及外径不大于5 mm的毛细管。

我国生产管材的规格范围直径从0.5~420 mm，壁厚从0.1~50 mm变化，是世界上重要的管材生产和消费大国。钢管产量一般占钢材总产量的7%~10%，钢管分无缝钢管与有缝钢管两种，由于钢管具有封闭的中空断面，最适宜于作液体和气体的输送管道；又由于它与相同横截面积圆钢或方钢相比具有较大的抗弯抗扭强度，也适于作各种机器构件和建筑结构钢材，被广泛用于国民经济各部门。

管材生产基本上有两大类。一大类为无缝管，以轧制方法生产为主，主要生产钢管，与拉拔等其他加工方法联用还可生产塑性较好，批量较大的紫铜、黄铜、钛及钛合金、铝合金等无缝管。高合金钢种及有色金属和合金主要用挤压方式生产。无缝管又可分为热轧管、冷轧管和冷拔管等。另一大类为焊接管，可分为炉焊管和电焊管等。各主要工业国家的焊管产量一般占钢管总产量的 5% ~ 70%，我国约占 55%。随着焊管质量的不断改善，现在已经不只用于一般的输送管道，也用于锅炉管、石油管。

4.5.2　冷轧管材生产

周期式冷轧管法是有色金属及合金的管材冷轧中应用最广泛和最具代表性的方法，生产精度和表面质量高，是薄壁管材的主要生产方法，在冷轧后，一般可以直接交货而无须再经过拉拔。周期式冷轧管法是内孔套有芯棒的管坯，在周期往复运动的变断面轧槽内，进行外径减缩和壁厚减薄的直指变形过程。根据轧机所具有的轧辊、轧槽的结构形式，主要有二辊周期式冷轧管法和多辊周期式冷轧管法，其中前者应用尤为广泛。除周期式冷轧管机外，还有连续式冷轧管机、行星式冷轧管机、摆式冷轧管机和冷旋压机等。冷轧管机现已能生产直径为 $\phi 4 \sim 450$ mm，管壁最薄为 0.04 mm 的有色金属及合金管材。

与拉拔相比较，冷轧管法有利于发挥金属塑性的三向压应力状态，使冷轧管材具有较高的力学性能，其最大道次加工率可高达 90% 以上，最大道次延伸系数可达 10 以上，可用于生产加工硬化率高、塑性差和难变形合金的薄壁管材；壁厚压下量与外径减缩率可分别达 70% 和 40%，减少了用拉拔生产时所不可避免的多次酸洗、退火和制夹头等工序，缩短了生产工艺流程，提高了生产效率和金属的收得率。同时冷轧管法还可生产小直径薄壁管以及断面对称的异形管。

但冷轧管法设备结构复杂，投资较高，维护和保养麻烦；轧辊孔型块加工制造比较复杂，工作寿命短，生产费用高，另外还需要有专用的机床等。

4.5.2.1　二辊式周期冷轧管法

周期式冷轧管机是目前生产中应用最广的，1932 年在美国首先使用、成为获得高精度薄壁管的重要手段，也是外径或内径要求高精度的厚壁管和 铜管生产工艺特厚壁管以及异形管、变断面管等的主要生产方法。随着对薄壁管材的品种、规格和数量的需要不断增加，周期式二辊冷轧管机的规格和台数也在日益增长，并且已经形成了系列化。二辊式周期冷轧管机的生产规格范围为外径 4 ~ 250 mm，壁厚 0.1 ~ 40 mm。并可生产外径与壁厚比等于 60 ~ 100 的薄壁管。另外在周期式冷轧管机上还可以生产异型管和变断面管材。

A　二辊式周期冷轧管机工作原理

二辊式冷轧管机是一种具有周期往复运动工作制度的轧管机，其工作原理如图 4-46 所示。在轧辊 2 中部凹槽中装有带变断面轧槽的孔型块 1，孔型块呈环形或半圆形，孔型的最大断面与管坯 5 外径相当，最小断面与轧后管子的外径相等。在辊身上还开有两个切口，这样就可以避免进料和转料时管坯与轧槽接触，在轧制过程中管坯可以在孔型中进行轴向送进或自由反转。管坯 5 中插入锥形芯棒 4，芯棒与芯棒杆连接。在轧制过程中，芯棒 4 与芯棒杆只作间歇式的转动，管材在孔型的碾压及芯棒的支撑作用下发生变形，产生外径的减缩和壁厚的减薄。

轧制开始时，轧辊位于孔型开口最大的极限位置上，用送进机构将管坯向前送进一段距离。随后轧辊向前滚动时对管坯进行轧制，直到轧辊位于孔型开口最小的极限位置为止，轧出一段成品管。然后借助回转机构使管坯转动一个角度 60° ~ 90°，轧辊开始向回滚动，再对轧件进行均整、碾轧，直到极限位置为止，完成一个轧制周期，如此重复以实现管材的周期轧制过程。由于该过程是在常温下进行的，一般低于金属的再结晶温度，所以称为周期式冷轧管法。

两个轧辊的旋转往复运动，如图 4-47 所示。在轧制过程中，工作机架 3 连同轧辊 4，由曲柄连杆机构 1、2 带动作往返运动。工作机架内装有两个轧辊 4，每个辊子的辊头上装有斜齿轮 6，借此使上下轧辊得到同步旋转。下辊的辊端还装有直齿轮 7，它与固定在机架两侧的托架上的齿轮 8 相咬合，机架移动时，下轧辊由于直齿主动轮 7 和固定齿条 8 咬合而旋转，借助被动齿轮 6 下上轧辊作同步而方向相反的运动，实现轧机的轧制动作。管坯在轧辊的往返运动中，在变断面的孔型中被加工成成品管。

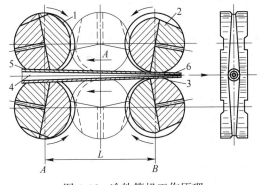

图 4-46 冷轧管机工作原理

1—孔型；2，3—轧辊；4—芯棒；
5—管坯；6—成品

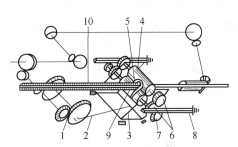

图 4-47 冷轧机构原理

1，2—曲柄连杆机构；3—工作机架；4—轧辊；
5—轧槽；6—被动齿轮；7—直齿轮；
8—齿条；9—芯棒；10—管坯

B 二辊式冷轧管机

二辊式冷轧管机由上下两个轧辊的相对滚动来实现管材的轧制。目前所应用的二辊式冷轧管机皆已系列化，主要包括 LG-30、LG-55、LG-80、LG-120、LG-150、LG-200 和 LG-250。"L"和"G"分别为"冷"和"管"的汉语拼音字母的第一个字母，轧机型号中的数字表示此种轧管机所能轧出的成品管最大外径。二辊式冷轧管机由三部分组成：机架和轧辊做往复运动的主传动装置，包括主电机、减速箱、曲柄连杆机构和齿轮齿条系统；工作机架在轧辊极限位置设有送进和回转管材的分配机构；芯杆固定和移动机构、卡盘，以及液压和润滑系统。

a 主传动系统

图 4-48 所示为一台冷轧管机的典型传动系统图。工作机架的往复直线运动和所有的卡盘转动的动力皆来自主电动机 8。工作机架 30 通过连接轴套 7、锥齿轮 5 和 6、安装在主轴上的主动齿轮 25 和从动齿轮 26 及安装在其上面的曲柄连杆 29 带动做往复直线运动。

工作轧辊 2 由主动齿轮 31 在齿条 32 上滚动来完成转动。

主电动机 8 通过制动器 9 和减速机 11 将转动力矩传给送进回转机构 21 和凸轮轴 10。通过送进回转结构 21 将转矩传给传动轴 24，继而通过锥齿轮 4、3、27 带动中间卡盘 28 和通过齿轮轴 1、34 带动前卡盘 33 做间歇转动。送进回转机构 21 同时又将转矩通过轴 12、齿轮 13 传给芯棒卡盘 19，带动它做间歇转动。

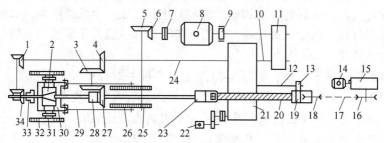

图 4-48　二辊式冷轧管机传动系统

送进丝杠 20 借助送进回转机构 21 中的青铜螺母的转动做间歇前进运动，从而推动管坯卡盘 23 向前移动。当一根管坯轧完后装第二根管坯时，丝杠 20 借助快速返回电动机 22 快速后退到原始位置，与此同时，管坯卡盘 23 也后退到原始位置。在装第二根管坯之前，芯杆卡盘 19 带动芯杆，借助电动机 14、减速机 15、链轮 16、18 由齿条 17 带动后退。

b　工作机架

二辊式冷轧管机的工作机架，如图 4-49 所示，其主要由牌坊、轧辊、轧辊轴承、主动齿轮、同步齿轮、轧辊调整装置和平衡装置以及滚轮和滑板组成。

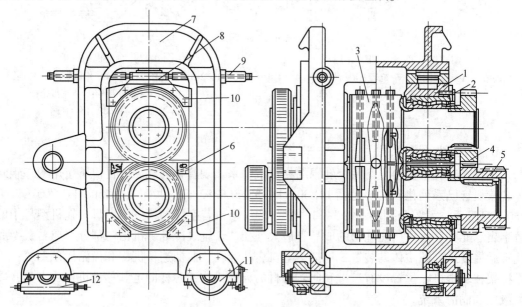

图 4-49　二辊式冷轧管机工作机架

在闭口牌坊 7 中安装有四个轴承盒 1，其中有四排圆锥滚子轴承 2。轧辊 3 的两端装有同步齿轮 4，在下轧辊的外端还装有主动齿轮 5，它可以在机座的齿条上滚动，从而使两个轧辊在随同机架做往复运动的同时做往复转动。

上轧辊的平衡装置主要是用来平衡上轧辊的重量，它是靠安放在下轧辊轴承盒中的 8 个弹簧 6 来实现的。轧辊间隙的调整是用上轧辊的轴承盒与牌坊之间的楔铁 8 与螺杆 9 完成的。轧辊在轴向上的调整则借助牌坊两侧的压板 10 来实现。工作机架下面有滚轮 11 和滑板 12，可以在机座的导轨上滚动和滑动。为了克服工作机架在往复运动中产生巨大的惯性力，大幅度地提高轧制速度，而采用了机架平衡装置。主动齿轮 5 安装在下轧辊上，对轧机的检修很不方便，因必须拆下前挡板才能将机架取出来，因此新的结构是将主动齿轮安装在上轧辊上，齿条在主动齿轮的下面。

c 送进回转机构

送进回转机构是冷轧管机的心脏部分，其结构的好坏，直接关系到轧管机生产率能否充分发挥，也关系到管材质量的高低。由于是瞬时间歇动作，部件受到的冲击力很大，故极易损坏、磨损和出现故障。要求送进回转机构送进量要准确、均匀、稳定；送进量调整范围要宽以适应轧制不同管材的需要；送进丝杠应具备快速返回机构；尽可能地减少机构的惯性矩等。

C 二辊式冷轧管机的变形工具

冷轧管所用的主要工具是孔型和芯棒。孔型块被镶在轧辊的辊身上，形成一个半圆形的变断面孔型，管坯就是在上下两个半圆形的变断面孔型和芯棒组成的环形区域中被轧制成成品管。孔型设计的任务就是确定芯棒的锥度或曲面形状和轧槽工作段各断面的形状和尺寸。合理的孔型设计应保证能获得表面质量良好、尺寸精度高的管子。同时还应保证轧管工具磨损均匀、轧机生产率和成品率高，以及有利于发挥金属的塑性。

a 孔型

冷轧管机的孔型块被镶在轧辊上，是主要的变形工具，在芯棒的辅助作用下，对管材施加轧制压力，使其按给定的变形量连续地产生外径减缩和壁厚减薄，直至成品尺寸；同时限制管材在变形时的金属流动方向，不允许管材自由宽展，保持规定的几何形状。通常一台冷轧管机一般皆配备几对（3~4 对）轧制不同规格管子的孔型块，通过更换孔型块，变化轧制的管子尺寸范围。同时通过调整芯棒的位置或必要时更换芯棒，可以用同一壁厚的管坯轧制出不同壁厚的管子。

孔型分半圆形、环形和马蹄形三种结构形式，如图 4-50 所示。马蹄形和环形孔型块

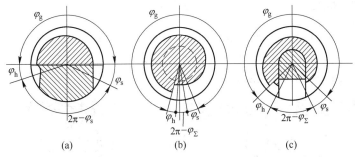

图 4-50 不同结构形状的孔型块示意图

(a) 半圆形孔型块；(b) 环形孔型块；(c) 马蹄形孔型块

φ_g—工作角；φ_h—回转角；φ_s—送进角；φ_Σ—$\varphi_g+\varphi_h+\varphi_s$

比较先进，它们具有较大的回转角度和工作段长度。因为进料量一定时，工作段长些可以减少变形中瞬时的压下量，有利于充分利用金属的塑性。工作段加长后可以使用小锥度的芯棒，这样可以减少不均匀变形。

　　b　芯棒

芯棒是冷轧管时的内变形工具。在二辊式的冷轧机上皆采用锥形芯棒，其母线最合理的是一曲线。曲线的凹度较难计算，芯棒的加工较复杂，所以广泛应用的仍是母线为直线的锥形芯棒，如图 4-51 所示。

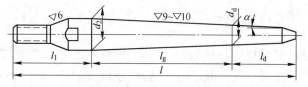

图 4-51　圆锥形芯棒尺寸

锥形芯棒的锥度对轧制过程有很大的影响。锥度越大，金属的变形越不均匀，从而导致轧制压力增大。但是芯棒的锥度也不能过小，否则会使减径段中管坯减径量增加，引起管坯壁厚增加和金属显著加工硬化，给压下段的变形带来困难。

芯棒由 l_1、l_g 和 l_d 三部分组成，前者为圆柱部分，后两者共同组成芯棒的锥体。芯棒定径段直径与成品管内径相等，而前端圆柱部分直径比管坯内径小 3~6 mm，对于低塑性的材料，此值应尽可能地小，为 0.5~1.0 mm。此差值的作用是便于将芯棒插入管坯中。

4.5.2.2　多辊式冷轧法

　　A　多辊式冷轧机工作原理

多辊式冷轧管机也是一种周期式冷轧管机，其工作原理，如图 4-52 所示。在一个特殊的辊架 1 中装有三个互成 120°的辊子 2。辊子 2 上带有断面形状不变的轧槽，三个轧槽组合起来构成一个圆孔型。每个辊子以其辊颈分别在固定于厚壁筒 3 中各自的 π 形滑道 4 上滚动。滑道和辊架用曲柄连杆机构 7 或曲柄摆杆和杆系 8~10 带动作往复直线运动，管坯 5 中插入圆形芯棒 6。多辊式冷轧机工作时，当辊子位于滑道的低端时，孔型的断面最大，此时进行送进和回转，随着辊子和滑道向前运动，滑道逐渐压下辊子，使孔型断面逐渐减小对管坯进行轧制。当辊子位于滑道的高端时，孔型的断面最小，管坯获得成品管尺寸，由管坯轧制成成品管。

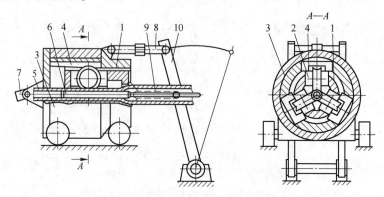

图 4-52　多辊式冷轧管过程

多辊式冷轧管机采用多个小直径轧辊，金属对轧辊的压力相对较小，轧辊与芯棒的弹性变形也小，可生产高精度大直径的薄壁管材；由于变形均匀，所以生产出来的管材表面光洁，质量好，适用于轧制高精度、高强度的金属和合金薄壁管材。也适用于轧制塑性较低的有色金属及合金管材，比如钨、钼、锆等合金管材。

B　多辊式冷轧管机

多辊式冷轧管机主要为滚轮式冷轧管机，其型号为 LD，型号后面的数字表示轧出管子的最大外径。我国的多辊式冷轧管机系列为 LD-8、LD-15、LD-30、LD-60、LD-120、LD-200、LD-250。

多辊式冷轧管机的结构，与二辊式冷轧管机基本相同，主要包括传动系统、工作机架、送进回转机构和调整机构等。

C　多辊式冷轧管机的变形工具

多辊式冷轧管机较二辊式冷轧管机辊子数目增多，一般为 3~4 个，辊子与管子表面间的滑动减少，从而改善了管子的表面质量。同时，轧辊的直径大大减小，在轧制时，管子与轧辊的接触面积减小，因此金属对辊子的压力以及由此产生的机架系统的弹性变形也相应减小，可以生产出高表面质量、高精度的薄壁管材。

但是多辊式冷轧管机也有其缺点，如送进量、减径量和一次工作行程的总变形量不能大，否则会使管子的表面质量和几何形状变坏。因此，在设计和选择变形工具时要更加注意。管坯的外径与成品管的外径相差不能太大，减径量要小。由于减径量小，管子的偏心得不到纠正，故成品管的壁厚偏差较大，基本上与管坯的壁厚偏差相同。

多辊式冷轧管机的变形工具主要有轧辊、滑道和芯棒。

a　轧辊

多辊式冷轧管机轧辊的外形及主要尺寸，如图 4-53 所示，它的主要尺寸包括轧槽顶部轧辊半径、辊环厚度、轧辊辊颈直径和宽度、轧槽开口和轧辊轧制直径等。其中，轧槽顶部轧辊半径的大小关系到用它轧出的成品管的最小壁厚；轧槽有开口，可以避免辊环在轧制时压伤管子；轧辊直径和轧辊辊颈直径主要是考虑轧辊的强度和通用性。

b　滑道

轧制时，轧辊的辊颈在滑道工作面上滚动，轧辊在工作锥上滚动，如图 4-54 所示。滑道由四段组成，即送进回转段、减径段、压下段和定径段，每段的作用与二辊式冷轧管机孔型块上的相同。滑道为 π 形，滑道底面带有一定的斜度 K，其作用是可以用楔铁来调整轧辊间的距离，以便适应轧制不同规格的管子和控制成品管的外径偏差。

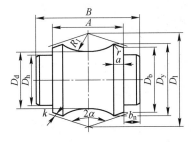

图 4-53　轧辊外形及主要尺寸

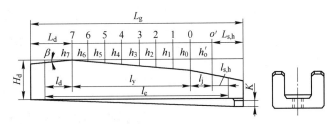

图 4-54　滑道设计用

c　芯棒

多辊式冷轧管机的芯棒是圆柱形的,形状如图 4-55 所示。为了减少送进时阻力,消除管子内表面出现环形压痕,芯棒的前端稍带锥度,前端 20~50 mm 的长度上,直径差值约为 0.2 mm。芯棒的长度应当比辊架的最大行程长 80~150 mm,以保证所轧出的管子具有最小的弯曲度。

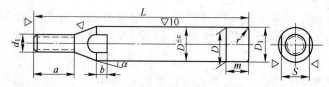

图 4-55　圆柱形芯棒

4.5.3　冷轧管生产时金属变形理论

4.5.3.1　金属的变形过程

冷轧管时金属的变形过程如图 4-56 所示,(1)管料送进:轧辊位于进程轧制的起始

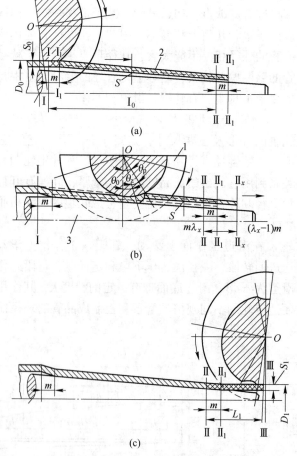

图 4-56　冷轧管时管坯变形过程
(a)送进;(b)辊轧;(c)转动管料和芯棒
1—轧辊;2—管材;3—芯棒

位置，也称为进轧的起始点，管料送进 m 值。管坯由 I—I 移至 I_1—I_1，轧制锥前端由 II—II 移至 II_1—II_1，管体内壁与芯棒间形成间隙；（2）进程轧制：工作机架向前移动时，轧辊向前滚轧；轧件随着向前滑动，工作锥的直径先减小到内表面与芯棒相接触的程度。然后直径和壁厚同时受到压缩，轧辊前部的间隙随之扩大，如图 4-56 (b) 所示，轧槽中心角 θ_p 所对应的变形锥长度上只产生减径变形，即直径的减小，故称之为减径变形区；而中心角 θ_0 所对应的变形锥长称为压下变形区，在该区内管子直径和管子壁厚同时被压缩。θ_p 和 θ_0 所构成的角度称为咬入角，它对应的变形锥就是轧管时金属变形区全长。

每次送料量为 m 的一段管坯并非在机架完成一次往复运动后，而是经往复多次轧制才获得了成品尺寸的，在工作锥长度一定的情况下，送料量 m 越大，则需要轧成成品尺寸的次数越少，轧机的生产效率也就越高。

管坯与孔型接触后，在横断面上的变形，如图 4-57 所示。当管坯与轧槽接触后，两个轧槽首先以 4 个点与管坯接触，使管坯在水平方向上产生压扁变形如断面 1。继而在整个断面上产生不大的压扁变形断面 2。随后管坯进入减径变形阶段，管壁厚度略有增加断面 3 和 4。最后进入减壁变形，金属在纵向流动的同时也横向流动产生宽展断面 5 和 6。

4.5.3.2 沿变形锥金属的变形分布

根据冷轧变形的特点，一个管坯要经过几个轧制周期才能成为成品管材，把管坯变形锥分为四段，减径段、压下段、预精整段和精整段，如图 4-58 所示。

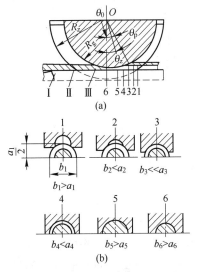

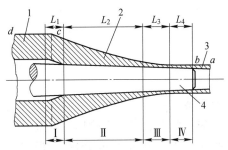

图 4-57 冷轧管时管坯断面的变形过程
　　（a）轧槽与管坯接触；
　（b）6 个典型断面的变形过程

图 4-58 变形锥压下变形
I—减径段；II—压下段；
III—预精整段；IV—精整段（定径段）；
1—管坯（d—c 段）；2—变形锥（c—b 段）；
3—管材（b—a 段）；4—芯头

在减径段，管坯壁厚随减径量的增加而增大，增加量一般为原壁厚的 3%～15%。壁厚增加是与金属所受的应力状态有关，作用在管坯周向上强大压力是壁厚增加的主要原因。除此之外，管坯所受的轴向应力也有影响，轴向为拉应力则会减少壁厚的增加。在减径段，由于加工硬化降低了材料的塑性，使金属在随后压下段内的塑性变形变得困难，因此必须限制壁厚的增加量。

冷轧管过程中同时存在着减壁和减径两种变形，在一次轧制过程中应使减壁量与减径量之间保持一个合适的比例，否则会影响到冷轧管材的质量和轧机生产率。例如，轧制铝合金管材时，由于对其表面质量要求高，减径量不能过大，但是它限制了冷轧管生产率的提高。

在压下段，管坯的变形主要集中在此段，管坯的壁厚和直径都发生了很大的缩减，以减壁为主。预精整段主要均衡管材的壁厚。精整段已无明显的变形，只是进一步均整外径，提高成品的尺寸精度。

4.5.3.3　变形区内的应力应变状态

冷轧管时轧辊对金属的压力主要是轧制力和轴向力，变形区内的金属各部的应力状态比较复杂，如图4-59所示，在变形区内每个断面的高向和横向上都作用着压力 P_1 和 P_2，另外还有轴向力 T，其方向是拉力还是压力要进行具体分析，但多数情况下为压力。

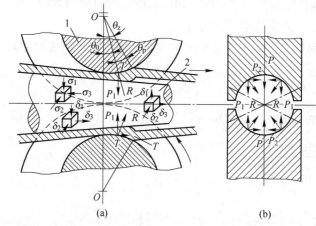

图 4-59　冷轧管时变形与应力
(a) 孔型纵断面；(b) 孔型横断面
1—轧辊；2—芯棒

因此，冷轧管变形过程受到轧槽正压力 P_1、横向压力 P_2 及轴向压力（拉力）T，处于三向压应力状态。而在轧槽出口处金属则处于单向拉应力状态。在冷轧管过程中，主压应力的作用可阻碍金属晶间的滑移，保持金属的完整性，所以这样的变形条件能够充分发挥金属的塑性，因此可以用来轧制一些低塑性的有色金属及合金管材。特别是与拉拔相比较，更显示出它的优越性。因为拉拔变形时金属处于强烈的拉应力状态下，所以冷拉铝合金管时两次退火间的加工率不能超过 55%～60%，而冷轧管时可达 90% 以上。

4.5.4　热轧管材生产

有色金属及合金的无缝管材生产中，对于品种繁多，质量要求高，采用挤压法生产较多，但是在生产批量较大、塑性较好的有色金属及合金管材时，还可以采用斜轧穿孔法。特别是三辊斜轧穿孔机的使用，使更多的有色金属及合金管材的生产开始采用以轧代挤的方法。

用热轧法生产有色金属及合金管材，采用多种方法配合使用，如斜轧穿孔-冷轧-拉拔法、斜轧穿孔-拉拔法。采用斜轧法生产管材，建厂投资少，生产成本低，生产率高，金属收得率高，但是生产的产品规格小，对锭坯的质量要求高，因此目前多用来生产塑性较好、批量较大的紫铜、黄铜、钛及钛合金、铝合金等无缝管的毛管。

4.5.4.1 斜轧穿孔方法

斜轧穿孔是有色金属及合金的热轧管材的主要生产方法。把实心的锭坯穿制成空心的毛管。按照穿孔机的结构和穿孔过程的变形特点，管坯斜轧穿孔分为菌式穿孔机穿孔、盘式穿孔机穿孔和辊式穿孔机穿孔（图4-60）。其中，辊式穿孔机包括二辊式和三辊式，应用最为广泛。

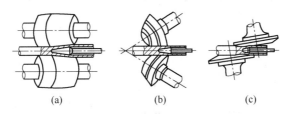

图 4-60 斜轧穿孔机
(a) 辊式；(b) 菌式；(c) 盘式

在有色金属及合金斜轧穿孔中，普遍使用的是二辊斜轧穿孔机，图4-61所示为穿孔机平面布置及附属设备图。穿孔机组由工作机架及主传动装置和前后工作台组成。前工作台包括管坯输入辊道、斜台架、可升降的受料槽、扣瓦、气动推料器等组成。后工作台包括升降辊道、定心辊、固定顶杆的止推轴承、顶杆小车等。

在二辊斜轧穿孔机上生产有色金属及合金管材时，毛管经常由于内折而报废，尤其是低塑性的合金管材更为严重。采用三辊斜轧穿孔机，基本上可以克服上面的缺点。它对生产低塑性的有色金属及合金毛管更为合适。

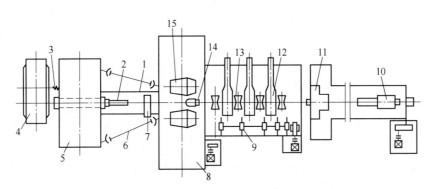

图 4-61 穿孔机及辅助设备
1—受料槽；2—气动推入机；3—齿轮联轴节；4—主电机；5—减速齿轮座；6—万向联接轴；
7—扣瓦装置；8—穿孔机工作机座；9—翻料钩；10—顶杆小车；11—止挡架；
12—定心装置；13—升降辊；14—顶头；15—轧辊

A 二辊斜轧穿孔机

二辊斜轧穿孔机，轧辊左右放置，导板上下放置，这种穿孔机称为卧式斜轧穿孔机；新的二辊斜轧穿孔机是轧辊上下放置，导板置于孔型左右位置，即所谓的二辊立式斜轧穿孔机。辊式穿孔机结构完善，辊身长，毛管质量好；轧辊具有较大的强度，且轧辊倾角可以调整，产品范围广，生产率高，在有色金属及合金管材斜轧穿孔中应用广泛。

卧式斜轧穿孔机的轧辊为双鼓形，两轧辊放置于相互平行的两个垂直面上，轧辊轴线在水平面上的投影相互平行，且与轧制线在垂直面上的投影相交成 3°~13°，此角度可以用转鼓装置进行调整。两个轧辊旋转方向相同，两导板固定不动，起到限制轧件横向变形的作用。在轧辊出料端安有能转动的顶头。

把加热好的实心锭坯从入口端沿轧制线方向送入穿孔机时，坯料作螺旋形运动，即边旋转边前进，并在轧辊、导板和顶头构成的一个"环形封闭孔型"中受到轧制，发生塑性变形，轧制成毛管。

B 三辊斜轧穿孔机

轧辊的形状和二辊轧机相同。3 个轧辊也是同向旋转，且互成 120°安放，这样轧件较稳定地处于轧制线上，因此取消了导板。轧辊轴线与轧制线的交角为 5°~15°。

与二辊斜轧穿孔机相比，此种轧机由于金属受力状态较好，变形区不再形成孔腔，适合于轧制塑性差且较难变形的有色金属及合金坯料，并可用铸坯直接轧制成毛管。

4.5.4.2 斜轧穿孔工具设计

斜轧穿孔工具设计保证产品几何形状和尺寸符合要求，产品表面质量好；咬入容易，轧制稳定，生产率高；磨损均匀，能量消耗低。

A 轧辊设计

穿孔机辊型及其主要尺寸，如图 4-62 所示，轧辊辊身是由入口锥、出口锥及轧制带三部分组成的，轧辊的基本尺寸是轧辊直径即轧制带直径 D_0 和辊身长度 L_0。

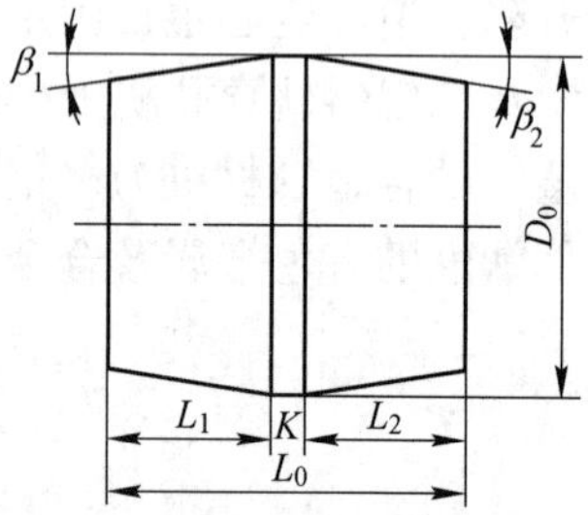

轧辊直径 D_0 主要从轧辊强度和咬入条件角度考虑，一般先用经验公式估算，然后进行强度和咬入校核。其经验公式为：

图 4-62 穿孔机轧辊

$$D_0 = 2.5d_{max} + (350 \sim 450) \qquad (4-5)$$

式中 　d_{max}——在该穿孔机上轧制的最大管坯直径，mm。

穿孔锥角 β_1 在满足生产规范要求的条件下，取值不宜太大，一般为 3°~4°，以便于咬入。小锥角还可以减少坯料前进的阻力，提高滑动系数，改善毛管的内外表面质量。

碾轧锥角 β_2 的确定也极为重要。该角过大使管坯椭圆度增大，易出现外折和微裂；过小又易产生后卡。一般采用 3°~8°。在有色金属及合金穿孔时，多采用等径穿孔原则，即选用的坯料直径大致等于毛管的外径。

轧辊的材质，要求具有一定的耐磨性，同时辊面应具有较大的摩擦系数，以利于咬入。目前多采用 50Mn 或 65Mn 的铸钢或锻钢，热处理后表面硬度 HB 为 151~184。在生产低塑性有色金属及合金毛管时，为了提高辊面摩擦系数，有时被迫采用更软的材料。

B 顶头设计

变形区任一截面之顶头直径必须与该截面的轧辊相配合，它决定了辊缝的尺寸，也决定了管坯的压下量。穿孔机顶头形状及其主要尺寸，如图4-63所示，为工厂常用的三种顶头。顶头工作表面通常由顶头鼻部、穿孔锥、平整段及反锥组成。

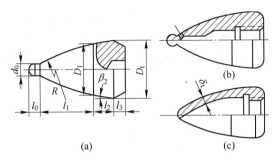

图4-63 穿孔机顶头形状及其主要尺寸

（a）更换式非水冷顶头；（b）内外水冷顶头；（c）内水冷顶头

顶头鼻部的主要作用是防止坯料轴心区最初形成的孔腔与空气接触发生氧化进而形成内折。顶头鼻部的直径为管坯外径的 $0.15 \sim 0.25$ 倍，大致等于管坯疏松区的直径；它的长度与直径相等。

穿孔锥（工作锥）是加工金属的主要部分，它将实心的管坯穿孔并逐渐形成壁厚，所以受力较大，且最易磨损。一般设计得较长，这样能使穿孔变形缓和均匀，阻力减小，能耗下降，提高毛管的质量。但过长会增大顶头的阻力，并易产生轧卡，因此必须选择适当。

平整段（均壁锥）的作用是均整毛管的壁厚，它的长度应保证毛管任意点金属都在变形区平整段至少受一次的加工，以达到均整的效果。

反锥就是在顶头的末端带一定的反向锥度，以免划伤毛管的内表面。

顶头的材料要求具有良好的高温强度和耐磨性；良好的导热性；耐急冷急热性。目前常用的有 $3Cr_2W_8V$、$20CrNi_3A$ 等。

C 导板设计

二辊斜轧穿孔机的导板不仅是轧件沿轧制线运行的导向装置，而且参与变形，比如限制毛管横变形，促进延伸等。在设计时要从变形过程对它的要求出发来确定它的形状和尺寸，包括导板的宽度、长度和形状等。设计时要以同外径的薄壁管为准。

导板材料应具有高的耐磨性和足够的强度，常用的导板材料为 $Cr_{15}Ni_2$、$Cr_{25}Ni_3$ 等，铸后磨光热处理后才能使用。

4.5.5 管材生产的质量控制

在有色金属的管材生产中，不论是冷轧管材生产，还是斜轧穿孔，如果工艺设计不合理，或者是轧机的工具设计、轧机调整及轧机操作不合理，都容易造成轧件的质量不能满足要求，甚至造成废品。

4.5.5.1 冷轧管废品

冷轧管时所产生的废品，大部分与设备调整、工具制造和设计以及操作不当等因素有关系。

A　表面裂纹

表面裂纹是指在冷轧管材表面形成的有规律或无规律的裂纹，形成的主要原因是：（1）冷轧所用的管坯质量不能满足要求，比如热轧时的温度过低或二次轧制前管坯的退火温度低使管坯因残余应力消除不均而导致塑性降低；（2）轧制加工率太高，送进不均或过大，造成变形分散不均；（3）管坯质量不好，过烧或过热导致塑性太低等，容易引起管子的纵向裂纹。

消除方法有：（1）将管坯重新退火；（2）合理控制轧制加工率；（3）减小或调均送进量；（4）严格按照工艺规定的要求过料。

B　内外表面划伤或压坑

凡与管坯和成品接触的工具均可能造成表面划伤，造成的原因主要是金属的黏结，比如卡爪或导路黏结金属、孔型黏结金属以及芯棒黏结金属等，一般呈规律的螺旋状。孔型开口不好造成制品内外表面的环形压痕、芯棒过于调后或表面不光滑造成制品内表面的环状压痕等。

消除方法：（1）合理设计孔型开口的大小；（2）清理管坯的内外表面；（3）清理磨光上述工具的表面。

C　尺寸公差偏差

尺寸公差不合是常见的一种缺陷，指管材外径和壁厚尺寸超出规定的公差范围。形成的原因主要是有两个方面：（1）轧机调整不能满足要求，比如孔型磨损严重或间隙不合而没有及时调整，芯棒调整不正确或在运动中窜动，造成壁厚不均等；（2）坯料的原因，比如管坯壁厚不均而引起制品的壁厚不均等。

消除方法：（1）适当减少送进量和正确调整孔型间隙；（2）按工艺要求检查管坯壁厚。

4.5.5.2 穿孔时废品

穿孔时由于加热制度、工具设计、设备调整和操作不当等因素产生的废品如下。

A　壁厚不均

锭坯没有打定心孔，加热温度不均，锭坯端部断面不平，顶头的顶杆跳动，顶头的长度太短等均是影响穿孔时壁厚不均的主要因素。

B　管坯内划伤

影响穿孔时管坯内划伤的因素有：顶头的定径锥和轧辊的出口锥设计不正确及材质不好；与顶头配合的接头有棱角。

C　管坯内折或内裂纹

（1）由于锭坯的原因，加热温度不均造成锭坯的各部分塑性不均、拉应力过大；金属在炉内停留的时间过长，使金属锭坯过热；锭坯内部组织有各种缺陷等。

（2）由于轧机调整或工具设计，轧辊对锭坯的压下量偏高，或顶头位置稍后；顶头设计太短；轧辊倾斜角太小等。

（3）轧辊表面磨损严重，引起金属的变形不均匀，而导致过早地形成孔腔，也是造成金属管坯内裂的原因。

D 管坯的外折和外擦伤

管坯内部存在有小的裂纹、皮下气泡、非金属夹杂等缺陷；轧辊表面磨损；锭坯加热温度不均等均会造成管坯的外折和外擦伤。

要消除上面的缺陷，首先要分析出现的原因，然后具体问题具体对待，找出合适的消除缺陷的方法。

复习思考题

4.5-1 常用的冷轧管材方法有哪些？

4.5-2 管材冷轧法与拉拔法相比较，有什么主要特点？

4.5-3 二辊斜轧穿孔机主要有哪些变形工具？

4.5-4 简述孔型块的结构及各部分的名称与作用。

4.5-5 二辊式冷轧管机主要由哪几部分组成？

4.5-6 冷轧管材时常出现的缺陷有哪些，形成的原因是什么？

4.5-7 对比说明二辊斜轧穿孔机和三辊斜轧穿孔机的结构与特点。

4.5-8 热轧管材常出现哪些缺陷，形成的主要原因是什么？

项目 5　锻　　造

任务 5.1　锻　造　概　述

锻造与冲压是机械制造的基础工艺之一，是机械产品加工不可缺少的重要手段，近年来，锻压技术有了飞速的发展，已经突破了主要提供毛坯的范畴，部分或全部取代切削加工、直接大量生产机械零件的方向发展。

锻造又叫锻压，它是利用外力使金属坯料产生塑性变形以得到一定形状的制品，同时提高金属的机械性能的一种压力加工方法。锻造的一般方法有自由锻、开式模锻、闭式模锻和特殊锻造。图 5-1 所示为一般的锻压方法。

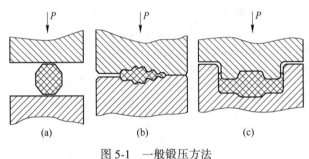

图 5-1　一般锻压方法
(a) 自由锻；(b) 开式模锻；(c) 闭式模锻

5.1.1　锻造特点

(1) 金属经锻造后，具有成分更加均匀，内部组织更加致密的特点，锻造可以提高零件的力学性能和物理性能。

(2) 锻造工艺操作灵活，可以得到形状简单或精密锻件，既可单件小批生产，又可大批量生产。

(3) 材料利用率高，生产效率高，有利于实现机械化与自动化。

5.1.2　锻造分类

锻造分为自由锻、模锻和多向锻。锻压零件成形工艺包括了锻造（自由锻、模锻、多向锻）、板料成形（拉延、胀形）、冲裁、弯曲成形、挤压、拉拔、轧制、旋压等几大类。

任务 5.2　自　由　锻

利用冲击力使金属在两个抵铁之间产生塑性变形，从而获得所需形状及尺寸的工艺称为自由锻。自由锻是锻造常用的生产方法，可以用来生产水轮机主轴和大型连杆等工件，应用比较广泛。按其设备和操作方式不同自由锻造可分为手工自由锻和机器自由锻。

自由锻的工序可分为基本工序、辅助工序和精整工序，主要包括：镦粗、拔长、冲孔、切割、弯曲、扭转、错移、锻接等几种。在锻造时，一个锻件往往要经过几种生产方法才能完成，生产较为复杂。

5.2.1　镦粗

镦粗是使坯料高度减小，横截面增大的工序。有完全镦粗和局部镦粗（图5-2）。用这种方法可以制造齿轮、法兰盘等锻件，还可以为冲孔做准备。完全镦粗是将毛坯放在铁砧上打击，使其高度减少、横断面增大的生产方法。局部镦粗是将毛坯一端放在漏盘内，限制其变形，打击毛坯的另一端，得到截面尺寸不同的锻件。

坯料在加热时温度要均匀，还要不断翻转坯料，使其两端面散热情况相近避免变形不均匀。终锻温度不能过低，要有足够锤击力，否则金属变形仅在坯料端面处，产生细腰现象。

5.2.2　拔长

将毛坯断面减小、长度增加的锻造工艺称为拔长。用于生产轴类或轴心线较长的锻件。

在拔长过程中，为了使各部分的温度、变形均匀，需将毛坯不断地绕轴心线翻转。常用的翻转方法主要有两种：塑性较好的金属材料采用来回90°翻转，塑性较差的金属材料采用螺旋线式翻转（图5-3）。

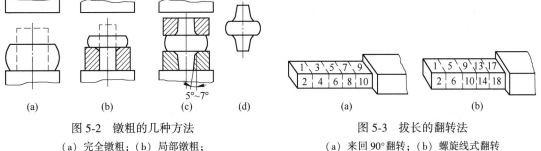

图 5-2　镦粗的几种方法
（a）完全镦粗；（b）局部镦粗；
（c）中间局部镦粗；（d）锻件

图 5-3　拔长的翻转法
（a）来回90°翻转；（b）螺旋线式翻转

5.2.3　冲孔

在坯料上锻出通孔或不通孔的工序称为冲孔。厚度较小的坯料，可进行单面冲孔，如果冲孔直径超过 400 mm，采用空心冲头冲孔，或采用小直径冲头冲孔，再用扩孔冲头将孔扩大。

5.2.4　扭转

使坯料一部分相对另一部分绕着轴心线旋转一定角度这种工序称为扭转。对小型坯料扭转角度不大时，可用大锤打击的扭转方法，对大型坯料扭转时采用吊车用带有活动长柄的夹叉进行扭转。

任务 5.3　模　　锻

将坯料加热后放在上、下锻模的模膛内，施加冲击力或压力，坯料产生塑性变形从而获得与模膛形状相同的锻件，这种锻造方法称为模型锻造，简称模锻。以模锻锤上进行的模锻应用最多，称为锤上模锻。

模锻生产，效率高，材料消耗低，操作简单，易实现机械化和自动化，特别适宜于中批和大批量生产，模锻的生产率和锻件的精度都比自由锻高得多，但模具制造成本高，需要吨位较大的模锻锤，只适用于中、小型锻件的大批量生产。模锻通常可以分为开式模锻和闭式模锻等几种。

A　开式模锻

开式模锻时，在模膛周围的分模面处多余的金属形成毛边。也正是毛边的作用，才促使金属充满整个模膛，作用力垂直于毛边；而间隙的大小，在锻造过程中是变化的。开式模锻应用很广，一般用在锻造较复杂的锻件上。

B　闭式模锻

闭式模锻在整个锻造过程中模膛是封闭的。在闭式模锻时，由于坯料在完全封闭的受力状态下变形，所以从坯料与模壁接触的过程开始，侧向主应力值就逐渐增大，这就促使金属的塑性大大提高。

在模具行程终了时，金属便充满整个模膛，因此要准确设计坯料的体积和形状，否则将生成毛边。毛边很难用机械方法方便地清除，且使制品力学性能差。由于制取坯料较复杂，闭式模锻一般多用在形状简单的锻件上，如旋转体等。

C　液态模锻

液态模锻是利用液态金属直接进行模锻的方法，它是在研究压铸的基础上逐渐发展起来的。液态模锻的实质是把液态金属直接注入金属模内，然后在一定时间内以一定的压力作用于液态或半液态金属上使之成形，并在该压力下结晶。

D　粉末锻造

粉末锻造成型是 20 世纪 60 年代后期发展起来的工艺。粉末锻造技术，更确切地说是粉末冶金预制坯精密锻造。它是粉末冶金成型方法和传统的塑性加工相结合的一种金属压力加工方法，是把金属先制成很细的粉末作为原料，然后将粉末经过压制成型、烧结、在闭式模具中热锻成型及后续处理等工序制成所需要形状的锻件。它既保持粉末冶金模压制坯优点，又发挥了锻造变形的特点，能以较低的成本和较高的生产率实现大批量生产，能够生产高质量、高精度、形状复杂的结构零件。

任务 5.4　特种锻造方法

近 30 年来，国内外锻造工艺发生了重大变革，除传统的锻造工艺向着高精度、高质量的方向发展外，又出现了许多省时、省力的特种锻造方法。特种锻造工艺，是指除一般的锻造工艺外，在专用装备上进行的一些特殊的锻造工艺方法。目前，在锻造生产工艺中，特种锻造工艺在国内外得到迅速的发展，以满足锻件精度和内部质量的要求。

特种锻造工艺一般都具有以下共同特点：能实现锻件精化，使锻件外形尺寸更接近于零件尺寸，满足少、无切削加工的要求，提高锻件表面质量、精度和内在质量；采用高效的、专用的设备取代复杂而笨重的通用锻造设备，从而提高劳动生产率，适应于大批量锻造生产的需要，并有利于改善劳动条件。常见的特种锻造工艺有旋锻、辊锻、辗扩成型等。

5.4.1　旋锻

旋锻是旋转锻造的简称，是在旋转锻造机上生产精密锻件的一种专用工艺。旋转锻造在锻造过程中，利用分布于坯料横截面周围的两个以上的锤头，对轴向旋转送进的坯料进行同步径向脉冲打击，使棒料或管料横截面减小，长度增加，锻成沿轴向具有不同横截面或等截面锻件的一种精锻工艺。在锻造过程中，毛坯与锤头既有相对轴向运动，又有旋转运动。旋转锻造适用于各种外形实心和空心长轴类锻件，以及内孔形状复杂如内螺纹孔、内花键孔、枪管来复线等，或内孔直径很小的长直空心轴锻件。图 5-4 所示为旋锻示意图。

5.4.2　辊锻

辊锻类似于轧钢，是介于锻造与轧制之间的一种工艺方法。辊锻是使坯料在一对装有扇形模块的旋转转向相反的轧辊中通过时，借助模块上的型槽对金属的压力，使坯料产生塑性变形，从而获得所需的锻坯或锻件。图 5-5 所示为辊锻示意图。

辊锻变形过程是一个连续的静压过程，没有冲击和振动，可以用来生产各类扳手、剪刀、麻花钻、柴油机连杆、涡轮机叶片等。

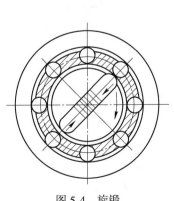

图 5-4　旋锻

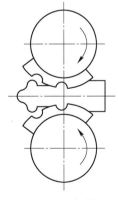

图 5-5　辊锻

5.4.3　辗扩成型

辗扩是将环形毛坯在专门扩孔机上用旋转的模具进行轧制，使坯料的壁厚减薄，同时使坯料的内径和外形扩大，而获得所要求的环形件的一种锻造工艺。在扩孔机上辗扩的环形锻件，其内、外表面上可以碾出各种环形的凸筋和沟槽。辗扩工艺在轴承、齿圈、齿轮、法兰、石化机械和宇航产品的环形制造中得到应用。

任务 5.5　锻 造 设 备

自由锻和模锻的主要设备可以分为四大类：锻锤、液压机、螺旋压力机和机械压力机，其中每一类又有各种各样的结构形式。

5.5.1　锻锤

在锻造设备中，锻锤是应用最广的一类。锻锤又包括空气锤、蒸汽-空气锤和高速锤等，其中以前者应用最多。

锻锤规格以落下部分的重量或打击能量来表示，落下部分包括锤头、锤杆和活塞等。空气锤可以用于各种自由锻工序，也可以用作胎模锻。它是利用电力驱动机构的作用产生的压缩空气，推动落下部分做功。它的工作原理如图 5-6 所示。通过关闭和改变气道通路的大小，就能使锤头得到连打、单打、上悬或下压等不同的动作，比较适合于小锻件、小批量生产。

蒸汽-空气锤是以外来的蒸汽或压缩空气为动力，推动落下部分上下运动而工作的，既可用作自由锻，又可用作模锻。它的工作原理，如图 5-7 所示。

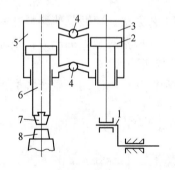

图 5-6　空气锤工作原理

1—曲轴连杆机构；2—活塞；3—压缩气缸；4—阀室；
5—工作气缸；6—工作活塞杆；7—上砧；8—下砧

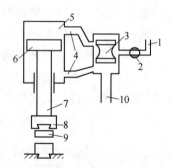

图 5-7　蒸汽-空气锤工作原理

1—进气管；2—节气阀；3—气阀；4—气道；5—气缸；
6—活塞；7—锤杆；8—锤头；9—上砧；10—排气管

5.5.2　液压机

液压机的工作液体（传动介质）一般为乳化液或油，它的工作特点是：活动横梁行程较大，在全行程中都能发出最大压力，并可以保压；行程速度调节方便，传动平稳。液压机在结构上，与立式挤压机基本相似。

5.5.3　螺旋压力机

螺旋压力机适用于模锻、精密模锻、镦锻、挤压、精压、校正、切边等，按结构不同可以分为摩擦压力机和液压螺旋压力机两类。

任务 5.6　铝合金锻造

5.6.1　锻造的特点

在有色金属及合金中，铝合金的锻件种类特别多，可以对铝合金进行自由锻、模锻、镦锻、辊锻和扩孔等。铝合金，特别是高强度铝合金，随着温度的下降，变形抗力急剧上升，因此，为了减小变形抗力，应在较高的温度下终锻，并给以较大的变形程度。在锻造时，常用铝合金的允许变形程度如表 5-1 所示。

表 5-1　常用铝合金的允许变形程度　　　　　　　（%）

合金牌号		LF2	LF21	LY2	LY12	LD2	LD5	LC4
锤　上	铸　态	80	80	40	40	80	40~50	30~40
	经预变形	80	80	50~70	50~70	80	50~65	50~60
压力机上	铸　态	80	80	40~50	40~50	80	50 以上	40~50
	经预变形	80	80	80	80	80	80	80

5.6.2　坯料选择

铝合金锻造所用的坯料主要有：铸锭、锻坯、挤压坯等。铸锭用于自由锻制造锻件或锻坯时，在锻前必须进行均匀化处理；锻坯用于制造大型模锻件；挤压坯（棒材或型材）用于模锻。

在采用挤压坯作为锻造坯料时，需要在挤压之前对挤压锭坯进行高温均匀化处理，挤压后要进行反复镦粗，以消除挤压效应；对要求高性能的锻件，必须将挤压后的锻造坯料车皮，以便消除坯料的表面缺陷。

铝合金坯料的切割，常用锯床、车床、铣床，有时也用剪床，但不能用砂轮切割。

5.6.3　加热

铝合金一般在热状态下进行锻造。铝合金在加热时，可以高温装炉，加热时间一般比较长，以保证强化相充分溶解而获得均匀化的组织。

铝合金锻造加热温度不能过高，以免有害气体（氢等）损坏锭坯表面质量或出现过热、过烧。铸锭加热至锻造温度后，必须进行保温；锻坯和挤压坯是否需要保温则以在锻压时是否出现裂纹而定。

常用铝合金的锻造温度范围如表 5-2 所示。要特别注意：高强度铝合金始锻温度稍高，就会引起过烧；终锻温度不得低于再结晶温度，以免导致变形抗力增加和加工硬化。

在锻造时，由于铝合金高温摩擦系数大、流动性差，所以锻件对裂纹敏感性强。因此，在选取分模面时，不仅要考虑金属充满模腔、取出锻件、模锻变形力等因素，特别要考虑变形均匀，以免造成裂纹。

对于形状复杂的锻件，要采用多套模具、多次模锻的方法，以便由简单形状毛坯逐步过渡到复杂形状锻件，减少变形的不均匀性。对成形困难部分，在锤上模锻时应放在上模；在压力机上模锻时宜放在下模。

表 5-2　常用铝合金的锻造温度范围

合金牌号	温度范围/℃	合金牌号	温度范围/℃
LF2	500～380	LD2	500～380
LF21	500～380	LD5（铸态）	450～350
1，Y2	450～350	LD5（变形）	475～380
LY11	475～380	LC4（铸态）	430～350
LY12	460～380	LC4（变形）	430～350

5.6.4　润滑

在锻造时，为了减少铝合金高温摩擦系数大、流动性差的影响，一般要将锭坯与工具接触面进行润滑。铝合金模锻一般采用水与胶状石墨混合物作为润滑剂，形状复杂的模锻件则加入少许肥皂；也可以用机油加石墨，在配比时，机油量一般为 80%～90%；对于大件或形状简单的模锻件，机油量一般为 70%～80%。

5.6.5　精整

锻造后的铝合金精整，主要是切边和切除折叠、裂纹和起皮等缺陷，除超硬铝合金外，都是在冷状态下进行的。在剪切时，大型模锻件一般采用锯床。

任务 5.7　钛合金锻造

钛合金是第二次世界大战以后发展起来的新型金属结构材料，其主要特点是密度小、强度高，因而比强度高，同时具有良好的耐热性和耐蚀性能。因此，钛合金首先在航空、化工和造船工业中得到应用。其中，航空工业是钛合金的主要使用部门，据统计，国际上所生产的钛材的 80% 用于这一部门；其次，因其耐蚀性高，在化学工业中的泵体和管道上，以及食品、制药、生物材料中应用很普遍。

钛合金在航空发动机结构中应用最早，发动机的转子零件的质量减小 1 kg，整台发动机的质量减小 3～5 kg。因此，航空发动机上用钛合金代替部分铝合金和合金钢，可使发动机的质量减小 100～500 kg。在航空发动机上，钛合金主要用来制造压气机盘、叶片和机壳等。

5.7.1　钛合金的可锻性

钛合金有两种同素异晶体，在 885 ℃以下钛具有密排六方晶格组织——α 相，当温度超过 885 ℃以后，相转变为具有体心立方晶格组织的 β 相。在低温下，六方晶格组织的滑移面数目有限，塑性变形困难。当温度升高时，六方晶格中的滑移面增多，所以钛合金的塑性随温度的增高而大大地提高。当温度超过相变点进入 β 相区时，金属的组织由密排六方晶格转变为体心立方晶格，这时钛合金的塑性明显提高，因此钛合金一般在热态下进行压力加工。图 5-8 所示为钛合金的塑性。

实践证明，用钢和铝能锻出来的各种形状的锻件，用钛合金也能锻造出来。因为钛合

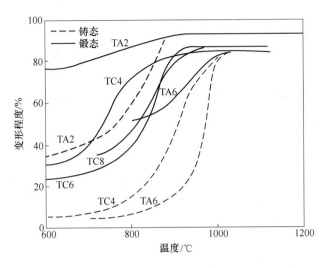

图 5-8　钛合金的塑性与变形温度的关系

金变形抗力大，而且钛合金的变形抗力随着温度降低而急剧增大，所以在变形程度相同的情况下，锻造钛合金比锻造低合金钢需要更大吨位的变形设备。一般来说，锻造钛合金比锻造不锈钢困难，但比镍基合金好锻。

应变速率对钛合金的工艺塑性有很大影响，在速度为 9 m/s 的落锤和 0.003 m/s 的液压机上对 TA3 合金铸锭做镦粗试验的结果说明，在相同温度下，锤上镦粗允许的变形程度不大于 45%，而液压机上镦粗允许的变形程度可达 60%。

5.7.2　下料

为了得到合格的钛合金锻件，对钛合金锻造用的原坯料必须严格要求。模锻件的坯料要求扒皮，扒到缺陷完全消除为止。如车削后，如个别部位上仍有缺陷，应予以局部打磨消除，其深度不应大于 0.5 mm。

（1）圆盘锯切割。圆盘锯旋转速度在 30~35 mm/min，以最小的进给量能使坯料获得洁净的端面。当线速度小于 25 m/min 时，即使进给量最小，端面也不能整齐。应将切割后留有的毛刺打磨掉，以免在锻造时产生裂纹。

钛合金切削还可采用阳极切割及砂轮切割机床。但切割坯料的直径受到限制，切割坯料直径一般不应大于 60 mm。当直径小于 20 mm 时，切割时可不用冷却液。

（2）阳极切割。阳极切割下料，可在盘式机床或带式机床上进行，切口宽度不超过 3 mm，因此，切耗比在锯床上下料少得多。但是它生产率较低，约为车床下料切割的 20%。

（3）压力机或锻锤上切割。剪切压力机切割的生产效率最高，但是坯料要加热到 650~850 ℃，工业纯钛可以在冷态下剪切。经过预变形的坯料，可及时在压力机上或锻锤上切割（剁料），切割时，坯料温度应不低于 850 ℃，铸锭则要在开坯温度下切割。

（4）铸锭或棒料在车床上切割。在车床上切割时，要用硬质合金作刀具。切削速度应在 25~30 mm/min，进刀量则为 0.2~0.3 mm/r。

5.7.3 加热

加热钛合金毛坯，要注意两个特点：高温下气体极易发生化学作用；在室温下导热性很差。加热时对钛合金危害最大的是氧，氧在加热时形成由 TiO、TiO_2 和 Ti_2O_2 构成的氧化皮。低温下形成的氧化皮虽然很薄，但是紧密黏附在钛合金的表面上，只有靠腐蚀才能去掉。在 1000 ℃以上，不但氧化严重，而且由于氧化选择进行，毛坯表面各处的氧化皮厚度是不同的，去掉氧化皮后，钛及钛合金毛坯表面上出现凹凸不平，对锻件的表面质量很不利，另外在于使坯料表层增氧。

在 630 ℃以上，钛及钛合金的表面出现吸氧现象，而且在 β 转变温度以上，氧的扩散大大加快。由于氧是 α 相的稳定元素，当氧进入钛合金的量超过一定数值后，β 相就不可能存在，从而在坯料表面形成 α 脆化层。由于加热条件和合金牌号的不同，脆化层的厚度有的可达 0.65 mm。

氧仅在坯料的表面层发生作用，氢则深入合金内部，使其塑性严重下降。在具有还原性气氛的油炉中加热时，钛合金吸氢特别强烈。

在具有氧化性气氛的油炉中加热，钛合金吸氢过程显著减慢。在普通的箱式电炉中加热时，随着加热时间的增长吸氢量急剧增加。由上述分析和实验曲线看出，钛合金加热应以电炉为最好，当不得不用火燃炉加热时，应使炉中保持微氧化性气氛，以免引起氢脆性。为防止钛合金与耐火材料发生作用，炉底上应垫上不锈钢板，不可采用含 50% Ni 以上的耐热合金，以免坯料焊在板上。

对于要求较高表面质量的精密锻件，或余量较小的重要锻件，坯料在模锻前的加热，应在保护气氛中进行。在真空中或在惰性气体中加热，质量很好，但投资大、成本高，而且在出炉以后的加工过程中，仍有被空气污染的危险。因此，实际生产中较多采用在坯料表面涂上一层保护层，可避免形成氧化皮，并能减少氧化层厚度。

钛和钛合金在低温下的导热性很差，在室温下的热导率只有铜的 3%，比钢也小得多，但在高温下与钢接近。因此，在加热开始阶段，直径 220 mm 的坯料，表面与中心的温差可达 230 ℃。

较大的温差将导致较大热应力，甚至引起裂纹。因此，直径大于 100 mm 的毛坯，要分成两段加热，先以较缓慢的速度预热到 800~850 ℃，然后快速加热到锻造温度。

圆柱形坯料最好采用感应加热，能大大缩短加热时间。如果直径为 150 mm 的 TC6 合金坯料，采用感应加热，总共需 20 min。当用箱式电阻炉加热时，则需要 75 min。感应加热，还能减少口脆化层的厚度，从而减少变形时出现裂纹的危险。

复习思考题

5-1 说明锻造的主要生产方法。

5-2 怎样提高锻件的质量？

5-3 简述铝合金锻造时的工艺特点。

5-4 锻造生产常采用哪些设备？

项目6 冲　　压

冲压是用冲压设备通过模具的作用对板坯、带材、管材及其他型材施加外力，使其产生塑性变形，从而获得一定形状、尺寸和性能的一种零件加工方法。这种加工方法通常是在常温下进行的，因此又称冷冲压。它要求冲压的金属具有足够的塑性，板料冲压常用的金属有铜合金、铝合金、镁合金、低碳钢及合金钢材料。冲压作为塑性加工中的重要生产方法之一，广泛应用于汽车、航空、电器及仪表等行业。

任务6.1　板料冲压生产概述

6.1.1　冲压工艺的特点

板料冲压工艺的特点如下：

（1）生产设备及生产工艺简单，能加工其他方法难以生产的复杂形状的制件，如枪弹炮弹壳、行军水壶和高压气瓶等。

（2）制件的形状和尺寸精度高，互换性好，一般不再需要大量的机械加工就能获得强度高、刚性好、质量轻和外表光滑美观的零件。

（3）生产效率高，可利用廉价的板材和带材，成本低廉。

（4）有利于实现机械化与自动化减轻工人的劳动强度和改善劳动条件。

6.1.2　冲压加工的分类

由于冲压加工的零件形状、尺寸和精度要求不同，批量大小和原材料性能的不同，生产中所采用的冲压加工方法也不相同。根据材料的变形特点，冲压的基本工序可分为分离工序与成型工序两大类。分离工序是使冲压件与板料按要求的轮廓线相互分离，并获得一定断面质量的冲压加工方法，主要包括剪切、冲裁和整修；成型工序是使冲压毛坯在不被破坏的条件下发生塑性变形，以获得所要求的形状、尺寸和精度的冲压加工方法，主要包括弯曲、拉延、翻边和成形。

任务6.2　冲　压　工　艺

6.2.1　冲裁

冲裁是利用模具使金属板料产生分离的冲压工艺，它包括冲孔、切断、落料、冲孔切边、切口等工序。冲裁可以直接出成品零件，也可以为弯曲、拉深和翻边等工序准备坯料，冲裁后板料就分成两部分，即落料部分和带孔部分，如图6-1所示。从板料上冲下所需形状的零件（或坯料）称为落料；在工件上冲出所需形状的孔（冲去的部分为废料）称为冲孔。

6.2.1.1　冲裁变形过程

利用凸模和凹模的上下刃口对板料进行冲裁，坯料放在凹模上，凸模逐步下降使金属材料产生变形，直至全部分离，完成冲裁过程。随着冲裁过程的进行，坯料经过了弹性变形、塑性变形和断裂 3 个阶段后，坯料被拉断分离。变形过程，如图 6-2 所示。

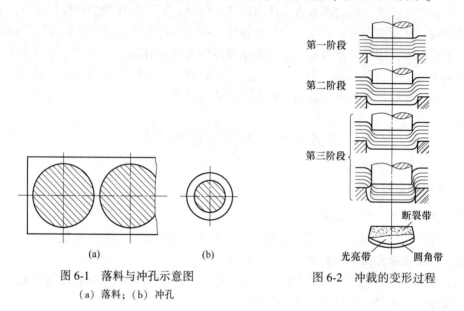

图 6-1　落料与冲孔示意图　　　　　　　　图 6-2　冲裁的变形过程
（a）落料；（b）冲孔

第一阶段：弹性变形阶段。凸模接触材料，材料受压产生弹性压缩、拉伸和弯曲变形。

第二阶段：塑性变形阶段。凸模继续压入，材料弯曲产生塑性变形，同时还有弯曲与拉伸变形。冲裁变形力不断增大，直到刃口附近的材料出现微裂纹时，冲裁变形力达到最大值。塑性变形阶段结束。

第三阶段：断裂分离阶段。凸模继续压入，凸模刃口附近应力达到破坏应力时，先后在凹模、凸模刃口侧面产生裂纹，裂纹产生后沿最大剪应力方向向材料内层发展，使材料最后被剪断分离。

6.2.1.2　修整

修整是利用修整模对冲裁件外缘或内孔的剪裂带和毛刺进行修剪，从而提高冲裁件的尺寸精度的一种工艺。它分为外形修整和内缘修整。对于大间隙落料件，单边修整量一般为材料厚度的 10%，对于小间隙落料件，单边修整量在材料厚度的 8% 以下。

6.2.1.3　弯曲

将板料在弯矩作用下，变成具有一定角度、曲率和形状的成型方法称为弯曲。弯曲在冲压生产中占有很大的比重，是冲压基本工序之一。可以生产架、电器仪表外壳和门窗铰链等零件。坯料的弯曲过程，如图 6-3 所示。板料放在凹模上，当凸模把板料向凹模压下时，材料弯曲半径逐渐减小，直至凹、凸模与板料完全吻合为止。弯曲时，变形只发生在圆角部分，其内侧受压易变皱，外侧受拉易开裂。为了防止弯裂，弯曲的最小半径要有所限制。此外，弯曲时应尽量使弯曲线与流线方向垂直。

6.2.1.4 拉延

拉延（拉深）是将冲裁后得到的平板坯料通过模具变形成为开口空心零件的冲压工艺方法。拉深过程，如图 6-4 所示。板料在凸模作用下，逐渐被压入凹模内，形成空心件。在拉深过程中，为防止工件起皱，必须使用压边团以适当的压力将坯料压在凹模上。为防止工件被拉裂，要求拉深模的顶角以圆弧过渡；凹、凸模之间留有略大于板厚的间隙；以及确定合理的拉深系数 m。m 是空心件直径 d 与坯料直径 D 之比，即 $m = d/D$。m 越小，坯料变形越严重。此外，材料经多次拉深后，需进行中间退火恢复塑性，使以后的拉延能继续进行。

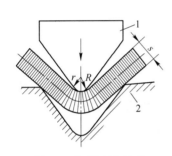

图 6-3　坯料弯曲过程

1—凸模；2—凹槽；R—外侧弯曲半径；
r—内侧弯曲半径；s—板料厚度

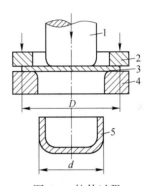

图 6-4　拉伸过程

1—凸模；2—压边圈；3—板料；
4—凹模；5—空心件

筒形、锥形、回转体及不规则的薄壁零件可以用拉深方法加工制成。如果与其他冲压成形工艺配备还可制造形状极为复杂的零件，因此在汽车、航空航天、拖拉机、电机电器、仪表、电子等工业部门，占有相当重要的地位。

6.2.2 旋压

旋压成型是一种特殊的成型工艺，用来制造各种不同形状的旋转体零件。这种成型方法早在 10 世纪初在我国就已应用，到 14 世纪才传到欧洲。随着航空航天事业的飞速发展，旋压加工得到了更加广泛的应用和发展。其基本原理，如图 6-5 所示。将平板或半成品坯套在芯棒上用顶块压紧芯棒（模），坯料和顶块均随主轴旋转。因毛坯夹紧在模芯上，旋压机带动模芯和毛坯一起以高速旋转。同时利用滚轮的压力和进给运动，迫使毛坯产生局部变形逐步贴紧芯模，最后获得轴对称壳体零件，如图 6-6 所示。

旋压模具简单，且为局部变形，可用功率和吨位较小的设备加工大型零件。其缺点是生产效率低，操作较难，要求技术高的工人操作，多用于批量小而形状复杂的零件。

在旋压过程中，改变毛坯形状，直径增大或减小，则其厚度不变或有少许变化者称为不变薄旋压。在旋压中不仅改变毛坯形状而且壁厚有明显变薄，称为变薄旋压，又称强力旋压。

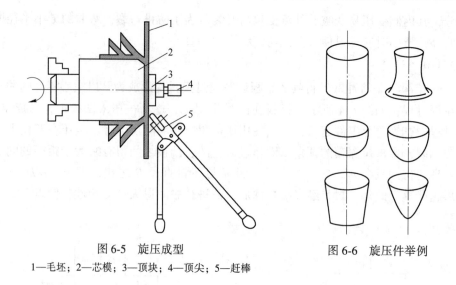

图 6-5　旋压成型　　　　　　　　　　图 6-6　旋压件举例
1—毛坯；2—芯模；3—顶块；4—顶尖；5—赶棒

6.2.2.1　不变薄旋压

不变薄旋压的基本方式有拉深旋压（拉旋）、缩径旋压（缩旋）和扩径旋压（扩旋）三种。拉深旋压是指用旋压生产拉深件的方法，是不变薄旋压中最主要和应用最广泛的旋压方法。旋压时合理选择芯模的转速是很重要的，转速过低工件边缘易起皱，增加成型阻力，甚至导致工件的破裂。转速过高材料变薄严重。

除拉旋外，还有将旋转体空心件或管毛坯进行径向局部旋转压缩，以减小其直径的缩径旋压和使毛坯进行局部直径增大的扩径旋压。旋压再加上其他辅助成型工序，可以完成旋转体零件的拉深、缩口、胀形、翻边、卷边、压肋和叠缝等不同工序。

6.2.2.2　变薄旋压

变薄旋压又称强力旋压，根据旋压件的类型和变形机理的差异，变薄旋压可分为锥形件变薄旋压（剪切旋压）、筒形件变薄旋压（挤出旋压）两种。前者用于加工锥形、抛物线形、半球形等异形件，后者用于筒形件和管形件的加工。异形件变薄旋压的理想变形是纯剪切变形，只有这种变形状态才能获得最佳的金属流动。此时，毛坯在旋压过程中，只有轴向的剪切滑移而无其他任何变形，旋压前后工件的直径和轴向厚度不变。

任务6.3　冲 压 设 备

6.3.1　冲裁模

冲裁模是实现冲压生产的工具，冲压生产必须具有性能优良结构合理的冲模才能得以实现。冲裁模对冲压件质量、冲压生产的效率有着重要的意义。

冲裁工序所用的模具形式很多，为了研究和工作方便，按不同的工序特征进行分类。按工序的性质分为落料模、冲孔模、切断模、切口模和剖切模等；按工序的组合程度分为简单模、连续模和复合模三种；按有无导向装置和导向方法分为无导向的开式模，有导向的导板模、导柱模。

6.3.2 冲压机

在冲压生产中使用最多的设备是冲压机，按传动特性把冲压机分为机械传动、液压传动、气压传动和电磁传动四种。最常用的是机械传动式冲床。随着科学技术的进步，大型液压机床也有了很大的发展。

图 6-7 所示为开式压力机，可用作冲孔、落料、切边、拉延和成形等冲压工序。电动机经皮带轮带动曲轴转动，经连杆使滑块作往复运动。用脚踏开关或按钮操作，可进行单次或连续行程。开式压力机的床身是 C 形的，工作台三面敞开，便于操作。工作台下设有气垫，供浅拉延时切边或制件顶出用。

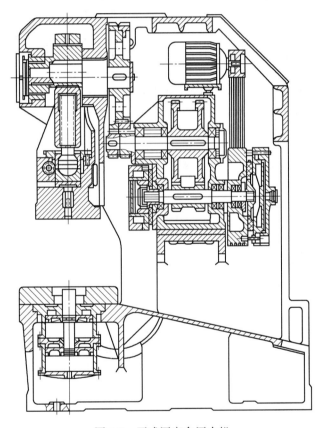

图 6-7   开式固定台压力机

复习思考题

6-1   什么是冲压，有色金属板料冲压主要包括哪些内容?

6-2   什么是冲裁，怎样保证冲裁件的质量?

6-3   什么是拉延，拉延与冲裁有什么区别?

6-4   板料冲压设备主要有哪些?

参 考 文 献

[1] 李生智. 金属压力加工概论 [M]. 北京：冶金工业出版社，1984.

[2] 王廷溥，齐克敏. 金属塑性加工学——轧制理论与工艺 [M]. 北京：冶金工业出版社，2006.

[3] 白星良. 有色金属压力加工 [M]. 北京：冶金工业出版社，2004.

[4] 温景林，丁桦，等. 有色金属挤压与拉拔技术 [M]. 北京：化学工业出版社，2007.

[5] 李巧云，等. 重有色金属及其合金管棒型线材生产 [M]. 北京：冶金工业出版社，2009.

[6] 魏力群. 金属压力加工原理 [M]. 北京：冶金工业出版社，2008.

[7] 马怀宪. 金属塑性加工学——挤压、拉拔与管材冷轧 [M]. 北京：冶金工业出版社，1998.

[8] 袁志学，王淑平. 塑性变形与轧制原理 [M]. 北京：冶金工业出版社，2008.

[9] 洛阳铜加工厂. 游动芯头拉伸铜管 [M]. 北京：冶金工业出版社，1976.

[10] 田荣璋，王祝堂. 铜合金及其加工手册 [M]. 长沙：中南大学出版社，2002.

[11] 田荣璋，王祝堂. 铝合金及其加工手册 [M]. 2 版. 长沙：中南大学出版社，2002.

[12] 袁志钟，戴起勋. 金属材料学 [M]. 北京：化学工业出版社，2018.

[13] 傅祖铸. 有色金属板带材生产 [M]. 长沙：中南大学出版社，2009.

[14] 罗晓东，赵亚忠，等. 有色金属塑性加工 [M]. 北京：冶金工业出版社，2016.

[15] 吴承建，陈国良，等. 金属材料学 [M] 北京：冶金工业出版社，2009.